西门子数字化人才培养系列教材

高等职业教育系列教材

运动控制技术（西门子）

李方园　编著

机 械 工 业 出 版 社

本书以“立德树人、项目设计、任务驱动”为出发点，引入了5个项目，12个任务，涉及变频器、步进控制和伺服控制，所有项目和任务都源于工程实际，按照从易到难、从单一到综合的原则进行编排，符合高等职业院校学生的认知特点和学习规律。

本书可以作为高等职业院校自动化类、电子信息类专业的教材，也适合工控技术人员学习使用。

本书配有微课视频等资源，可扫描书中二维码直接观看，还配有电子课件、习题答案等，需要的教师可登录机械工业出版社教育服务网 www.cmpedu.com 免费注册后下载，或联系编辑索取（微信 13261377872，电话 010-88379739）。

图书在版编目（CIP）数据

运动控制技术 ：西门子 / 李方园编著. -- 北京 ：机械工业出版社，2025. 3（2025. 7 重印）. --（高等职业教育系列教材）. -- ISBN 978-7-111-70001-2

Ⅰ. TP24

中国国家版本馆 CIP 数据核字第 2025F1V003 号

机械工业出版社（北京市百万庄大街 22 号　邮政编码 100037）

策划编辑：曹帅鹏　　责任编辑：曹帅鹏　杨晓花

责任校对：韩佳欣　张昕妍　　责任印制：张　博

北京铭成印刷有限公司印刷

2025 年 7 月第 1 版第 2 次印刷

184mm×260mm · 13.25 印张 · 334 千字

标准书号：ISBN 978-7-111-70001-2

定价：55.00 元

电话服务

客服电话：010-88361066

010-88379833

010-68326294

网络服务

机　工　官　网：www.cmpbook.com

机　工　官　博：weibo.com/cmp1952

金　　书　　网：www.golden-book.com

机工教育服务网：www.cmpedu.com

Preface

前 言

运动控制是对机械运动部件的位置、速度等进行实时的控制管理，使其按照预期的运动轨迹和规定的运动参数进行运动，它是伴随着数控技术、机器人技术和工厂自动化技术的发展应运而生的。根据我国制造业发展蓝图，未来十年，新一代智能制造技术和数字化应用水平将走在世界前列，制造业总体水平达到世界先进水平，我国将会向制造强国目标稳步迈进。作为智能制造的核心，运动控制技术将进入快车道，制造业对从事点胶、贴片、打磨、焊接、分拣和装配工业的运动控制技术项目实施的人才需求量剧增。为适应制造业发展对于新技术技能人才提出的要求，本书采用项目教学、任务驱动方式组织运动控制技术相关内容，所有项目和任务都源于工程实际，按照从易到难、从单一到综合的原则进行编排，符合高等职业教育学生的认知特点和学习规律。

本书共分 5 个项目，12 个任务。项目 1 介绍了 G120 变频器的试运行与端子控制，通过宏定义实现 G120 变频器运行、15 段速控制和模拟量控制 3 个任务实现生产线的自动化控制；项目 2 阐述了 G120 变频器的在线调试与 PLC 控制，通过 Startdrive 工具调试 G120 变频器、S7-1200 PLC 端子控制 G120 变频器、S7-1200 PLC 通信控制 G120 变频器 3 个任务实现变频器的多样化功能；项目 3 主要阐述了步进电动机的 PLC 控制，以运动控制轴工艺实现工作台定位和触摸屏控制应用；项目 4 主要介绍了 V90 伺服电动机的控制，在许多需要精确位置控制的伺服应用中发挥了巨大的作用；项目 5 通过自动输送装置控制系统、物料传送与堆垛自动控制两个任务来掌握运动控制系统的综合应用。

本书由浙江工商职业技术学院李方园编著。本书在编写过程中，得到了浙江瑞亚能源科技有限公司、西门子工厂自动化工程有限公司相关工程技术人员的帮助，并提供了相当多的典型案例和实践经验，在此一并表示感谢。

由于作者水平有限，疏漏之处在所难免，恳请读者批评指正。

编著者

二维码资源索引

名称	二维码图形	页码	名称	二维码图形	页码
1. 通用变频器的基本构造		2	10. 使用 Startdrive 进行变频器参数下载与调试		54
2. 变频器的频率指令方式		4	11. 通过 Startdrive 进行 G120 变频器报文配置		73
3. G120 变频器的硬件与参数说明		6	12. 步进电动机的工作原理		84
4. 变频器上电试运行		11	13. 运动控制相关的指令		90
5. 实现生产线调速功能		15	14. 工艺对象轴的组态与调试		97
6. G120 变频器的多段速运行设定		22	15. 伺服系统的组成与结构		131
7. G120 变频器模拟量输入信号选择与曲线定标		30	16. 用 V-ASSISTANT 调试伺服驱动器和伺服电动机		136
8. 负载的机械特性分类		43	17. PLC 配置与运动控制对象组态		141
9. 使用 Startdrive 调试向导设置变频器参数		45	18. PROFINET IO 通信方式设置		173

目 录 Contents

项目 2 G120 变频器的在线调试与 PLC 控制 ……… 38

项目 3 步进电动机的 PLC 控制 ……………………… 83

项目1 G120变频器的试运行与端子控制

项目导读

变频调速具有调速范围广、调速精度高且动态响应好等优点，在许多需要精确速度控制电动机的工业和民用领域中发挥着巨大的作用。使用变频器既可以提高产品质量，又可以提升生产效率，还可以实现节能运行。G120变频器作为一种可满足多样化要求的模块化变频器，可以实现操作面板给定、接点信号给定、模拟信号给定、脉冲信号给定和通信方式给定，同时也可以实现包括操作面板控制、端子控制和通信控制等在内的启动指令。

知识目标：

了解通用变频器的基本组成。

掌握变频器的调速原理。

掌握变频器的运转指令、频率给定方式和参数设置。

能力目标：

会根据控制要求，使用操作面板调试电动机运行。

会根据控制要求，进行端子控制G120变频器的电气接线与编程。

能设计传统电气控制的变频器应用系统。

素养目标：

遵循电气安全操作规范和标准，养成良好的电工作业习惯。

善于通过查阅图书文献等方式来拓展思维，展示独特的创造力。

努力扎根自己的岗位并为实现制造强国而发扬奉献精神。

任务1.1 通过宏定义实现G120变频器运行

任务描述

某生产线输送带的速度采用变频调速控制，选用西门子G120变频器（功率为0.75kW）带动三相电动机，该电动机铭牌显示为：额定功率0.75kW、转速1395r/min、额定电流1.92A、Y联结、电源频率50Hz（根据实际装置而定）。如图1-1所示，采用带四个选择开关（即SA1~SA4）的操作盒来现场控制G120变频器相连的电动机，并完成以下要求。

1）完成变频器与进线电源、操作盒、电动机之间的电气接线并上电。

2）通过参数设置实现输送带调速功能一：能正、反转控制，并有2档速度可调。

3）通过参数设置实现输送带调速功能二：在不更改电气接线的情况下，实现正转控制，并有 4 档速度可调。

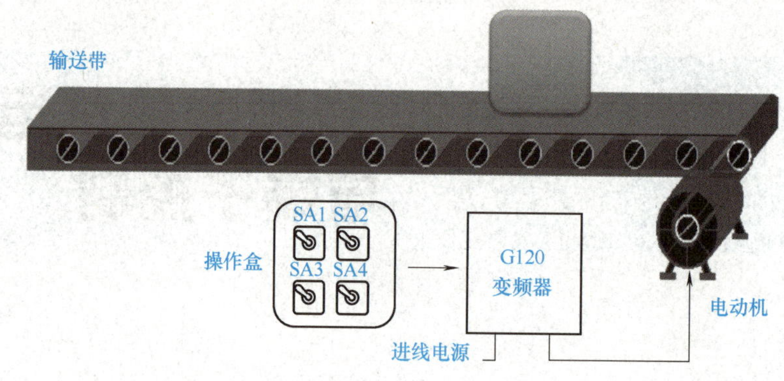

图 1-1 任务 1.1 控制示意图

知识准备

1. 通用变频器的基本构造

1.1.1 通用变频器的基本构造

根据电力电子原理，变频器是一种将交流电源整流成直流后再逆变成频率、电压可变的交流电源的专用装置。通用变频器的基本构造如图 1-2 所示，包括主电路和控制电路两部分。

1. 通用变频器主电路

通用变频器的主电路包括整流部分、直流环节、逆变部分、制动或回馈环节等。

1）整流部分：通常又称为电网侧变流部分，是把三相或单相交流电整流成直流电。常见的低压整流部分是由二极管构成的不可控三相桥式电路或由晶闸管构成的三相可控桥式电路。

2）直流环节：由于变频器的负载是异步电动机，属于感性负载，因此在中间直流部分与电动机之间总会有无功功率的交换，这种无功能量的交换一般都需要中间直流环节的储能元件（如电容或电感）来缓冲。

3）逆变部分：通常又称为负载侧变流部分，它通过不同的拓扑结构实现逆变元件的规律性关断和导通，从而得到任意频率的三相交流电输出。常见的逆变部分是由 6 个半导体主开关器件组成的三相桥式逆变电路。

4）制动或回馈环节：由于制动形成的再生能量在电动机侧容易聚集到变频器的直流环节，形成直流母线电压的快速提高，需及时通过制动环节将能量以热能形式释放或者通过回馈环节转换到交流电网中去。

制动环节在不同的变频器中有不同的实现方式，通常小功率变频器都内置制动环节，即内置制动单元，有时还内置短时工作制的标配制动电阻；中功率段的变频器可以内置制动环节，但属于标配或选配，需根据不同品牌变频器的选型手册而定；大功率段的变频器其制动环节大多为外置。

2. 控制电路

控制电路包括变频器的核心软件算法电路、检测传感电路、控制信号的输入输出电路、驱动电路和保护电路。

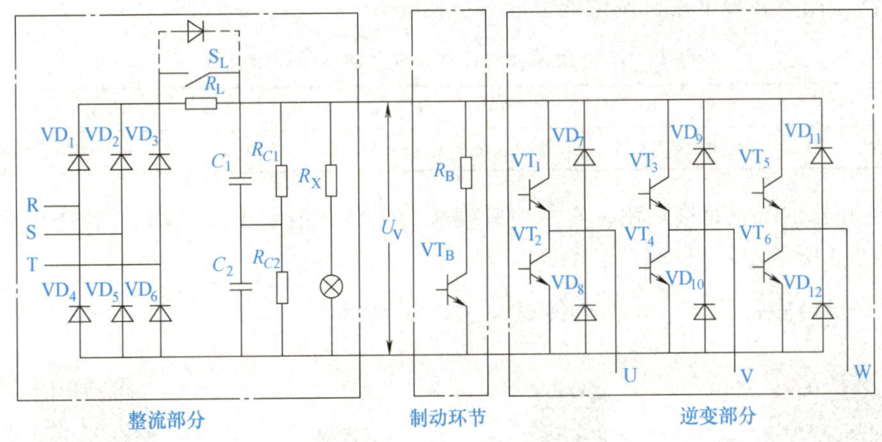

a) 主电路

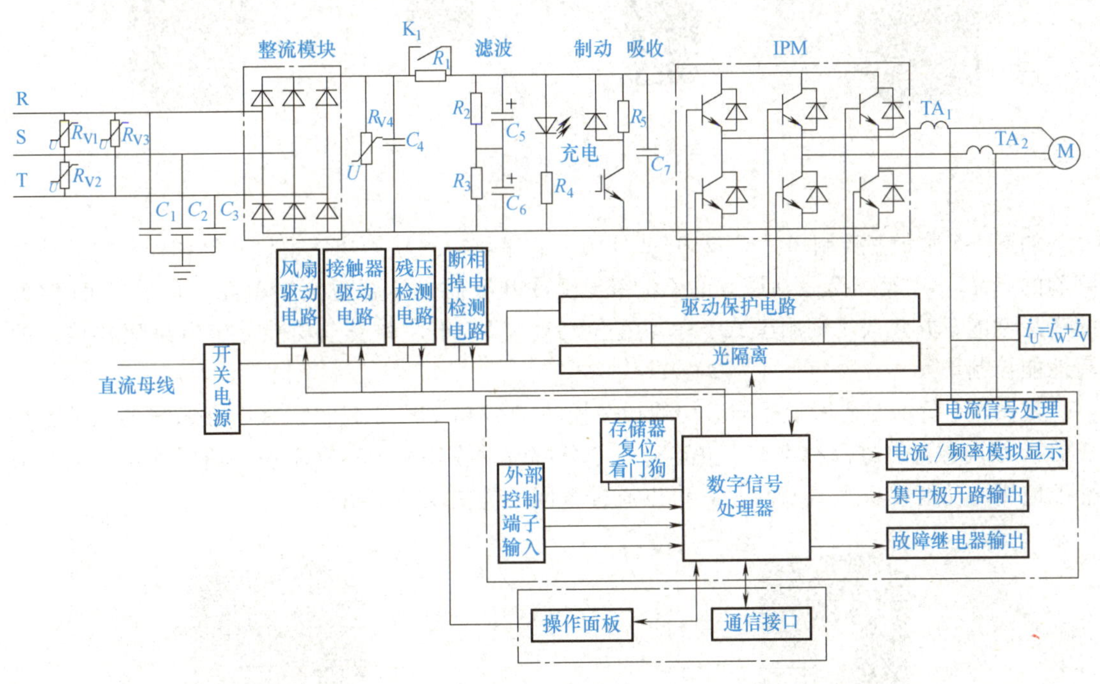

b) 控制电路

图 1-2　通用变频器的基本构造

如图 1-3 所示，变频器输出电压波形展开后是占空比按照一定规律变化的矩形波，即 PWM（脉冲宽度调制波）；变频器输出电流波形则为正弦波。

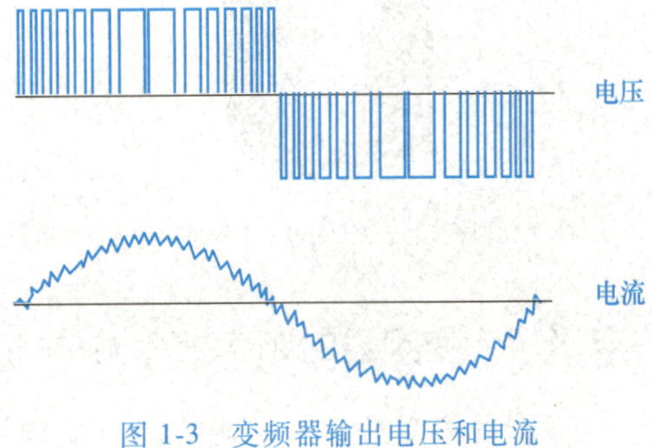

图 1-3　变频器输出电压和电流

1.1.2　G120 变频器的基本构造

G120 变频器可以给交流电动机提供经济的高精度速度和转矩控制，其结构尺寸从 FSA 到 FSGX，对应的功率范围为 0.37～250kW，见

表 1-1，广泛适用于各种电动机调速或节能等应用场合。

表 1-1　G120 变频器的结构尺寸与功率范围一览表

结构尺寸	FSA	FSB	FSC	FSD	FSE	FSF	FSGX
功率范围/kW	0.37～1.5	2.2～4	7.5～15	18.5～30	37～45	55～132	160～250

G120 变频器的特点是模块化，它由功率模块（PM）、控制单元（CU）和操作面板组合而成，如图 1-4 所示。

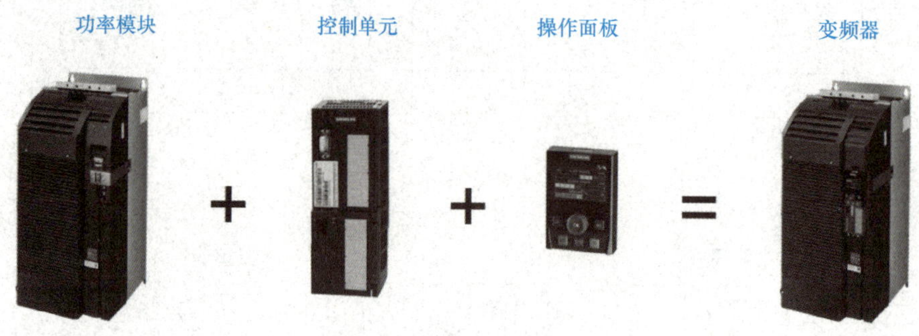

图 1-4　G120 变频器的组成

如图 1-5 所示为控制单元 CU250S-2 外观，它是可以独立于功率模块和操作面板之外单独订购的产品。CU250S-2 是在原有的 CU240S 硬件升级而来的新型控制单元，扩展了 CU240S 的产品性能，并集成了伺服模式、基本定位功能（EPOS）和安全功能的带有编码器接口的高性能控制单元。

如图 1-6 所示为适用于标准应用的功率模块 PM240-2 的外观。它有不带滤波器和带有集成的 A 级电源滤波器两种类型，并通过一个外部制动模块实现动态制动。适用于带电网反馈标准应用的功能模块为 PM250，它可以通过电网反馈实现动态制动。

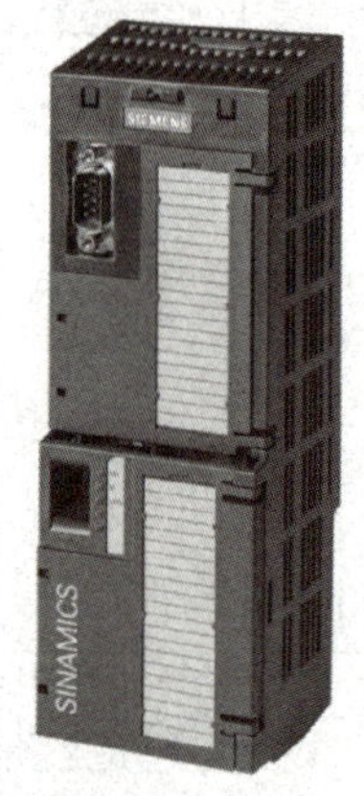

图 1-5　CU250S-2 外观

图 1-6　PM240-2 外观

2. 变频器的频率指令方式

1.1.3　变频器的频率指令方式

变频器的频率指令方式就是调节变频器输出频率的具体方法，也就是提供频率给定信号的方式。常见的频率指令方式主要有操作面板给定、接点信号给定、模拟信号给定、脉冲信号给定和通信给定等。

1. 操作面板给定

操作面板给定是变频器最简单的频率指令方式，用户可以通过变频器操作面板上的电位器或旋钮、数字键或上升/下降键来直接改变变频器的设定频率。操作面板给定的最大优点是简单、方便、醒目，同时又兼具监视功能，即能够将变频器运行时的电流、电压、实际转速、母线电压等实时显示出来。如图 1-7 所示为 G120 变频器（以下简称 G120 变频器）及其智能操作面板，它可以利用 OK 旋钮快速设定频率，并通过大屏幕液晶面板将更多的变频器运行信息显示在一个页面，方便用户操作和维护使用。

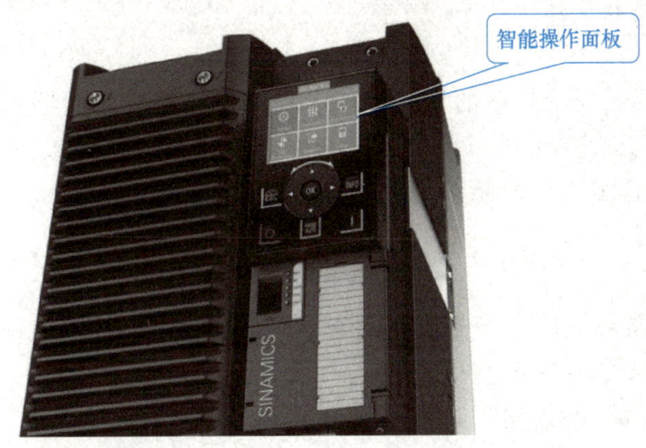

图 1-7　G120 变频器及其智能操作面板

2. 模拟信号给定

模拟信号给定方式即通过变频器的模拟信号端子从外部输入模拟量信号（电流或电压）进行给定，并通过调节模拟信号的大小来改变变频器的输出频率。模拟信号给定中通常采用电流或电压信号，电流信号一般为 0～20mA 或 4～20mA，电压信号一般为 0～10V、2～10V、0～±10V、0～5V、1～5V、0～±5V 等。

3. 通信给定

通信给定方式是指上位机通过通信口按照特定的通信协议、特定的通信介质将数据传输到变频器以改变变频器设定频率的方式。如图 1-8 所示，上位机是指 PLC 通过 RJ45 端口以 PROFINET 协议与变频器进行频率通信设定。对于 G120 变频器来说，其控制单元 CU250S-2 各个型号的区别在于通信给定方式的不同，见表 1-2。标准产品即 CU250S-2 的通信给定方式为 USS 和 Modbus RTU，目前应用最多的则是以太网 PROFINET 协议，其控制单元型号为 CU250S-2 PN，如果未特别注明，本书中的控制单元就是指 CU250S-2 PN。

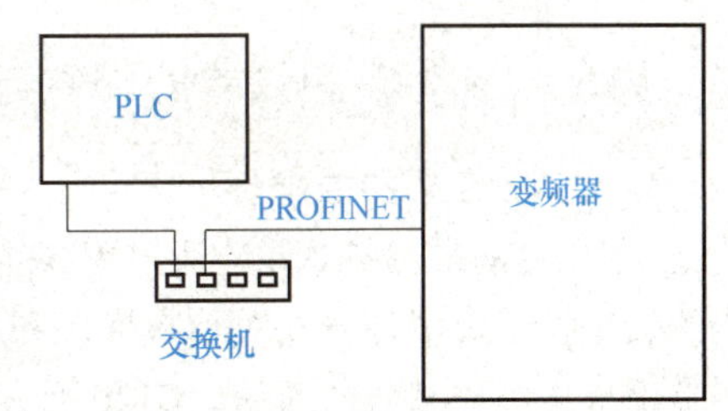

图 1-8　通信给定

表 1-2　CU250S-2 控制单元的系列产品

名称	产品编号	通信给定方式
CU250S-2	6SL3246-0BA22-1BA0	USS, Modbus RTU

（续）

名称	产品编号	通信给定方式
CU250S-2 DP	6SL3246-0BA22-1PA0	PROFIBUS
CU250S-2 PN	6SL3246-0BA22-1FA0	PROFINET，EtherNet/IP
CU250S-2 CAN	6SL3246-0BA22-1CA0	CANopen

1.1.4 变频器的启动指令方式

变频器的启动指令方式是指控制变频器的启动、停止、正转与反转、正向点动与反向点动、复位等基本运行功能。与变频器的频率指令类似，变频器的启动指令也有操作面板控制、端子控制和通信控制 3 种。

1. 操作面板控制

操作面板控制是变频器最简单的启动指令，用户可以通过变频器操作面板上的运行键、停止键、点动键和复位键直接控制变频器的运转。操作面板控制的最大特点是方便实用，同时又能起到报警故障的作用，即能够将变频器是否运行、故障或报警告知用户。

2. 端子控制

端子控制是变频器的运转指令通过其外接输入端子从外部输入开关信号（或电平信号）进行控制的方式。如图 1-9 所示，由按钮、选择开关、继电器、PLC 的继电器模块替代了变频器操作面板上的运行键、停止键、点动键和复位键，可以将信号输入到通用数字量输入端口 X1~X5（端口命名随不同变频器品牌而不同）来控制变频器的正转、反转、点动、复位和使能。一般而言，这些信号可以通过变频器参数进行自由定义。

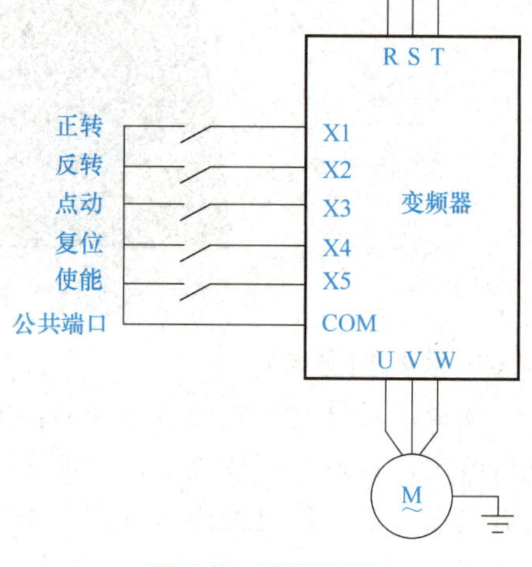

图 1-9　端子控制

3. 通信控制

通信控制方式与通信给定方式相同，在不增加线路的情况下，通过改变上位机给变频器的传输数据即可对变频器进行正反转、点动、故障复位等控制。

1.1.5 G120 变频器的硬件与参数说明

3. G120 变频器的硬件与参数说明

1. G120 变频器的硬件

G120 变频器控制单元能通过 V/F 控制、无编码器的矢量闭环控制、带编码器的矢量控制等多种方式对功率模块和所接的电动机进行控制和监控，它还支持与本地或中央控制器的通信。G120 变频器功率模块型号有 PM340 1AC、PM240、PM240-2 IP20、PM250、PM260 型等。如图 1-10 所示为 G120 变频器功率模块电气接线。

2. G120 变频器的内部与外部功能

如图 1-11 所示为 G120 变频器的内部与外部功能示意图，它包括现场总线、端子 I/O、编码器等外部功能，也包括安全功能、驱动控制器、基本定位器、设定值等内部功能。

3. G120 变频器参数说明

G120 变频器的参数号是由一个前置的 p 或者 r、参数号和可选用的下标或位数组组成，

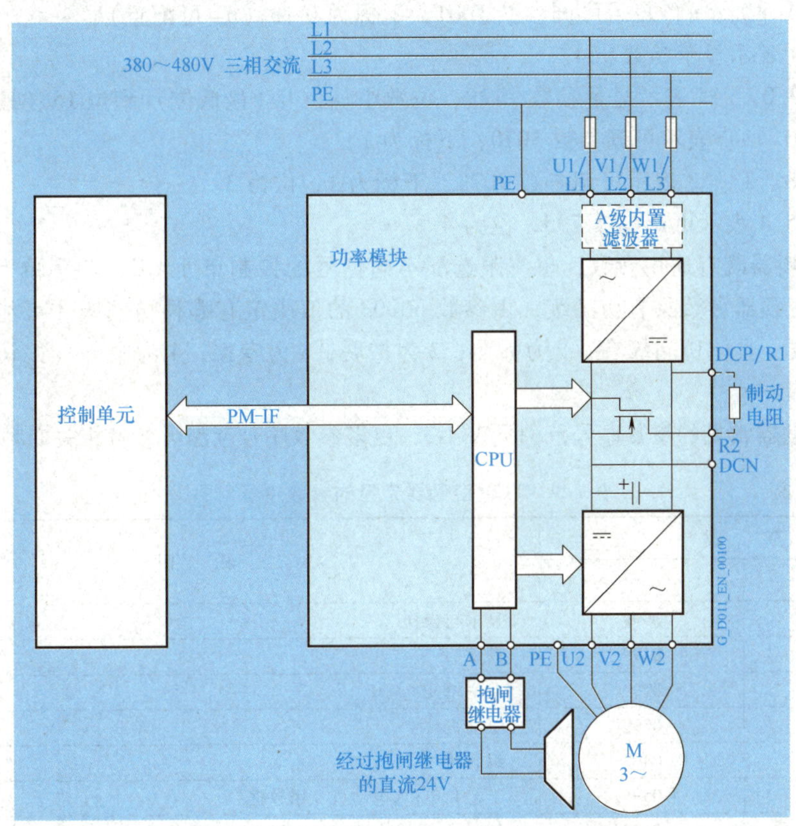

图 1-10　G120 变频器功率模块电气接线

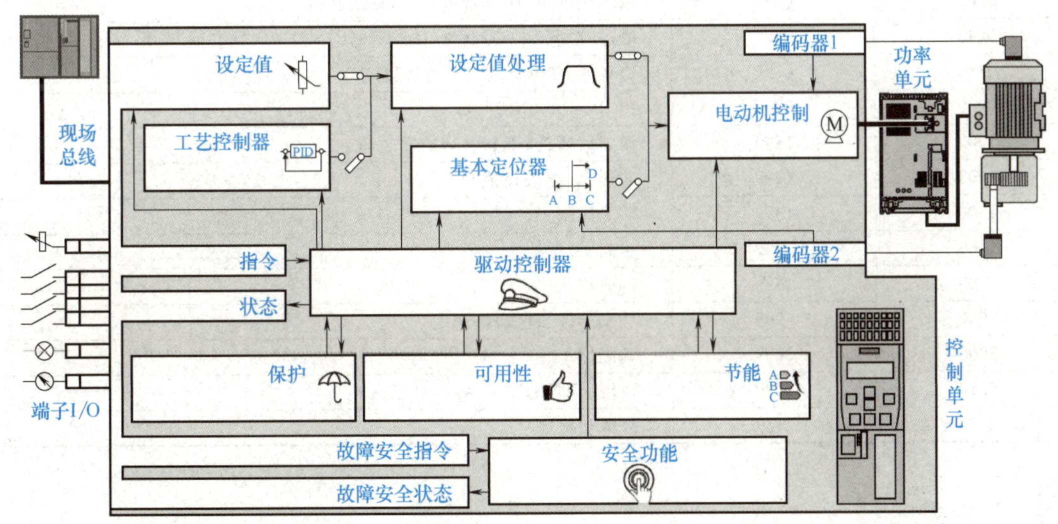

图 1-11　G120 变频器的内部与外部功能示意图

即 pxxxx [0... n]。其中 p 表示可调参数（可读写）、r 表示显示参数（只读）。

相关变频器参数的说明如下：

1）p0918 表示可调参数 918，其中序号为 918。

2）p2051 [0... 13] 表示可调参数 2051，下标为 0~13。

3）p1001［0...n］表示可调参数 1001，下标为 0~n（n=可配置）。

4）r0944 表示显示参数 944。

5）r2129.0...15 表示显示参数 2129，位数组从位 0（最低位）到位 15（最高位）。

6）p1070［1］表示可调参数 1070，下标为 1。

7）p2098［1］.3 表示可调参数 2098，下标为 1、位为 3。

8）p0795.4 表示可调参数 795，位为 4。

G120 变频器既有通用参数，也有跟选配不同型号的控制单元 CU、功率单元 PM 带来的特殊参数。变频器参数具有访问级，由参数 p0003 的值决定有哪种访问级才可显示和修改相关变频器参数，具体访问级有：1 为标准；2 为扩展；3 为专家；4 为服务（该访问级的参数被密码保护）。

G120 变频器常见的参数序号范围见表 1-3，更多参数序号范围可参考相关变频器参数手册。

表 1-3 G120 变频器常见的参数序号范围

范围		说明
参数起点	小于	
0000	0099	显示与操作
0100	0199	调试
0200	0299	功率单元
0300	0399	电动机
0400	0499	编码器
0500	0599	工艺和单位,电动机专用数据
0600	0699	热监控、最大电流、运行时间、电动机数据
0700	0799	控制单元端子、测量插口
0800	0839	CDS 数据组、DDS 数据组、电动机转接
0840	0879	顺序控制(如 ON/OFF1 的信号源)
0880	0899	ESR,驻留功能,控制字和状态字
0900	0999	PROFIBUS/PROFIdrive
1000	1199	设定值通道(如斜坡函数发生器)
1200	1299	功能(如电动机抱闸)
1300	1399	V/F 控制
1400	1799	控制器
1800	1899	选通单元
1900	1999	功率部件与电动机识别
2000	2009	基准值
2010	2099	通信(现场总线)
2100	2139	故障和报警

任务实施

1.1.6 G120 变频器的安装与接线

1. 电磁兼容安装

变频器是电力电子数字装置，且运行在高载波频率方式下，因此变频器运行中将产生大量的电磁噪声，从而对外围电子设备产生干扰，甚至产生误动作或停机。变频器运行中产生的电磁噪声有变频器自身和变频器主电路的输出、输入连线辐射。为了防止电磁噪声对周边设备产生影响，必须了解和掌握变频器的电磁兼容安装，如图 1-12 所示，共有控制柜内、外两部分 4 个区域。控制柜内 A 区为电源端子，B 区为功率电子元器件，其设备可以生成磁场，C 区为控制系统和传感技术，该区中的设备自身不会生成磁场，但其功能受磁场的影响。控制柜外为 D 区，即电动机和制动电阻，该区中的设备生成磁场。

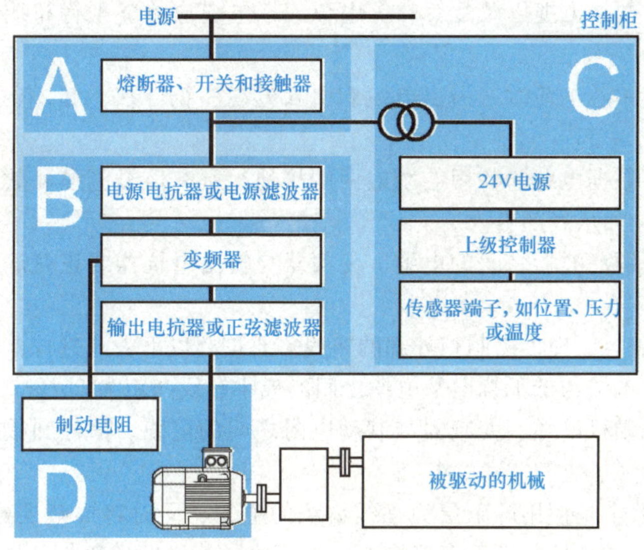

图 1-12　电磁兼容安装环境

在变频器上连接的电缆分为高干扰电平电缆和低干扰电平电缆两种。其中前者是指电源滤波器和变频器之间的电缆、电动机电缆、变频器直流母线接口上的电缆、变频器与制动电阻之间的电缆；后者是指电源与电源滤波器之间的电缆、信号和数据电缆。

根据电磁兼容原理，控制柜内的布线方式（如图 1-13 所示）需要按照以下方式进行：

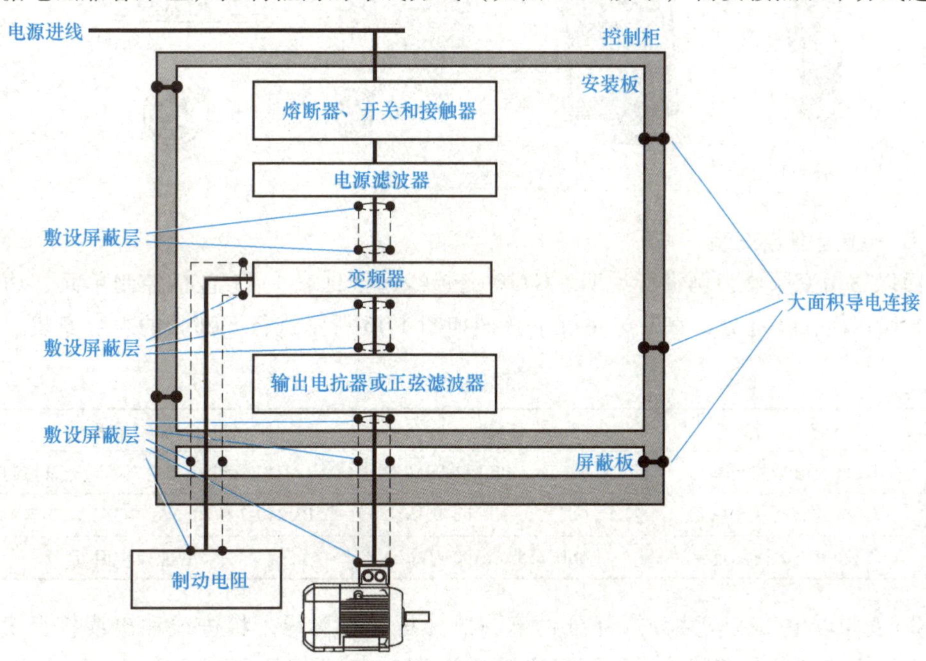

图 1-13　控制柜内部和外部的变频器布线

1）高干扰电平电缆与低干扰电平电缆之间的最小布线间距不得小于 25cm。如果无法确保 25cm 的最小间距，则应在高干扰电平电缆与低干扰电平电缆之间安装隔板。将隔板与安装板连接在一起。

2）高干扰电平电缆与低干扰电平电缆只允许直角交叉。

3）所有电缆应尽可能短，所有电缆都应敷设在安装板或控制柜框架附近。

4）信号电缆、数据电缆以及配套的等电位连接电缆应始终平行布线且相互之间应保持尽可能小的间距。

5）使用非屏蔽单芯电缆时，引出电缆和引入电缆应绞合在一起，也可平行、相互贴近地布线或直接绞合在一起。

6）信号电缆和数据电缆的备用芯线应两端接地。所有信号电缆和数据电缆尽量只从一个位置引入控制柜，如从底部引入。

7）变频器与电源滤波器之间的电缆、变频器与输出电抗器或正弦滤波器之间的电缆需使用屏蔽电缆。

同样根据电磁兼容原理，控制柜外部的布线需要按照以下方式进行：

1）高干扰电平电缆与低干扰电平电缆之间的最小布线间距为 25cm。

2）变频器的电动机电缆、变频器与制动电阻之间的电缆、信号和数据电缆需使用屏蔽电缆。

对屏蔽电缆的要求是使用屏蔽层为细线编织的电缆，同时将屏蔽层敷设在电缆的两端。电缆的屏蔽层最好在进入控制柜后直接接地，不要使屏蔽层发生弯折。屏蔽数据电缆只能连接到金属的或经过金属处理的连接器外壳上，具体如图 1-14 所示。

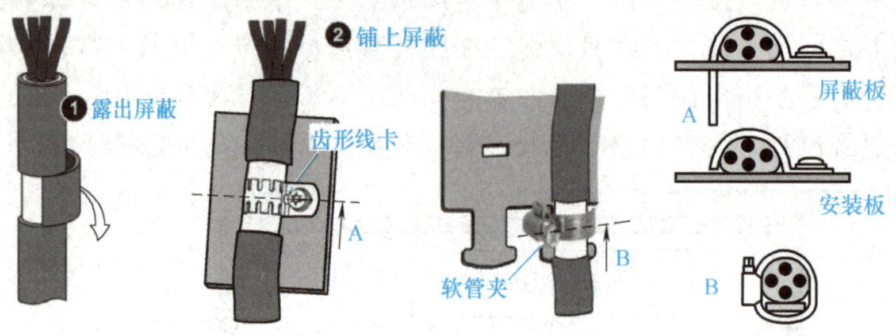

图 1-14　屏蔽电缆的处理

2. 变频器选型与安装

下面以三相变频器为例进行说明。G120 变频器选型见表 1-4，包括控制单元、功率单元和 IOP-2 操作面板 3 部分，在断电情况下按照如图 1-15 所示进行 3 部分的组合安装。

表 1-4　G120 变频器选型

序号	名　称	订货号	说　明
①	G120 变频器控制单元	6SL3246-0BA22-1FA0	CU250S-2 PN Vector，矢量控制
②	G120 变频器功率单元	6SL3210-1PE12-3ULx	PM240-2 IP20（3AC 400V 0.75kW），三相
③	G120 IOP-2 操作面板	6SL3255-0AA00-4JA2	智能操作面板

G120 变频器电气接线共分两部分：第一部分是动力接线，将进线和出线接至 PM240-2 的端子上；第二部分是控制接线，即将选择开关 SA1～SA4 接至 DI0、DI1+、DI4、DI5+。需

要注意的是，DI1-、DI3-和 DI5-接至 GND。如图 1-16 所示，变频器的电源接线端子 L1、L2、L3、PE 分别去接三相电源的 3 根相线和零线，变频器的电动机接线端子 U、V、W、PE 分别去接电动机的端子，电动机定子绕组星形联结；控制电路中 28、40、64、65、66、69 号端子短接在一起，5、6、16、17 号端子分别去接选择开关 SA1~SA4，选择开关另一端分别两两接在一起然后去接 9 号端子，9 号端子为变频器直流 24V 电源输出端。

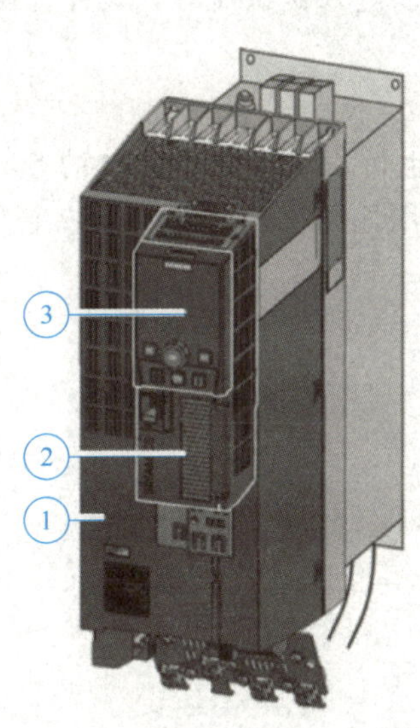

图 1-15　G120 变频器安装

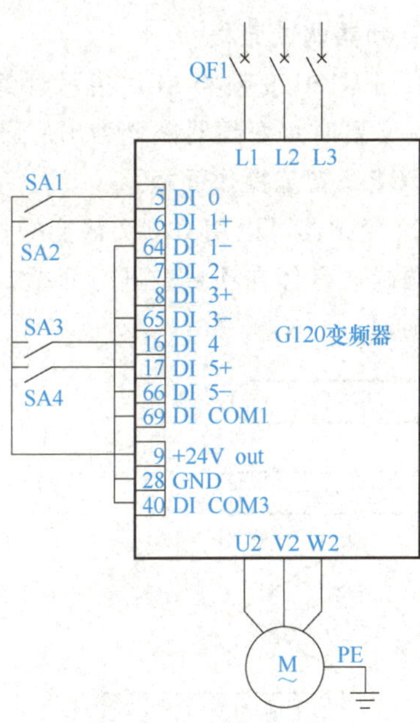

图 1-16　G120 变频器接线

1.1.7　变频器上电试运行

4. 变频器上电试运行

1. 变频器 LED 指示

G120 变频器上电后，RDY、BF 和 LNK 3 盏 LED 指示灯根据参数设置、运行或通信情况会有不同的指示，具体见表 1-5 和表 1-6。

表 1-5　RDY 和 BF 指示说明

LED 指示灯		说　明
RDY	**BF**	
绿色，亮	不相关	当前无故障
绿色，缓慢闪烁		正在调试或恢复出厂设置
红色，亮	黄色，变化频率	正在更新固件
红色，缓慢闪烁	红色，缓慢闪烁	固件升级后，变频器等待重新上电
红色，快速闪烁	红色，快速闪烁	错误的存储卡或固件升级失败
红色，快速闪烁	不相关	当前存在一个故障
绿色/红色，缓慢闪烁		许可不足

表 1-6 LNK 指示说明

LNK LED 指示灯	说　明
绿色恒亮	PROFINET 通信成功建立
绿色，缓慢闪烁	设备正在建立通信
熄灭	无 PROFINET 通信

2. 变频器调试流程

只有当 G120 变频器 LED 指示灯 RDY 亮绿色，才可以进入调试流程，具体如图 1-17 所示，其中必要时将变频器恢复为出厂设置。

3. IOP-2 智能操作面板

G120 变频器可以用 IOP-2 智能操作面板进行调试，也可以采用博途软件的 Startdrive 工具进行调试（具体在项目 2 进行介绍），本项目主要介绍用如图 1-18 所示 IOP-2 智能操作面板进行调试。

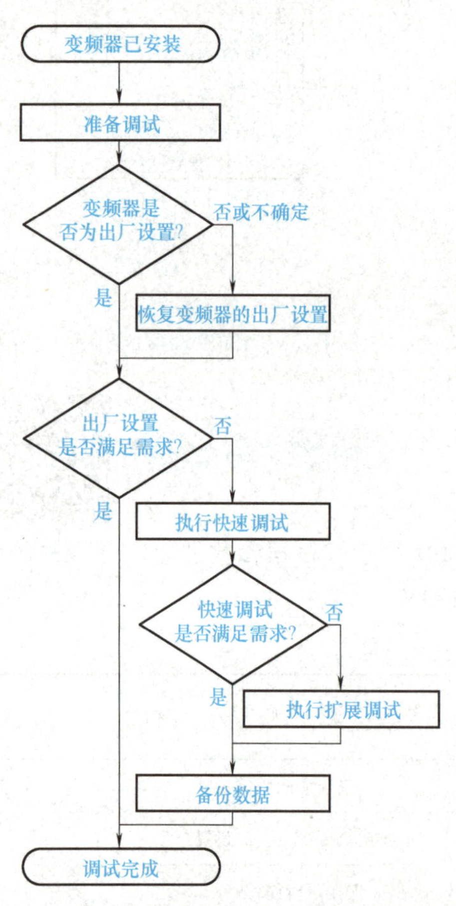

图 1-17 G120 变频器调试流程

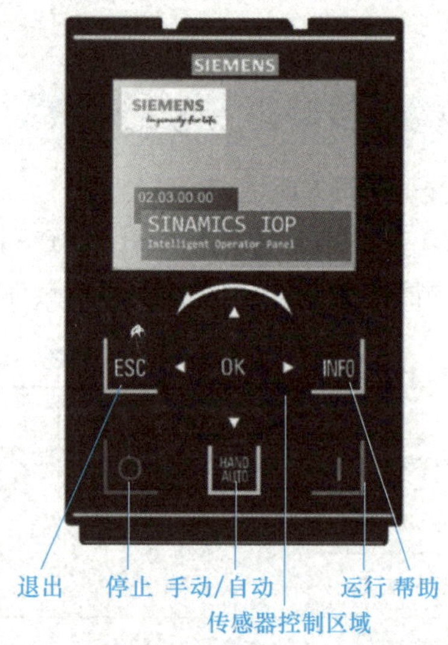

图 1-18 IOP-2 智能操作面板

IOP-2 智能操作面板有 ESC（退出）、INFO（帮助）、O（停止）、I（运行）、HAND/AUTO（手动/自动）按键，这些按键具有字面上的功能含义，但还需要注意以下几点：

1）在 AUTO（自动）模式下，可以通过按下 HAND/AUTO 键切换模式到 HAND（手动）模式，并在 HAND 模式下按下 I（运行）键启动变频器。

2）如果按下 O（停止）键时间超过 3s，变频器将执行自由停车命令，电动机将停机。在 3s 内按下 2 次 OFF 键也将执行自由停车命令。

3）如果按下 O（停止）键时间不超过 3s，变频器将执行以下操作：在 AUTO 模式下，屏幕显示为一个信息画面，说明该命令源为 AUTO，可使用 HAND/AUTO 键改变，此时变频器不会停机。如果在 HAND 模式下，变频器将执行斜坡停车命令，电动机将以设置的减速时间停机。

IOP-2 智能操作面板除了上述 5 个按键之外，还具有传感器控制区域，其主要功能如下：

1）在菜单中，围绕传感器控制区域滑动手指更改所选内容。

2）当选择的内容突出显示时，按下传感器控制区域的中心的 OK（确认）按钮，可确认选择。

3）编辑一个参数时，围绕传感器控制区域滑动手指可更改所显示的值；顺时针滑动将增加显示值，逆时针滑动则减小显示值。

4）在编辑参数或搜索值时，可通过箭头键选择具体的数字，也可使用传感器控制区域编辑整个值。围绕传感器控制区域滑动手指的速度可增加或降低光标的移动速度。

5）传感器控制区域集成有多个箭头，用于浏览菜单和输入字段中的具体数字。

当变频器上有故障或报警激活时，IOP-2 智能操作面板屏幕上方的标签会变红，如图 1-19 所示，标签会一直显示为红色，直到故障或报警被确认或纠正。智能操作面板屏幕背景颜色说明见表 1-7。

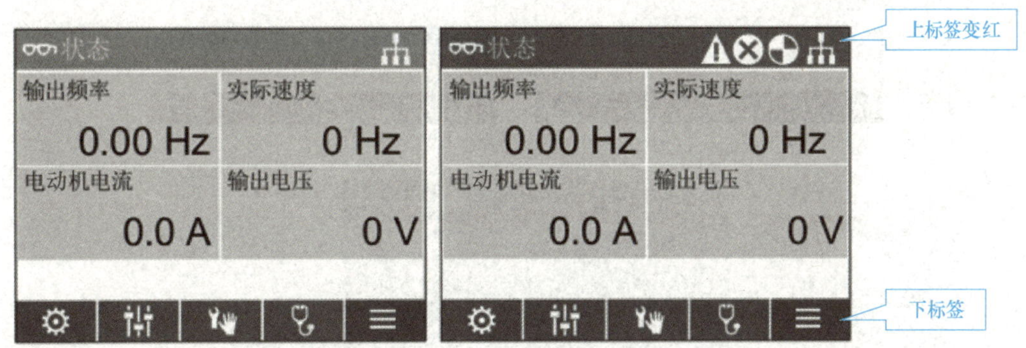

图 1-19　智能操作面板屏幕的故障与报警通知

表 1-7　智能操作面板屏幕背景颜色说明

屏幕背景颜色	说　明
红色	错误状态，指示发生故障且控制单元处于故障状态
白色	中间状态，智能操作面板与控制单元未连接
绿色	运行状态，变频器正在运行且无故障，当前的报警将显示在状态栏中
蓝色	用于指示屏幕上选定的项目

IOP-2 智能操作面板屏幕的下标签从左到右依次为设置、参数、控制、诊断、菜单，这些下标签可以通过传感器控制区域进行左、右移动并进行选择。

4. 用 IOP-2 智能操作面板进行快速调试

在进行快速调试之前，首先要记录变频器所带电动机负载的主要铭牌数据，包括功率、电压、电流、转速等。如图 1-20 所示为国产电动机铭牌数据。

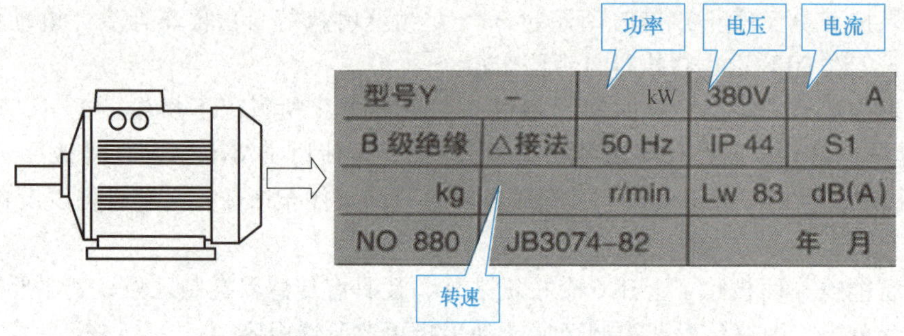

图 1-20 国产电动机铭牌数据

如图 1-21 所示为用 IOP-2 智能操作面板进行快速调试的基本步骤。如图 1-21a 所示，进入设置菜单后选择“快速启动”；图 1-21b 为恢复出厂设置时选择“是”或“否”；图 1-21c 为主要参数输入或选择，如选择电动机标准、电动机类型，还有输入之前所记录的电压、电流、功率、转速等铭牌数据，参数输入完成后按住 OK 键持续 2s，即可成功保存已设置参数，如图 1-21d 所示。完成上述步骤之后，将提示先进行初始化电动机数据识别，然后才可以手动启停控制，如图 1-21e 所示。

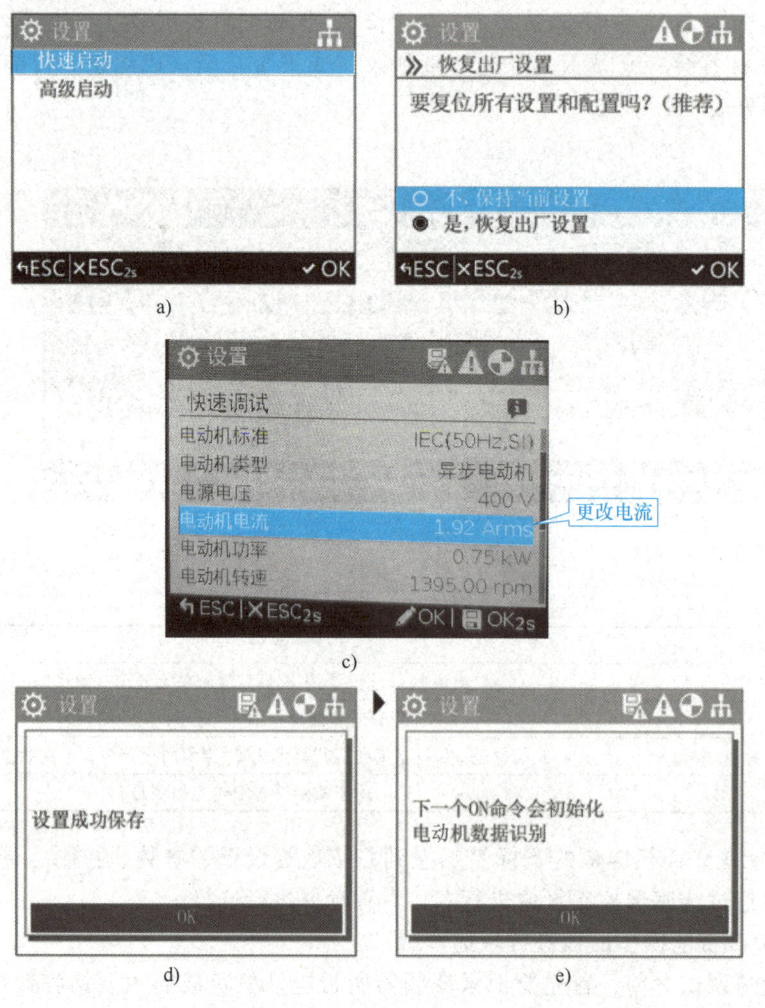

图 1-21 IOP-2 智能操作面板调试步骤

完成以上步骤后，再次启动即可进行电动机数据检测，需要注意的是该步骤会引起危险的电动机运动，因此开始电动机数据检测前应确保危险设备部件的安全，具体包括：①接通电动机前检测电动机上的部件是否松动或有可能飞出；②接通电动机前确保没有工作人员在电动机上作业或停留在电动机工作区内；③采取措施，防止人员无意中进入电动机工作区内；④将垂直负载降至地面。

确认以上内容后，变频器启动电动机数据检测，检测过程可能持续数分钟，检测后变频器会关闭电动机。如图 1-22 所示为电动机数据识别出错时的故障画面，按下 OK 键后进入显示电动机数据检测出错原因，如图 1-23 所示，可以按 OK 键进行故障复位，复位后的画面如图 1-24 所示。

如图 1-25 所示为当电动机数据识别后，手动运行在四极电动机同步转速 59%设定值情况下的操作面板显示，其转速实际值为 885r/min、输出电压为 257V。

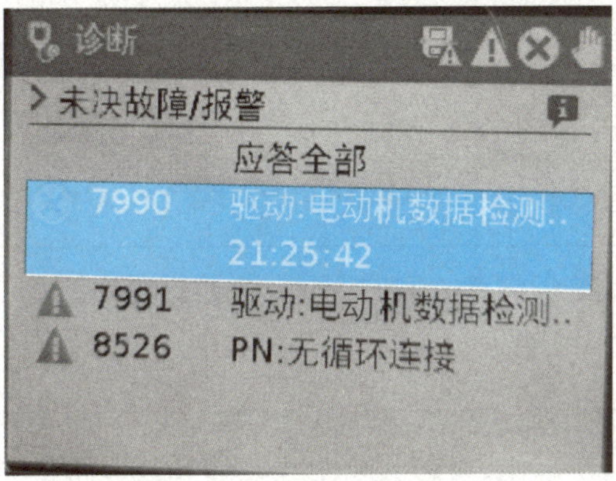

图 1-22　电动机数据识别出错时的故障画面

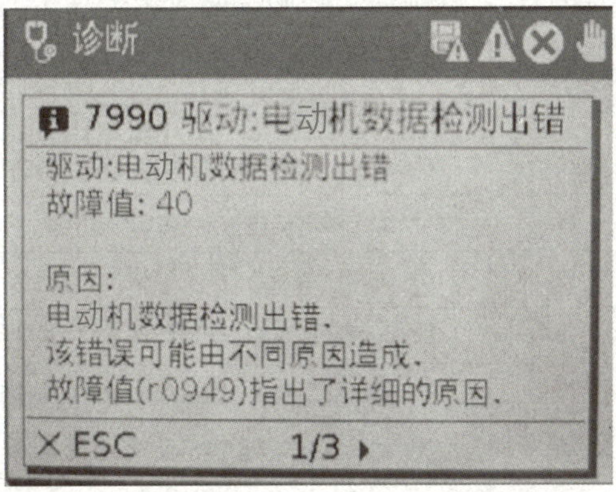

图 1-23　电动机数据检测出错原因

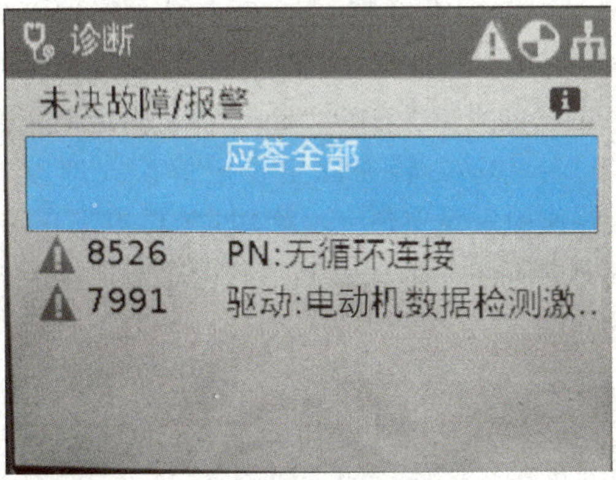

图 1-24　故障复位

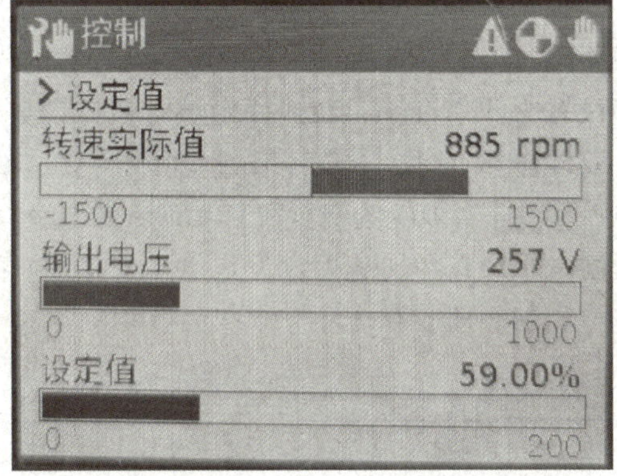

图 1-25　手动运行操作面板显示

1.1.8　实现生产线调速功能（一）

5. 实现生产线调速功能

变频器宏参数设置相当于参数的批处理，或者说定义了参数集，是属于 G120 变频器高级调试的一种。定义了变频器宏，就会有对应的接线方式。常见的宏定义清单见表 1-8，其中宏编号可以在参数 p15 中进行直接设置，也可以选择高级调试菜单进行设置。

表 1-8 常见的宏定义清单

宏编号	宏 功 能
1	双方向两线制控制，两个固定转速
2	单方向两个固定转速，预留安全功能
3	单方向 4 个固定转速
4	现场总线 PROFIBUS/PROFINET
5	现场总线 PROFIBUS/PROFINET，预留安全功能
7	现场总线 PROFIBUS/PROFINET，控制和点动切换
8	端子启动，电动电位器（MOP）调速，预留安全功能
9	端子启动，电动电位器（MOP）调速
12	端子启动，模拟量调速
13	端子启动，模拟量调速，预留安全功能
14	现场总线 PROFIBUS/PROFINET 控制和电动电位器（MOP）切换
15	模拟给定和电动电位器（MOP）切换
17	双方向两线制控制，模拟量调速（方法 2）
18	双方向两线制控制，模拟量调速（方法 3）
19	双方向三线制控制，模拟量调速（方法 1）
20	双方向三线制控制，模拟量调速（方法 2）
21	现场总线 USS 控制
22	现场总线 CAN 控制

根据任务 1.1 的要求，可以选择宏（1）进行接线和参数设置。宏（1）的端子定义见表 1-9，如图 1-26 所示为宏（1）对应的电气接线。其中，转速固定设定值 3 即参数 p1003，如设置为 300r/min，转速固定设定值 4 即参数 p1004，如设置为 400r/min，转速固定设定值生效即参数 r1024，转速设定值即参数 p1070［0］= r1024，转速固定设定值模式即参数 p1016 = 1。当 DI4 为高电平、DI5 为低电平时选择转速固定设定值 3，当 DI4 为低电平、DI5 为高电平时选择转速固定设定值 4，当 DI4 和 DI5 都是高电平时，变频器将两个转速固定设定值相加，即 p1003 和 p1004 的值相加后为 700r/min。

表 1-9 宏（1）的端子定义

数字量输入	端子序号	对应开关	含 义
DI0	5	SA1	正转
DI1	6	SA2	反转
DI2	7		清除故障
DI3	8		
DI4	16	SA3	转速固定设定值 3
DI5	17	SA4	转速固定设定值 4

G120 变频器智能操作面板中，进入 “设置”→“高级调试”→“I/O 设置”→“选择宏（1）”，如图 1-27 所示。

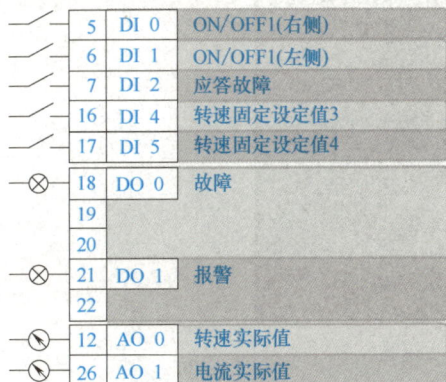

端子	信号	功能
5	DI 0	ON/OFF1(右侧)
6	DI 1	ON/OFF1(左侧)
7	DI 2	应答故障
16	DI 4	转速固定设定值3
17	DI 5	转速固定设定值4
18	DO 0	故障
19		
20		
21	DO 1	报警
22		
12	AO 0	转速实际值
26	AO 1	电流实际值

图 1-26　宏（1）对应的电气接线

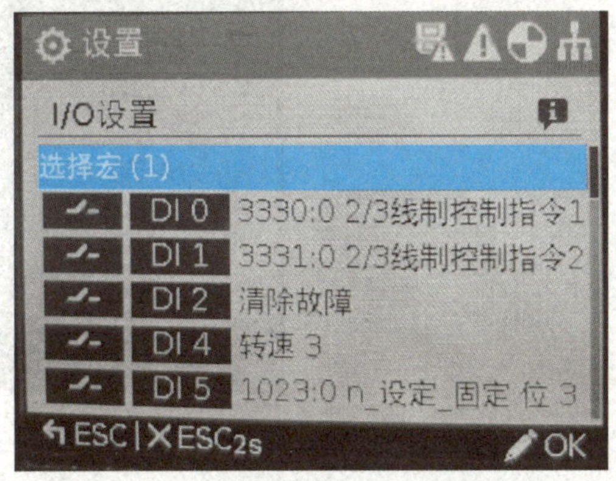

图 1-27　选择宏（1）

修改速度参数 p1003、p1004 的值则可以进入 “参数”→“根据编号搜索”，输入需要的参数号并按下 OK 键确认，按照如图 1-28～图 1-31 所示步骤进行变频器参数修改。

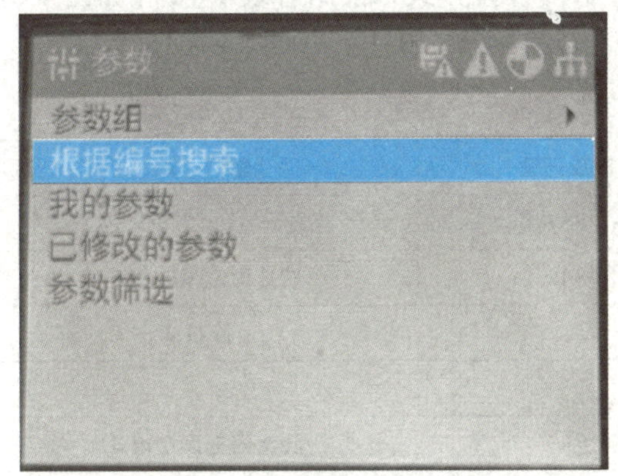

图 1-28　根据编号搜索

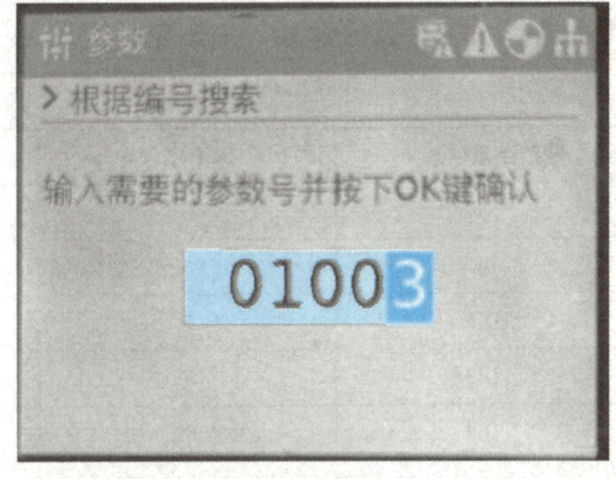

图 1-29　输入参数号

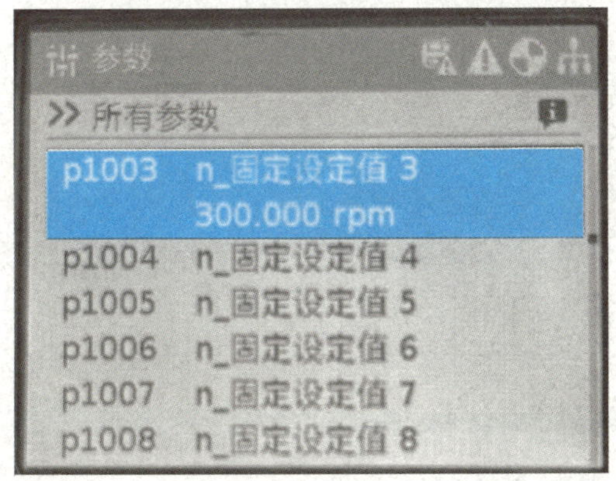

图 1-30　查看参数

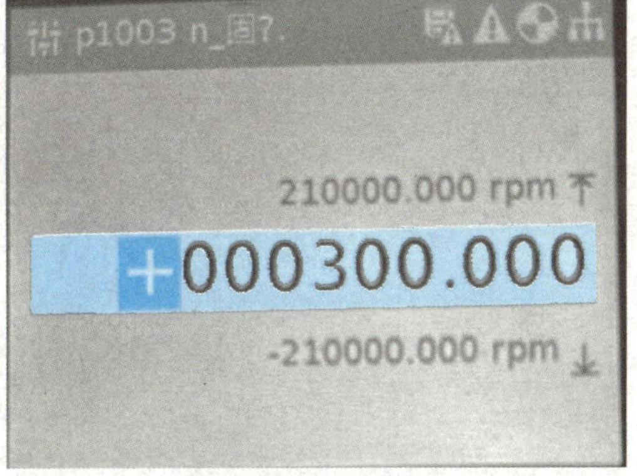

图 1-31　修改参数值

完成上述参数设置后，即可进行调试运行。如图 1-32 所示 SA2 为 ON、SA3 为 ON 时的变频器运行画面，即反向以 300r/min 速度运行。同理测试 SA1 为 ON、SA4 为 ON 时的变频器运行方向和速度。

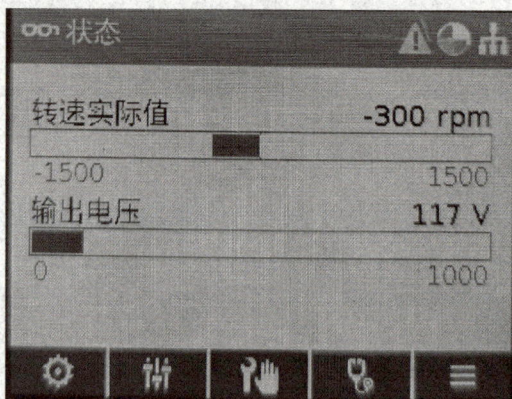

图 1-32　宏（1）运行画面

1.1.9　实现生产线调速功能（二）

根据说明书，G120 变频器宏（3）的预设置为采用 4 种固定频率的输送技术，因此可以采用宏（3）实现生产线调速功能二。根据 1.1.7 节的设置方式，并结合表 1-10 和如图 1-33 所示进行相应参数的设置，主要包括宏（3）、固定转速参数 p1001～p1004、p1016 等。

表 1-10　端子定义

数字量输入	端子序号	对应开关	含　义
DI0	5	SA1	正转/转速固定设定值 1
DI1	6	SA2	转速固定设定值 2
DI2	7		清除故障
DI3	8		
DI4	16	SA3	转速固定设定值 3
DI5	17	SA4	转速固定设定值 4

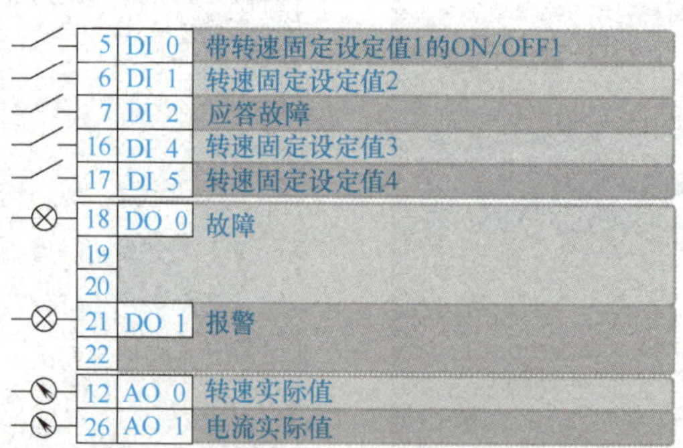

图 1-33　宏（3）对应的电气接线

需要注意的是，多个输入状态同时为高电平时，变频器会将各个固定转速相加，具体如表 1-11 所示。因此，任务中的四个速度值应该是固定转速 1、固定转速 1+固定转速 2、固定转速 1+固定转速 3、固定转速 1+固定转速 4。

表 1-11　输入状态与运行速度

输入状态	运行速度
SA1=ON、其他为 OFF	正转,转速固定设定值 1
SA1 和 SA2=ON,其余为 OFF	正转,转速固定设定值 1+转速固定设定值 2
SA1 和 SA3=ON,其余为 OFF	正转,转速固定设定值 1+转速固定设定值 3
SA1 和 SA4=ON,其余为 OFF	正转,转速固定设定值 1+转速固定设定值 4

任务记录

根据任务实施的情况，如实填写任务 1.1 实施记录表（表 1-12）。

表 1-12　任务 1.1 实施记录表

任务实施步骤	实际执行情况说明	计划时间/min	实际时间/min
G120 变频器安装与接线			
变频器上电试运行			
实现生产线调速功能一			
实现生产线调速功能二			

任务评价

按要求完成考核任务 1.1，评分标准见表 1-13，具体配分可以根据实际考评情况进行调整。

表 1-13　评分标准

序号	考核项目	考核内容及要求	配分	得分
1	职业道德与素养	遵守安全操作规程,设置安全措施	15%	
		认真负责,团结合作,对实操任务充满热情		
		正确认识我国智能制造的重点任务		
2	系统方案制定	变频器设计方案合理	25%	
		变频器电路图正确		
3	操作能力	根据电路图正确接线,美观且可靠	30%	
		正确输入变频器参数并进行电动机调试		
		根据系统功能进行正确操作演示		
4	实践效果	系统工作可靠,满足工作要求	20%	
		变频器参数设置正确		
		按规定的时间完成任务		
5	创新实践	在本任务中有另辟蹊径、独树一帜的实践内容	10%	
合计			100%	

任务 1.2 G120 变频器的 15 段速控制

任务描述

某输送设备采用变频调速控制，选用西门子 G120 变频器（功率为 0.75kW）带动三相电动机，该电动机铭牌数据为：额定功率 0.75kW、转速 1395r/min、额定电流 1.92A、丫联结、电源频率 50Hz（根据实际装置而定）。如图 1-34 所示，采用带 5 个选择开关（即 SA1~SA5）的操作盒现场控制 G120 变频器相连的电动机。任务要求如下：

1）完成变频器与进线电源、操作盒、电动机之间的电气接线并上电。

2）能用操作盒的选择开关进行 15 段速控制，分别为 100r/min、200r/min、…、1400r/min、1500r/min。

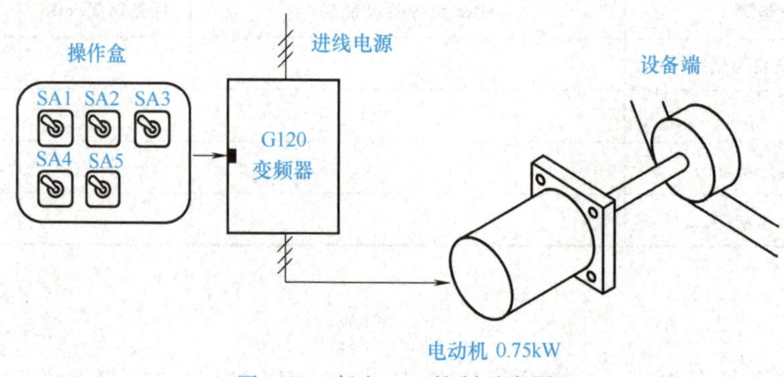

图 1-34 任务 1.2 控制示意图

知识准备

1.2.1 通用变频器的多段速运行

多段速运行是指通过多功能输入端子的逻辑组合，可以选择多段频率进行多段速运行。在多段速运行下，变频器能连续、断续，保持最终值，可以方便地在以下情况使用：风机或鼓风机根据季节进行风量切换；涂装设备根据需漆的零件切换等。

如图 1-35 所示为多段速运行示意图，通过多功能输入端子 X1、X2、X3 的不同逻辑组合，可以按照表 1-14 选择普通运行频率和 1~7 段速进行多段速运行。

表 1-14 多段速运行

多功能输入端子 X3	多功能输入端子 X2	多功能输入端子 X1	频率/速度设定值
OFF	OFF	OFF	普通运行频率/速度
OFF	OFF	ON	多段频率/速度（1 速）
OFF	ON	OFF	多段频率/速度（2 速）
OFF	ON	ON	多段频率/速度（3 速）
ON	OFF	OFF	多段频率/速度（4 速）
ON	OFF	ON	多段频率/速度（5 速）
ON	ON	OFF	多段频率/速度（6 速）
ON	ON	ON	多段频率/速度（7 速）

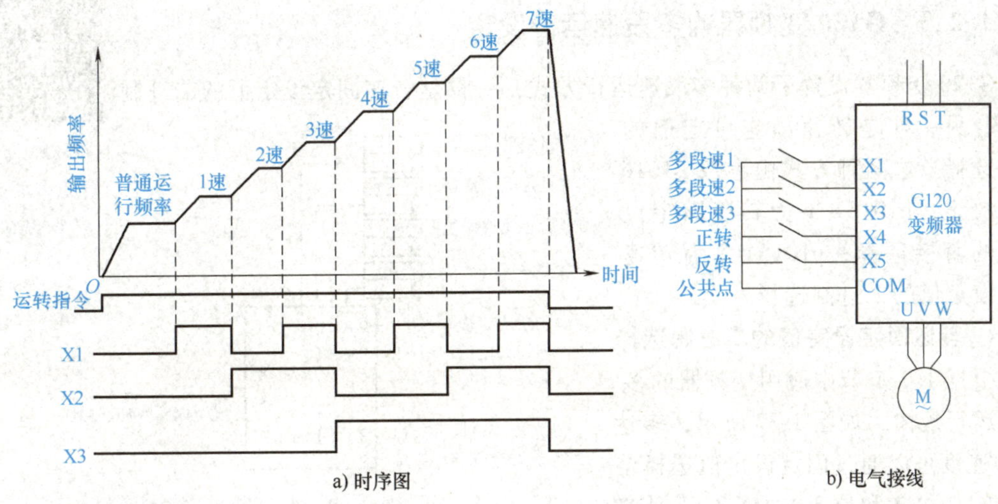

图 1-35　多段速运行示意图

1.2.2　G120 变频器的速度设定方式

如图 1-36 所示为 G120 变频器的速度设定方式，多段速（即固定设定值）只是其中的一种速度设定方式，此外，还可以采用模拟量输入信号、现场总线信号、电动电位器进行速度设定。这些速度设定方式既可以作为变频器的主设定值，也可以作为附加设定值。

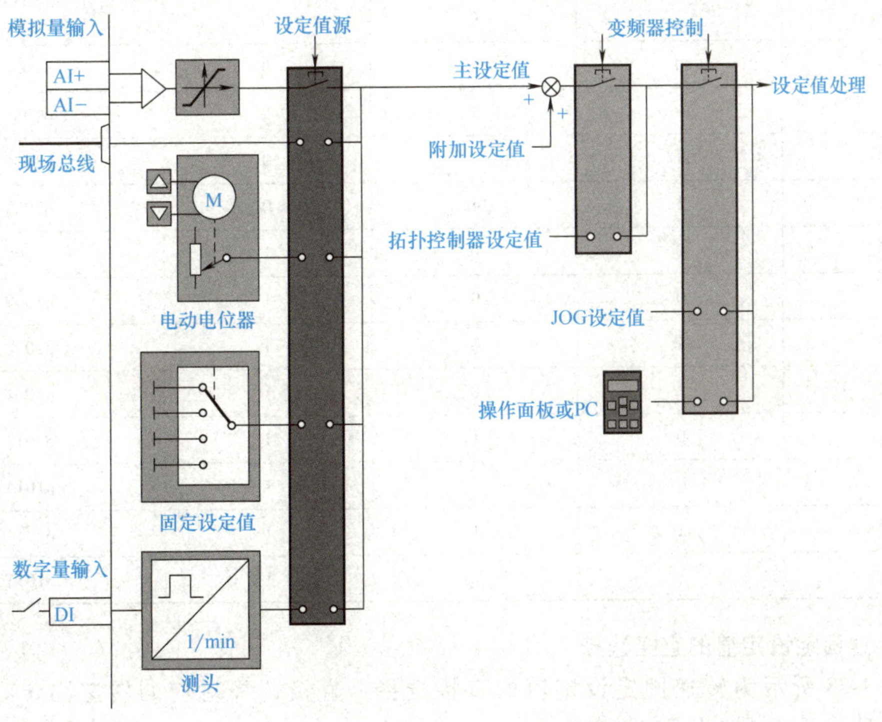

图 1-36　G120 变频器的速度设定方式

1.2.3 G120变频器的多段速运行设定

6. G120变频器的多段速运行设定

G120变频器设置了两种多段速运行方式，一种是转速固定设定值的二进制选择，另一种是转速固定设定值的直接选择。这两种方式由参数p1016的值决定，p1016 = 1为转速固定设定值的直接选择；p1016 = 2为转速固定设定值的二进制选择。

1. 转速固定设定值的二进制选择

根据1.2.1节中通用变频器的多段速运行规律，如图1-37所示，多达15种速度可以通过固定设定值选择位0、位1、位2和位3的ON/OFF值来确定对应的固定设定值，类似表1-14中的多段频率值1~7速，只是从7速变成了15速，因此对应的频率值为p1001~p1015。二进制选择对应的转速固定设定值见表1-15。

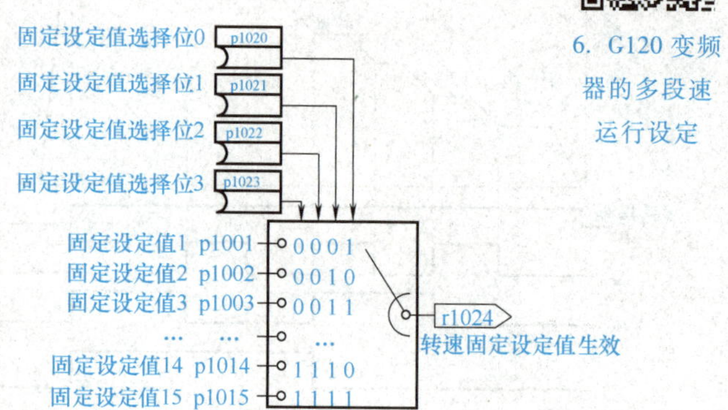

图1-37 转速固定设定值的二进制选择

表1-15 二进制选择对应的转速固定设定值

p1020	p1021	p1022	p1023	得到的设定值
0	0	0	0	0
1	0	0	0	p1001
0	1	0	0	p1002
1	1	0	0	p1003
0	0	1	0	p1004
1	0	1	0	p1005
0	1	1	0	p1006
1	1	1	0	p1007
0	0	0	1	p1008
1	0	0	1	p1009
0	1	0	1	p1010
1	1	0	1	p1011
0	0	1	1	p1012
1	0	1	1	p1013
0	1	1	1	p1014
1	1	1	1	p1015

2. 转速固定设定值的直接选择

如图1-38所示为转速固定设定值的直接选择，直接选择对应的转速固定设定值见表1-16，显然通过最初的固定设定值1、固定设定值2、固定设定值3、固定设定值4这4个速度值，最终组合形成15个速度值。

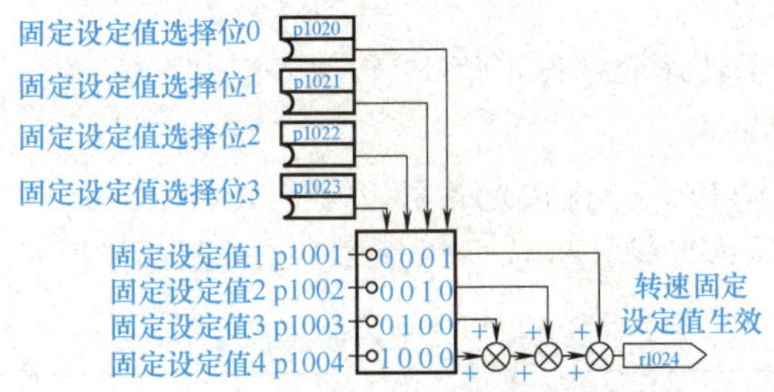

图 1-38　转速固定设定值的直接选择

表 1-16　直接选择对应的转速固定设定值

p1020	p1021	p1022	p1023	得到的设定值
0	0	0	0	0
1	0	0	0	p1001
0	1	0	0	p1002
1	1	0	0	p1001+p1002
0	0	1	0	p1003
1	0	1	0	p1001+p1003
0	1	1	0	p1002+p1003
1	1	1	0	p1001+p1002+p1003
0	0	0	1	p1004
1	0	0	1	p1001+p1004
0	1	0	1	p1002+p1004
1	1	0	1	p1001+p1002+p1004
0	0	1	1	p1003+p1004
1	0	1	1	p1001+p1003+p1004
0	1	1	1	p1002+p1003+p1004
1	1	1	1	p1001+p1002+p1003+p1004

任务实施

1.2.4　G120 变频器 15 段速控制方案设计

西门子 G120 变频器的宏定义没有 15 段速，因此需要设计电气接线并设置相关参数。具体控制方案如下：

(1) 设置变频器的启动/停止控制端子

将控制电路 DI0 端子作为变频器的启动/停止信号，该端子获得高电平后变频器启动，高电平消失后变频器停止运行。此时需要设置参数 p840 = 722.0。

(2) 速度给定选择

用开关量端子的组合来选择固定设定值，实现电动机多段速运行。此时需要设置参数 p1000 = 3。

（3）设置 15 段速

p1001 ~ p1015 分别表示转速固定设定值 1 ~ 转速固定设定值 15。

（4）转速固定设定值模式

有两种转速固定设定值模式；直接选择和二进制选择。本次任务选择二进制选择，将 p1016 = 2，二进制组合作为多段速速度选择的方式。二进制选择模式见表 1-17。

表 1-17 二进制选择模式

固定设定值	p1023 选择的 DI 状态	p1022 选择的 DI 状态	p1021 选择的 DI 状态	p1020 选择的 DI 状态
p1001 固定设定值 1				1
p1002 固定设定值 2			1	
p1003 固定设定值 3			1	1
p1004 固定设定值 4		1		
p1005 固定设定值 5		1		1
p1006 固定设定值 6		1	1	
p1007 固定设定值 7		1	1	1
p1008 固定设定值 8	1			
p1009 固定设定值 9	1			1
p1010 固定设定值 10	1		1	
p1011 固定设定值 11	1		1	1
p1012 固定设定值 12	1	1		
p1013 固定设定值 13	1	1		1
p1014 固定设定值 14	1	1	1	
p1015 固定设定值 15	1	1	1	

（5）多段速指定

用控制电路 DI4、DI3、DI2、DI1 共计 4 个数字量输入分别表示从高位到低位的 4 位二进制数组合值来对应 p1001 ~ p1015 这 15 个固定设定值。此时需要设置 p1020 = 722.1，将 6 号端子（DI1）作为二进制组合多段速的第 0 位；设置 p1021 = 722.2，将 7 号端子（DI2）作为二进制组合多段速的第 1 位；设置 p1022 = 722.3，将 8 号端子（DI3）作为二进制组合多段速的第 2 位；设置 p1023 = 722.4，将 16 号端子（DI4）作为二进制组合多段速的第 3 位。

1.2.5 电气接线

电气接线主要包括主电路和控制电路接线。如图 1-39 所示，变频器的电源接线端子 L1、L2、L3、PE 分别接三相电源 3 根相线和零线，变频器的电动机接线端子 U、V、W、PE 分别接电动机的端子，电动机定子绕组Y联结。控制电路中，28、40、64、65、66、69 号端子短接在一起，5、6、7、8、16 端子分别接选择开关 SA1 ~ SA5，选择开关另一端分别两两接在一起然后去接 9 号端子，9 号端子

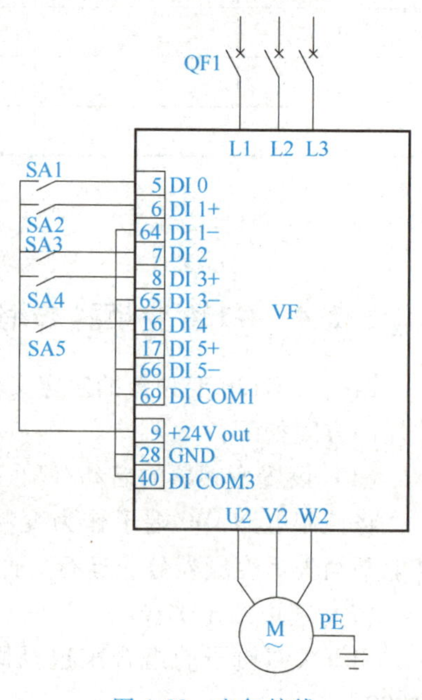

图 1-39 电气接线

为变频器直流 24V 电源输出端。

1.2.6　G120 变频器参数设置

在任务 1.1 的基础上利用 IOP-2 智能操作面板完成变频器的快速调试。然后在菜单下进行参数设置，参数设置见表 1-18。

表 1-18　任务 1.2 参数设置

参数号	设置值	说　明
p840	722.0	设置 ON/OFF(OFF1)指令的信号源,这里选择 DI0
p1000	3	转速设定值选择,3 为转速固定设定值
p1001	100	转速固定设定值 1 为 100r/min
p1002	200	转速固定设定值 2 为 200r/min
…	…	p1003 = 300，p1003 = 400,依此类推直到 p1014 = 1400
p1015	1500	转速固定设定值 15 为 1500r/min
p1016	2	转速固定设定值选择模式,2 为二进制
p1020	722.1	转速固定设定值选择位 0 为 DI1
p1021	722.2	转速固定设定值选择位 1 为 DI2
p1022	722.3	转速固定设定值选择位 2 为 DI3
p1023	722.4	转速固定设定值选择位 3 为 DI4
p1070	1024	主设定值为 r1024,转速固定设定值有效

1.2.7　调试与运行

SA1 闭合，变频器启动。选择开关闭合用 1 表示、开关打开用 0 表示，然后按表 1-19 操作，即可得到 15 段速。

表 1-19　15 段速对应的开关设置

SA5	SA4	SA3	SA2	电动机运行速度/(r/min)
0	0	0	1	100
0	0	1	0	200
0	0	1	1	300
0	1	0	0	400
0	1	0	1	500
0	1	1	0	600
0	1	1	1	700
1	0	0	0	800
1	0	0	1	900
1	0	1	0	1000
1	0	1	1	1100
1	1	0	0	1200
1	1	0	1	1300
1	1	1	0	1400
1	1	1	1	1500

任务记录

根据任务实施的情况，如实填写任务 1.2 实施记录表（表 1-20）。

表 1-20　任务 1.2 实施记录表

任务实施步骤	实际执行情况说明	计划时间/min	实际时间/min
G120 变频器 15 段速控制方案设计			
电气接线			
G120 变频器参数设置			
调试与运行			

任务评价

按要求完成考核任务 1.2，评分标准见表 1-21，具体配分可以根据实际考评情况进行调整。

表 1-21　评分标准

序号	考核项目	考核内容及要求	配分	得分
1	职业道德与素养	遵守安全操作规程，设置安全措施	15%	
		认真负责，团结合作，对实操任务充满热情		
2	系统方案制定	变频器的 15 段速控制方案合理	20%	
		控制电路图正确		
3	操作能力	根据电路图正确接线，美观且可靠	30%	
		正确输入变频器参数并进行 15 段速调试		
		根据系统功能进行正确操作演示		
4	实践效果	系统工作可靠，满足工作要求	25%	
		变频器参数规范设置		
		按规定的时间完成任务		
5	创新实践	在本任务中有另辟蹊径、独树一帜的实践内容	10%	
合计			100%	

任务 1.3　G120 变频器模拟量控制

任务描述

如图 1-40 所示，某设备采用西门子 G120 变频器进行模拟量控制，外接操作盒包括 SA1 启停开关、RP1 电位器和 LED 显示。任务要求如下：

1）通过 SA1 进行启停控制，由电位器 R_{P1} 进行调速，控制电动机的转速为 0～1500r/min。

2）数码管实时显示电动机运行的速度，输入 0～5V 对应显示 0～1500r/min。

3）设置简单斜坡函数时间，调节加速时间为 6s、减速时间为 8s。

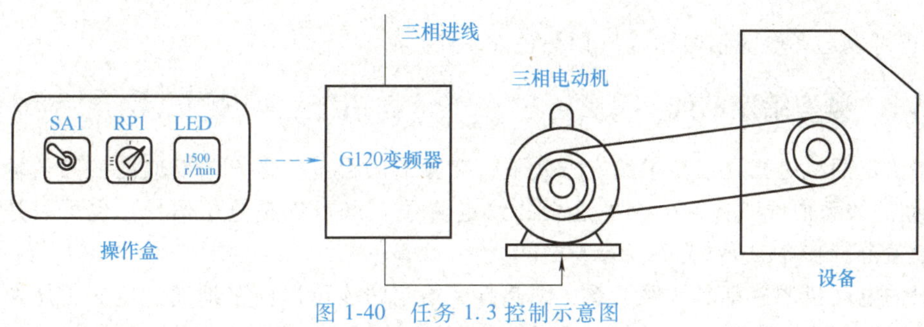

图 1-40 任务 1.3 控制示意图

知识准备

1.3.1 变频器模拟量给定方式

模拟量给定方式即通过变频器的模拟量端子从外部输入模拟量信号（电流或电压）进行给定，并通过调节模拟量的大小来改变变频器的输出频率。模拟量给定中通常采用电流或电压信号，常见于电位器、仪表、PLC 和 DCS 等的控制电路。电流信号一般指 0~20mA 或 4~20mA。电压信号一般指 0~10V、2~10V、0~±10V、0~5V、1~5V、0~±5V 等。

电流信号在传输过程中不受电路电压降、接触电阻及其压降、杂散的热电效应以及感应噪声等影响，抗干扰能力较电压信号强。但由于电流信号电路比较复杂，故在距离不远的情况下，仍以选用电压给定为模拟量信号居多。

变频器通常都会有两个及以上的模拟量端子（或扩展模拟量端子），有些端子可以同时输入电压和电流信号（但必须通过跳线或短路块进行区分），因此对于变频器已经选择好模拟量给定方式的情况，还必须按照以下步骤进行参数设置：

1）选择模拟量给定的输入通道。

2）选择模拟量给定的电压或者电流方式及其调节范围，同时设置电压/电流跳线，注意必须在断电时进行操作。

3）选择模拟量端子多个通道之间的组合方式（叠加或者切换）。

4）选择模拟量端子通道的滤波参数、增益参数和线性调整参数。

如图 1-41 所示为 G120 变频器 CU250S-2 控制单元 X132 端子排，它包括由 AI0+、AI0-构成的模拟量输入通道 1 和由 AI1+、AI1-构成的模拟量输入通道 2。同时还提供 10V 电源，接上电位器就可以作为模拟量输入通道 1 或 2 的信号。

如图 1-42 所示为 G120 变频器模拟量输入电压和电流信号选择，默认为电压（即黑色在

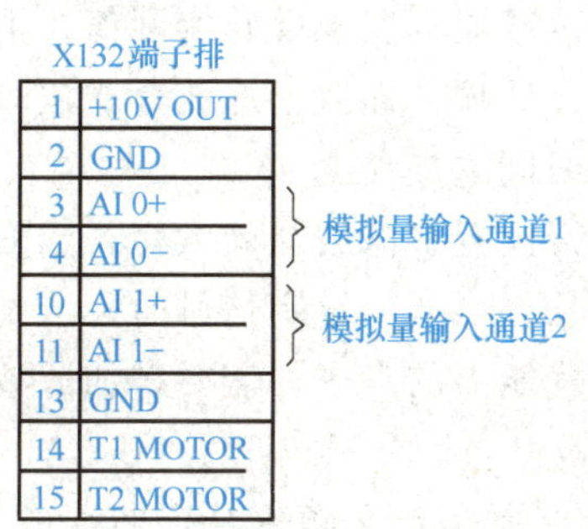

图 1-41 G120 变频器 CU250S-2 控制单元 X132 端子排

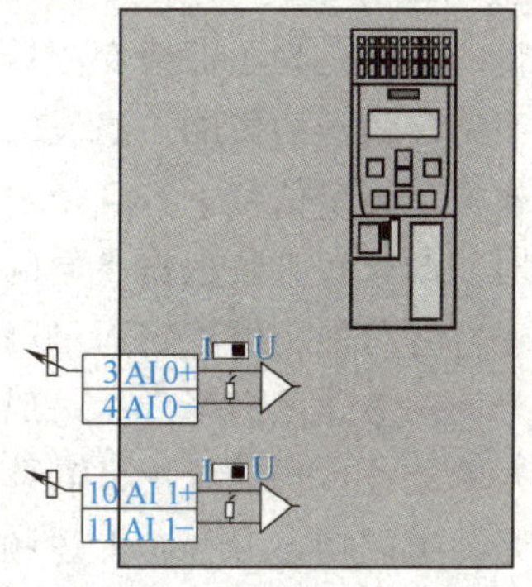

图 1-42 G120 变频器模拟量输入电压和电流信号选择

U 处），也可以选择电流信号输入（即黑色在 I 处）。

1.3.2 频率给定曲线

频率给定曲线是指在模拟量给定方式下，变频器的给定信号 P 与对应的变频器输出频率 $f(x)$ 之间的关系曲线 $f(x)=f(P)$。这里的给定信号 P 既可以是电压信号，也可以是电流信号，其取值范围在 0~10V 或 0~20mA 之间。

一般的电动机调速都是线性关系，因此频率给定曲线可以简单地通过定义首尾两点的坐标（模拟量，频率）即可确定。如图 1-43a 所示，定义首坐标（P_{min}，f_{min}）和尾坐标（P_{max}，f_{max}），可以得到设定频率与模拟量给定值之间的正比关系。如果在某些变频器运行工况下需要频率与模拟量给定成反比，也可以定义首坐标（P_{min}，f_{max}）和尾坐标（P_{max}，f_{min}），如图 1-43b 所示。

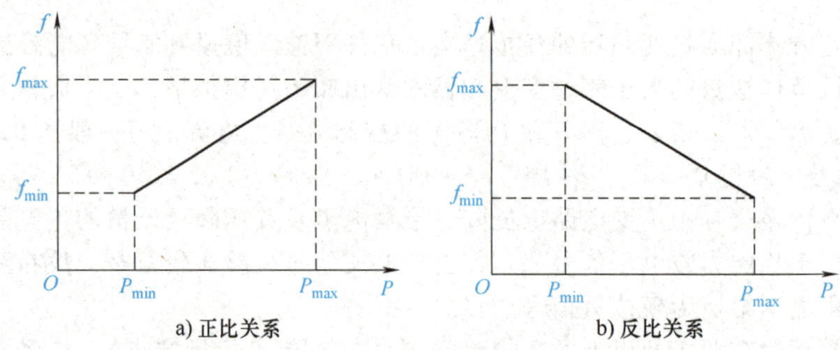

图 1-43 频率给定曲线

这里必须注意以下几点：

1）如果根据频率给定曲线计算出来的设定频率超出频率上、下限范围，只能取频率上、下值，因此，频率上、下限值优先考虑。

2）在一些变频器参数定义中，模拟量给定信号 P 或设定频率 f 采用百分比赋值，其百分比的定义为模拟量给定百分比 $P\%=P/P_{max}\times100\%$ 和设定频率百分比 $f\%=f/f_{max}\times100\%$。

3）在一些变频器参数定义中，频率给定曲线不是直接描述出来，而是通过最大频率、偏置频率和频率增益表达。

1.3.3 模拟量给定的参数

1. 滤波与增益参数

模拟量的滤波是为了保证变频器获得的电压或电流信号能真实地反映实际值，消除干扰信号对频率给定信号的影响。滤波的工作原理是数字信号处理，即数字滤波。滤波时间常数就是特指模拟量给定信号上升至稳定值的 63%所需要的时间（单位为 s）。

滤波时间的长短必须根据不同的数学模型和工况进行设置，滤波时间太短，当变频器显示给定频率时有可能不够稳定而呈闪烁状；滤波时间太长，当调节给定信号时，给定频率跟随给定信号的响应速度会降低。一般而言，出于对抗干扰能力的考虑，需要增加滤波时间常数；基于对响应速度快的考虑，需要降低滤波时间常数。

模拟量通道的增益参数与上述频率增益不同，后者主要是定义频率给定曲线的坐标值，前者则是在频率给定曲线既定的前提下，降低或者提高模拟量通道的电压值或者电流值。

2. 模拟量给定的正、反转控制

一般情况下，变频器的正、反转功能都可以通过正转命令端子或反转命令端子来实现。在模拟量给定方式下，还可以通过模拟量的正、负值来控制电动机的正、反转，即正信号（0～10V）时电动机正转、负信号（-10V～0）时电动机反转。如图 1-44 所示，10V 对应的频率值为 f_{max}，-10V 对应的频率值为 $-f_{max}$。

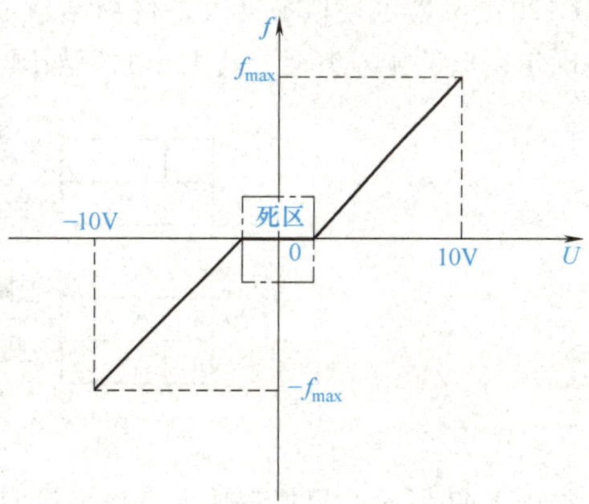

图 1-44　模拟量的正、反转控制和死区功能

在用模拟量控制电动机正、反转时，临界点即 0V 时频率应为 0Hz，但实际上真正的 0Hz 很难做到，且频率值很不稳定，在频率 0Hz 附近时，常常出现正转命令和反转命令共存的现象，并呈反反复复的状态。为了克服这个问题，预防反复切换现象，定义在零速附近为死区。对于死区，不同类型的变频器定义都会有所不同。一般有以下两种：①线段型。如定义（-1V，1V）为死区，则模拟量信号在（-1V，1V）范围时按零输入处理，（1V，10V）对应（0Hz，最大频率），（-1V，-10V）对应（0Hz，负的最大频率）；②滞环回线型。在变频器的输出频率定义一个频率死区（$-f_{dead}$，f_{dead}），配合电压死区（$-U_{dead}$，U_{dead}）就围成了滞环回线。

模拟量的正、反转控制功能还有一种就是在模拟量非双极性功能的情况下（也就是说电压不为负的单极性模拟量）也可以实现，如图 1-45a 所示，即定义在给定信号中间的任意值作为正转和反转的临界点（相当于原点），高于临界点以上的为正转，低于临界点以下的为反转。同理，也可以相应设置死区功能，实现死区跳跃。但是，在这种情况下，却存在一个特殊的问题，即万一给定信号因电路接触问题或其他原因而丢失，则变频器的输入端得到的信号为 0V，其输出频率将跳变为反转的最大频率，电动机将从正常工作状态转入高速反转状态。很明显，在生产过程中，这种情况的出现将是十分有害的，甚至有可能损坏生产机械。对此，变频器设置了一个有效的“零”功能，如图 1-45b 所示。也就是说，使变频器的实际最小给定信号不等于 0，而当给定信号等于 0 时，变频器的输出频率自动降至 0Hz。

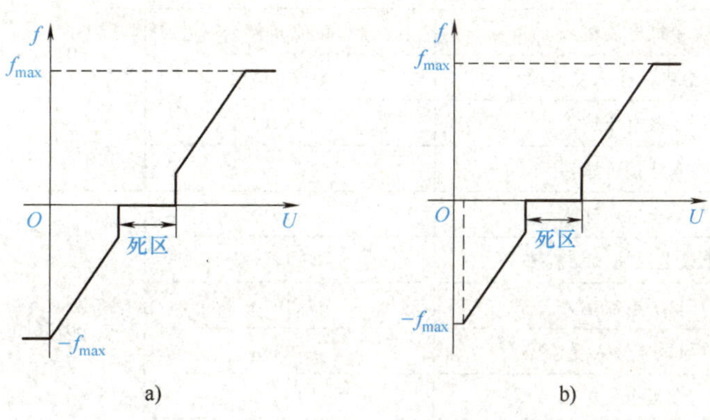

图 1-45　单极性模拟量时的死区设置

1.3.4 G120 变频器模拟量输入信号选择与曲线定标

7. G120 变频器模拟量输入信号选择与曲线定标

G120 变频器的模拟量输入是使用参数 p0756[×] 和变频器上的 DIP 开关共同确定模拟量输入类型，其工作原理如图 1-46 所示。

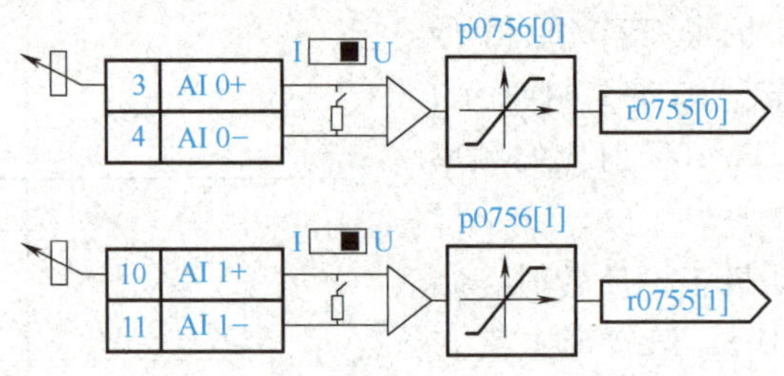

图 1-46 G120 变频器的模拟量输入

如图 1-47 所示为模拟量输入 0 设为设定值源时的演算流程。

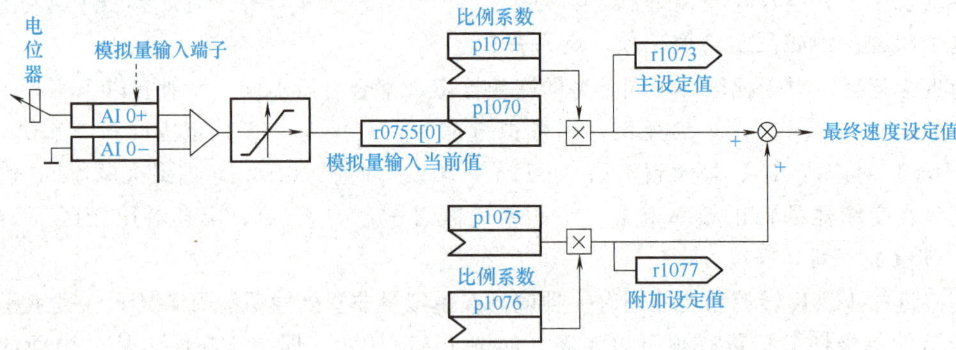

图 1-47 模拟量输入 0 设为设定值源时的演算流程

p0756 参数值含义及说明见表 1-22，主要包括单极电压输入（0~10V）、单极电压输入受监控（2~10V）、单极电流输入（0~20mA）、单极电流输入受监控（4~20mA）、双极电压输入（-10~10V）等。

表 1-22 p0756 参数值含义及说明

模拟量端口	参数值含义说明	参数值含义	参数号	参数值
AI0	单极电压输入	0~10V	p0756[0]=	0
	单极电压输入受监控	2~10V		1
	单极电流输入	0~20mA		2
	单极电流输入受监控	4~20mA		3
	双极电压输入	-10~10V		4
	未连接传感器			8
AI1	单极电压输入	0~10V	p0756[1]=	0
	单极电压输入受监控	2~10V		1
	单极电流输入	0~20mA		2
	单极电流输入受监控	4~20mA		3
	双极电压输入	-10~10V		4
	未连接传感器			8

用 p0756 参数值修改了模拟量输入的类型后，变频器会自动调整模拟量输入的定标。如图 1-48 所示，线性的定标曲线由两个点（p0757，p0758）和（p0759，p0760）确定。参数 p0757～p0760 的一个下标分别对应一个模拟量输入，如参数 p0757[0]～p0760[0] 属于模拟量输入 0。

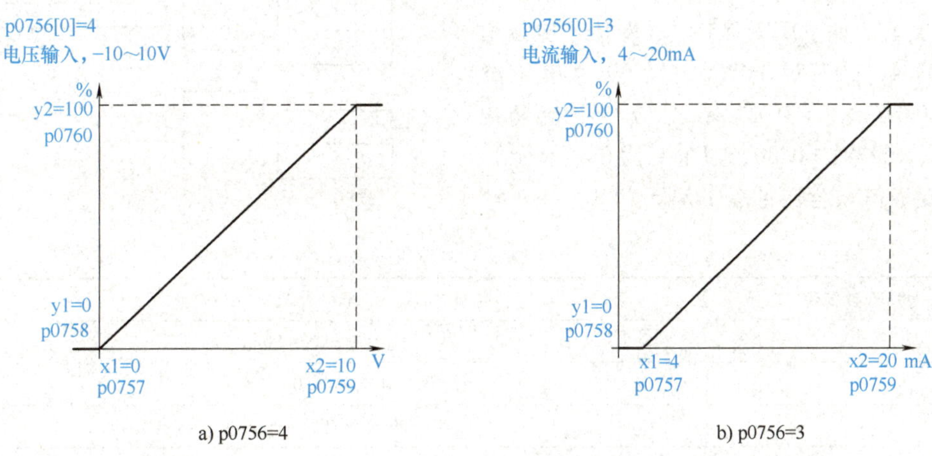

图 1-48　模拟量输入的定标曲线

预定义的类型和实际应用不符时，需要自定义定标曲线。如变频器应通过 AI0 将 6～12mA 范围内的信号换算成-100%～100%范围内的百分值，低于 6mA 时会触发变频器的断线监控。

具体设置步骤如下：

1）将控制单元上模拟量输入 0 的 DIP 开关设置为电流输入（I）；

2）设置 p0756[0]=3，将模拟量输入 0 定义为带有断线监控的电流输入。

3）设置 p0757[0]=6.0(x1)。

4）设置 p0758[0]=-100.0(y1)。

5）设置 p0759[0]=12.0(x2)。

6）设置 p0760[0]=100.0(y2)。

7）设置 p0761[0]=6。

参数描述与设置见表 1-23，其中 p0762[0] 为默认值 100ms，最终完成后的自定义定标曲线如图 1-49 所示。

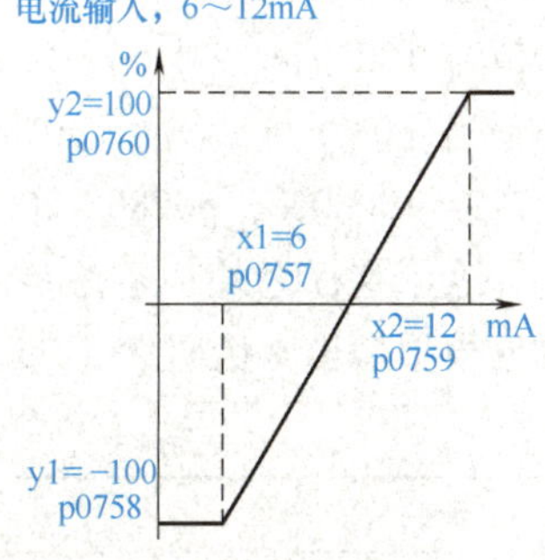

图 1-49　自定义定标曲线

表 1-23　参数描述与设置

参数	描　述	设置
p0757[0]	控制单元模拟量输入特性曲线值 x1	6
p0758[0]	控制单元模拟量输入特性曲线值 y1	-100%
p0759[0]	控制单元模拟量输入特性曲线值 x2	12
p0760[0]	控制单元模拟量输入特性曲线值 y2	100%
p0761[0]	控制单元模拟量输入断线监控的响应阈值	6
p0762[0]	控制单元模拟量输入断线监控时间	100ms

1.3.5 G120 变频器模拟量输出信号选择与曲线定标

如图 1-50 所示为 G120 变频器的模拟量输出示意图，它共有两个模拟量，即 AO 0+和 AO 1+。

可以通过修改 p0776 参数来设置模拟量输出的类型。如 p0776[×]=1，对应于电压输出（p0774，p0778，p0780，以 V 为单位显示）；p0776[×]=0 或 2，对应于电流输出（p0774，p0778，p0780，以 mA 为单位显示）。p0776 参数值与含义见表 1-24。

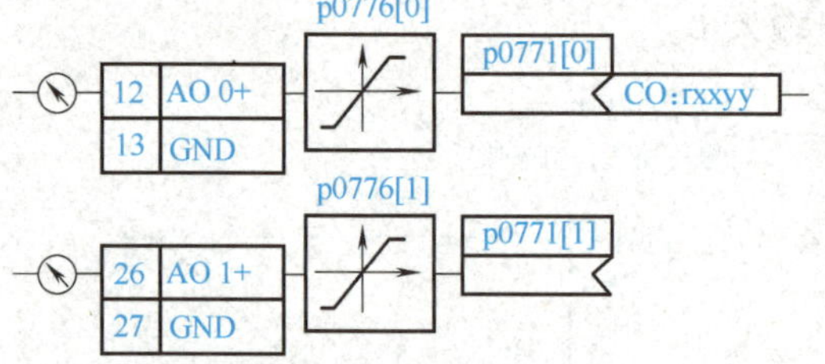

图 1-50 G120 变频器的模拟量输出示意图

表 1-24 p0776 参数值与含义

p0776 参数值	含 义
0	电流输出（0~20mA）
1	电压输出（0~10V）
2	电流输出（4~20mA）

与模拟量输入一样，模拟量输出也有定标曲线，分别是 p0777 对应 x1、p0778 对应 y1、p0779 对应 x2、p0780 对应 y2，如图 1-51 所示。当 p0776 被修改时，定标曲线的参数（p0777，p0778，p0779，p0780）会变为以下默认值，具体为：

当 p0776 = 0 时，p0777 = 0.0%，p0778 = 0.0mA，p0779 = 100.0%，p0780 = 20.0mA。

当 p0776 = 1 时，p0777 = 0.0%，p0778 = 0.0V，p0779 = 100.0%，p0780 = 10.0V。

当 p0776 = 2 时，p0777 = 0.0%，p0778 = 4.0mA，p0779 = 100.0%，p0780 = 20.0mA。

图 1-51 模拟量输出定标曲线

除了定标之外，还需要注意选择输出对接的 p771 值。常见模拟输出参数见表 1-25。

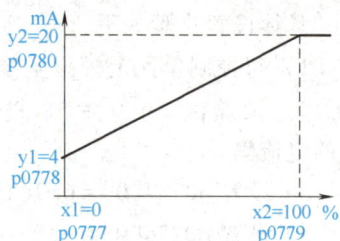

表 1-25 常见模拟输出参数

参数	说 明	出厂设置
r0021	CO:经平滑的转速实际值	-rpm
r0025	CO:经过滤波的输出电压	-Veff
r0026	CO:经过滤波的直流母线电压	-V
r0027	CO:经平滑的电流实际值绝对值	-Aeff
r0063	CO:转速实际值	-rpm

1.3.6 斜坡函数发生器

设定值通道中的斜坡函数发生器用于限制转速设定值的变化速率，如图 1-52 所示，这样电动机就可以平滑地加速、减速且生产设备也得到了保护。有两种斜坡函数发生器可供选择：一种是扩展斜坡函数发生器，它主要限制加速度、抖动度，使电动机可以极其平缓地加速，可以解决高起动转矩电动机上的问题；另一种是简单斜坡函数发生器，它限制加速度，但不限制抖动度。

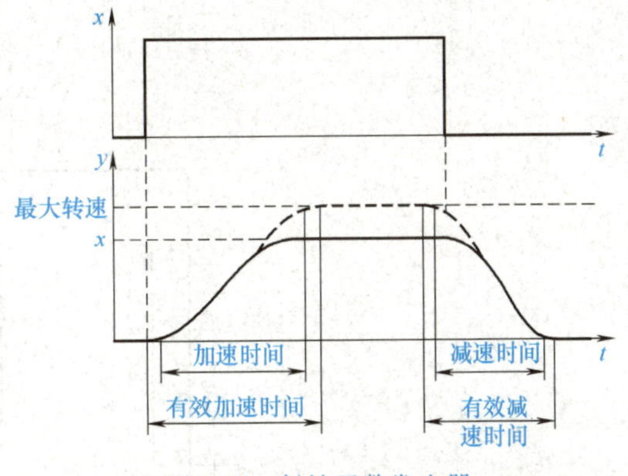

图 1-52　斜坡函数发生器

用于设置斜坡函数发生器的参数见表 1-26，其中 p1115 用于选择斜坡函数发生器是简单型还是扩展型。简单斜坡函数发生器不使用圆弧时间，参数只需要用到 p1120 和 p1121 即可。扩展斜坡函数发生器则利用起始段圆弧和结束段圆弧实现平滑加速和减速，其中电动机的加速时间和减速时间会加上圆弧时间，具体按以下公式进行计算：

1）有效的加速时间 = p1120+0.5×(p1130+p1131)。

2）有效的减速时间 = p1121+0.5×(p1130+p1131)。

表 1-26　用于设置斜坡函数发生器的参数

参数	描　述
p1115	斜坡函数发生器选择(出厂设置:1),0 为简单斜坡函数发生器;1 为扩展斜坡函数发生器
p1120	斜坡函数发生器的加速时间(出厂设置:10s),指电动机从零加速到最大转速 p1082 的时间,单位为 s
p1121	斜坡函数发生器的减速时间(出厂设置:10s),指电动机从最大转速下降到零的时间,单位为 s
p1130	斜坡函数发生器起始段圆弧时间(出厂设置:0s),扩展斜坡函数发生器的起始段圆弧时间,对加速和减速过程都有效
p1131	斜坡函数发生器结束段圆弧时间(出厂设置:0s),扩展斜坡函数发生器的结束段圆弧时间,对加速和减速过程都有效
p1134	斜坡函数发生器圆弧类型(出厂设置:0),0 为持续平滑;1 为不持续平滑

 任务实施

1.3.7　电气接线

西门子 G120 变频器的接线可以采用宏（18）进行接线和参数设置，如图 1-53 所示，具体电气接线如图 1-54 所示。

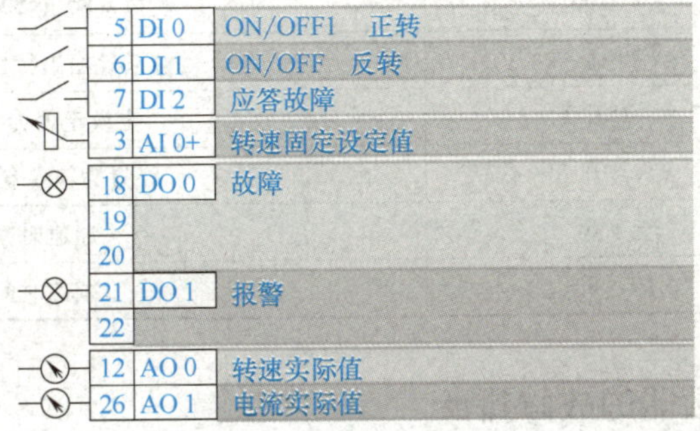

图 1-53　宏（18）对应的接线示意图

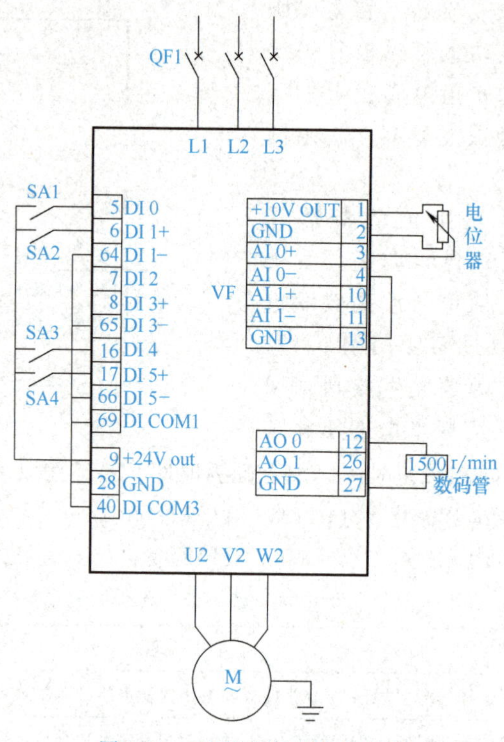

图 1-54 G120 变频器电气接线

1.3.8 G120 变频器参数设置

可以利用菜单的高级设置，进行宏（18）参数设置，见表 1-27。

表 1-27 宏（18）参数设置

参数号	设置值	说明
p15	18	宏(18)
p756	0	模拟量输入为电压
p771[0]	21	转速实际值
p776[0]	1	模拟量输出为电压
p777[0]	0	模拟量输出特性曲线值 x1
p778[0]	0	模拟量输出特性曲线值 y1
p779[0]	100	模拟量输出特性曲线值 x2
p780[0]	5	模拟量输出特性曲线值 y2
p1070[0]	755[0]	主设定值为 r755[0]
p1115	0	设置为简单斜坡函数器
p1120	6	加速时间(s)
p1121	8	减速时间(s)

1.3.9 G120 变频器的故障排除

在对 G120 变频器进行实操期间，经常会出现一些报警故障。这里给出了几个常见的报警故障类型，其中报警以 A 开头、故障以 F 开头。

（1） A07991

报错原因：电动机数据检测激活。下一次给出接通指令后，便开始执行电动机数据检测。在选择了旋转检测时，参数保存被禁止。在执行或禁用电动机数据检测后才能进行保存。

解决方法：无须采取任何措施。成功结束电动机数据检测之后或者设置 p1900=0，报警自动消失。

（2） F07801

报错原因：电动机过电流。

解决方法：检查电流限值（p0640），然后根据控制方式检查相关参数，如矢量控制时检查电流控制器（p1715，p1717）；V/F 控制时检查电流限幅控制器（p1340~p1346）；延长加速时间（p1120）或减轻负载；检查电动机和电动机连线是否短接和接地；检查电动机星形联结还是三角形联结，检查电动机铭牌上的数据；检查功率模块和电动机是否配套；电动机还在旋转时，选择捕捉重启（p1200）等。

（3） F30003

报错原因：直流母线欠电压。

解决方法：检查主电源电压（p0210）。由于 PM 和部分 CU 是单独供电的，因此需要确认主电源电压是否正确接入。

任务记录

根据任务实施的情况，如实填写任务 1.3 实施记录表（表 1-28）。

表 1-28　任务 1.3 实施记录表

任务实施步骤	实际执行情况说明	计划时间/min	实际时间/min
电气接线			
G120 变频器参数设置			
G120 变频器的故障排除			

任务评价

按要求完成考核任务 1.3，评分标准见表 1-29，具体配分可以根据实际考评情况进行调整。

表 1-29　评分标准

序号	考核项目	考核内容及要求	配分	得分
1	职业道德与素养	遵守安全操作规程，设置安全措施	15%	
		认真负责，团结合作，对实操任务充满热情		
2	系统方案制定	变频器的模拟量控制方案合理	20%	
		控制电路图正确		
3	操作能力	根据电路图正确接线，美观且可靠	30%	
		正确输入变频器参数并进行 15 段速调试		
		能正确判断故障类型并排除故障		

（续）

序号	考核项目	考核内容及要求	配分	得分
4	实践效果	系统工作可靠，满足工作要求	25%	
		变频器参数规范设置		
		按规定的时间完成任务		
5	创新实践	在本任务中有另辟蹊径、独树一帜的实践内容	10%	
合计			100%	

拓展阅读

我国政府确定了制造强国战略十大重点产业领域，这些领域被认为是我国制造业发展的重点和未来的发展方向。一是新一代信息技术产业，该领域包括了人工智能、大数据、云计算、物联网等技术和应用。二是高端装备制造业，该领域包括了航空航天装备、高铁装备、新能源汽车等。三是新材料产业，新材料具有轻量化、高强度、高温耐受等特点，广泛应用于航空航天、汽车、电子等领域。四是生物医药产业，随着人口老龄化和健康意识的提高，生物医药产业具有广阔的市场前景和巨大的发展潜力。五是新能源汽车产业，随着环境保护意识的提高和能源结构的调整，新能源汽车具有广阔的市场前景和巨大的发展潜力。六是节能环保产业，随着环境污染和资源短缺问题的日益突出，节能环保产业具有广阔的市场前景和巨大的发展潜力。七是数字创意产业，随着数字化时代的到来，数字创意产业具有广阔的市场前景和巨大的发展潜力。八是现代农业装备产业，随着农业现代化的推进，现代农业装备具有广阔的市场前景和巨大的发展潜力。九是新能源产业，随着能源结构的调整和环境保护的要求，新能源产业具有广阔的市场前景和巨大的发展潜力。十是高技术服务业，随着经济结构的转型和服务业的发展，高技术服务业具有广阔的市场前景和巨大的发展潜力。

思考与练习

1.1　判断以下论述是否正确。正确打√，错误打×。

1）通用变频器的主电路包括整流部分、直流环节、逆变部分、制动或回馈环节等部分。（　　）

2）变频器主电路中制动单元是不可或缺的。（　　）

3）G120 变频器操作面板是不可拆卸的。（　　）

4）IOP-2 智能操作面板不具有传感器控制区域。（　　）

5）G120 变频器设置多段速运行时只能采用转速固定设定值的二进制选择。（　　）

6）可以调节模拟量的大小来改变变频器的输出频率。（　　）

7）在用模拟量控制变频器正、反转时，临界点不能克服。（　　）

8）G120 变频器修改了模拟量输入的类型后不会自动调整模拟量输入的定标。（　　）

9）G120 变频器设置了宏之后，就不能改变其他参数设置值了。（　　）

10）变频器显示电动机过电流时，需要更换电动机规格。（　　）

1.2　一台 G120 变频器可以通过时间继电器实现每隔 10s 在 15Hz 和 36Hz 之间速度切换运行，设计电气接线，并进行变频器参数设置。

1.3　设计一台输送带电动机1.5kW，要实现五段速控制（分别是300r/min、400r/min、500r/min、1200r/min、1300r/min），设计电气接线，并进行变频器参数设置后完成调试。

1.4　某水泵采用G120变频器进行压力开环控制，当压力为0.1MPa时变频器运行在1450r/min，当压力为0.3MPa时变频器运行在750r/min，设计电气接线，并进行变频器参数设置后完成调试。

1.5　根据电磁兼容原理，变频器控制柜内的布线方式应该遵循什么原则？

项目 2　G120 变频器的在线调试与 PLC 控制

项目导读

在工业生产中，采用变频器调节电动机的转速，可以实现生产线的自动化控制，提高生产效率和产品质量，确保机械手臂、输送带、风扇、水泵、压缩机等设备的高效运行。G120 变频器除了面板操作和端子控制之外，还可以采用软件进行在线调试和通信控制。本项目主要介绍了通过 Startdrive 工具调试 G120 变频器、S7-1200 PLC 端子控制 G120 变频器、S7-1200 PLC 通信控制 G120 变频器等三个任务。

知识目标：

掌握变频器的恒压频比控制特性。

掌握变频器的矢量控制方式与参数设置。

掌握变频器 PROFINET 通信报文的含义。

能力目标：

会根据控制要求，使用 Startdrive 工具调试电动机运行。

会根据控制要求，进行 PLC 端子控制 G120 变频器的电气接线与编程。

能设计包含 PLC 和变频器的 PROFINET 控制系统。

素养目标：

遵循电气安全操作规范和标准，养成良好的电工作业习惯。

善于通过查阅图书文献等方式来拓展思维，展示独特的创造力。

努力扎根自己的岗位并在工业互联网快速推进中发挥探索精神。

任务 2.1　通过 Startdrive 工具调试 G120 变频器

任务描述

某小型输送带电动机选用西门子 G120 变频器（功率为 0.75kW）控制，已知该电动机为Y联结、额定电压为三相 380V、额定功率为 0.06kW、额定电流为 0.3A、额定转速为 1400r/min。现需要根据图 2-1 采用博途 Startdrive 工具来调试 G120 变频器所带的电动机。

任务要求如下：

1）采用以太网方式将 PC 与 G120 变频器进行通信连接。

2）对 G120 变频器进行相关参数设置，包括矢量控制、电动机基本参数。

3）对电动机进行优化控制。

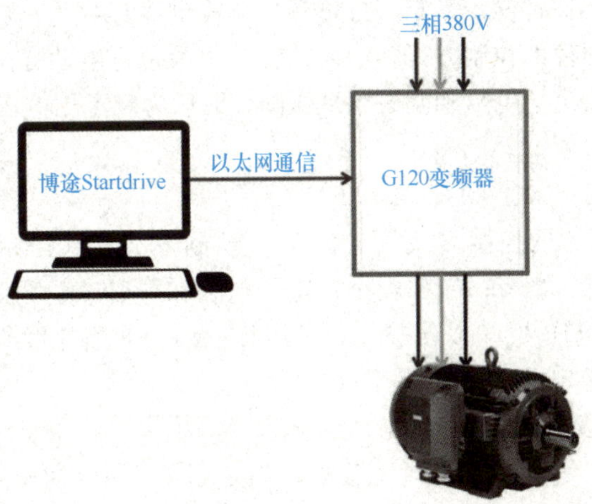

图 2-1　任务 2.1 控制示意图

知识准备

2.1.1　变频调速的恒压频比控制特性

1. 感应电动机的等效电路

根据电动机的工作原理，在忽略空间和时间谐波、忽略磁饱和、忽略铁损三个假定条件下，感应电动机的稳态模型可以用 T 形等效电路表示，如图 2-2a 所示。

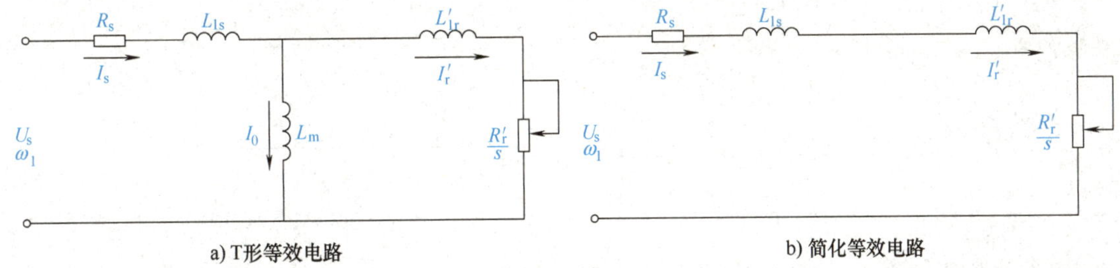

图 2-2　感应电动机的等效电路

图 2-2 中的各参数含义为：R_s、R'_r为定子每相电阻和折合到定子侧的转子每相电阻；L_{1s}、L'_{1r}为定子每相漏感和折合到定子侧的转子每相漏感；L_m 为定子每相绕组产生气隙主磁通的等效电感，即励磁电感；U_s、ω_1 为定子相电压和供电角频率；I_s、I'_r为定子相电流和折合到定子侧的转子相电流。

根据电动机原理，在图 2-2b 的模型基础上，可以推导出感应电动机的每极气隙磁通为

$$\Phi_m=\frac{E_g}{4.44f_1N_sK_{Ns}}\approx\frac{U_s}{4.44f_1N_sK_{Ns}} \tag{2-1}$$

式中，E_g 为气隙磁通在定子每相中感应电动势的有效值；f_1 为定子频率；N_s 为定子每相绕组串联匝数；K_{Ns} 为定子基波绕组系数。忽略定子电阻和漏磁感抗电压降，认为定子相电压 $U_s=E_g$。

2. 变频器在基频以下的调速

为充分利用电动机铁心，发挥电动机产生转矩的能力，在基频（即 $f_{1N}=50\text{Hz}$）以下采用

恒磁通控制方式，此时要保持 Φ_m 不变，当频率 f_1 从额定值 f_{1N} 向下调节时，必须同时降低 E_g，即采用电动势频率比为恒值的控制方式。然而，绕组中的感应电动势是难以直接控制的，当电动势值较高时，可以忽略定子电阻和漏磁感抗压降，而认为定子相电压 $U_s \approx E_g$，则得

$$\frac{E_g}{f_1}=\text{常值} \tag{2-2}$$

式（2-2）为恒压频比的控制方式，又称 V/F 控制方式，其控制特性如图 2-3 所示的虚线（即无补偿）。低频时，U_s 和 E_g 都较小，定子电阻和漏磁感抗压降所占的比重相对较大，可以人为地提高定子相电压 U_s，以便补偿定子压降，称为低频补偿或转矩提升，其控制特性如图 2-3 所示实线，即带定子压降补偿。

3. 变频器在基频以上的调速

在基频以上调速时，频率从 f_{1N} 向上升高，但定子电压 U_s 却不可能超过额定电压 U_{sN}，只能保持 $U_s=U_{sN}$ 不变，这将使磁通与频率成反比下降，使得感应电动机工作在弱磁状态。把基频以下和基频以上两种情况的控制特性画在一起，如图 2-4 所示。如果电动机在不同转速时所带的负载都能使电流达到额定值，即都能在允许温升下长期运行，则转矩基本上随磁通变化而变化。按照电气传动原理，在基频以下，磁通恒定，转矩也恒定，属于恒转矩调速性质；而在基频以上，转速升高时磁通恒减小，转矩也随着降低，基本上属于恒功率调速。

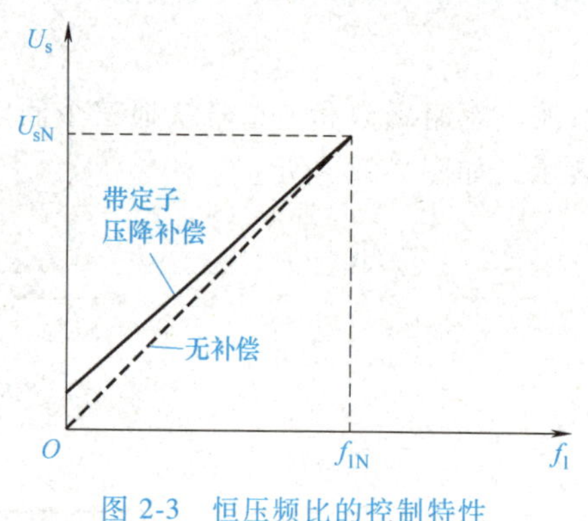

图 2-3 恒压频比的控制特性

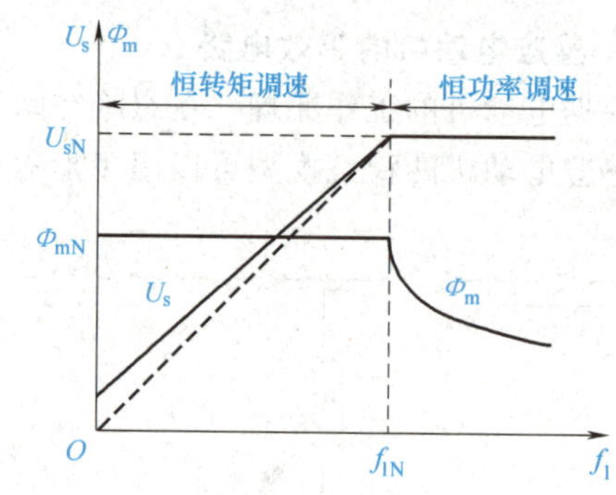

图 2-4 感应电动机变压变频调速的控制特性

根据变频调速的恒压频比控制特性，可以用如图 2-5 所示的转速开环变压变频调速系统实现。它采用电压型 PWM 逆变器实现恒压频比控制，即在基频以下为 U_s/f= 常数，即 V/F 控制，广泛应用于调速性能要求不高的场合。为了避免突加给定频率造成的过电流，在频率给定后设置了给定积分环节。由于转速开环，现场调试工作量小，使用方便，但转速有静差，在低频时必须进行转矩补偿，以改变低频转矩特性。

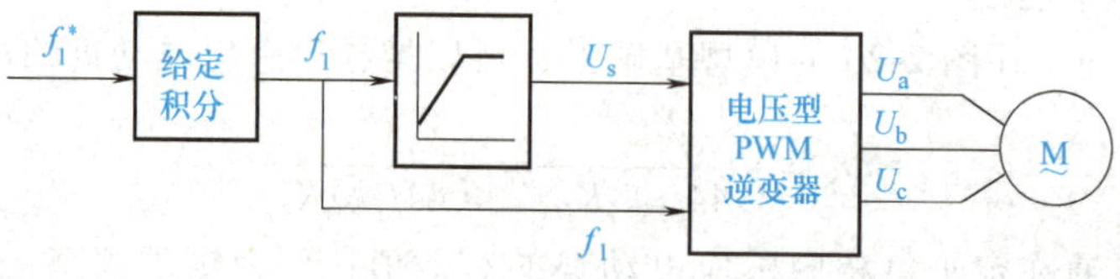

图 2-5 转速开环变压变频调速系统

2.1.2 变频器的矢量控制

异步电动机的矢量控制是仿照直流电动机的控制方式，把定子电流的磁场分量和转矩分

量解耦开来分别加以控制，即将异步电动机的物理模型等效地变成类似于直流电动机的模式。众所周知，交流电动机三相对称的静止绕组 A、B、C，通以三相平衡的正弦电流时，所产生的合成磁动势是旋转磁动势 F，它在空间呈正弦分布，以同步转速 α（即电流的角频率）顺着 A—B—C 的相序旋转如图 2-6a 所示。然而，旋转磁动势并不一定非要三相不可，除单相以外，两相、三相、四相等任意对称的多相绕组，通以平衡的多相电流，都能产生旋转磁动势，当然以两相最为简单。图 2-6b 画出了两相静止绕组 α 和 β，它们在空间互差 90°，通以时间上互差 90°的两相平衡交流电流，也产生旋转磁动势 F。当图 2-6a、b 的两个旋转磁动势大小和转速都相等时，即认为图 2-6b 的两相绕组与图 2-6a 的三相绕组等效。图 2-6c 画出了两个匝数相等且互相垂直的绕组 M 和 T，其中分别通以直流电流 i_M 和 i_T，产生合成磁动势 F，其位置相对于绕组来说是固定的。

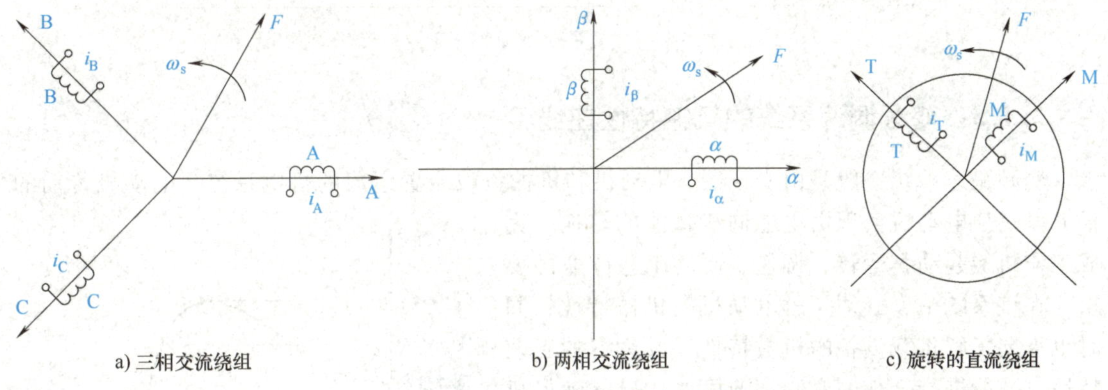

图 2-6　交流电动机绕组等效示意图

如果使包含两个绕组在内的整个铁心以同步转速旋转，则磁动势 F 自然也随之旋转，称为旋转磁动势。如果把这个旋转磁动势的大小和转速也控制成与图 2-6a 和 b 所示的磁动势一样，那么这套旋转的直流绕组也就和前面两套固定的交流绕组都等效了。当观察者也站到铁心上和绕组一起旋转时，在他看来 M 和 T 是两个通以直流而相互垂直的静止绕组。如果控制磁通的位置在 M 轴上，就和直流电动机物理模型没有本质上的区别了。这时，绕组 M 相当于励磁绕组，T 相当于伪静止的电枢绕组。由此可见，以产生同样的旋转磁动势为准则，图 2-6a 三相交流绕组、图 2-6b 两相交流绕组和图 2-6c 整体旋转的直流绕组彼此等效。或者说，在三相坐标系下的 i_A、i_B、i_C，在两相坐标系下的 i_α、i_β 和在旋转两相坐标系下的直流 i_M、i_T 是等效的，它们能产生相同的旋转磁动势。就图 2-6c 的 M、T 两个绕组而言，当观察者站在地面看去，它们是与三相交流绕组等效的旋转直流绕组；当观察者站在旋转着的铁心上看去，它们的确是一个直流电动机模型。这样，通过坐标系的变换，可以找到与交流三相绕组等效的直流电动机模型。

如图 2-7 所示为矢量控制原理框图，即将异步电动机按照等效直流电动机模型进行控制，其中涉及多个坐标变化，包括 2/3 相变换、2s/2r 变换等。

（1）3/2 相变换和 2/3 相变换

在三相静止绕组 A、B、C 和两相静止绕组 α、β 之间的变换，称为三相静止坐标系和两相静止坐标系间的变换，简称 3/2 相变换。反之，则称为 2/3 相变换。

（2）2s/2r 变换和 2r/2s 变换

从两相静止坐标系 α、β 到两相旋转坐标系 M、T 之间变换称为两相—两相旋转变换，简称 2s/2r 变换，其中 s 表示静止，r 表示旋转，也就是图 2-7 中的 VR；反之，则称为 2r/2s 变换，也就是图 2-7 中的 VR^{-1}。

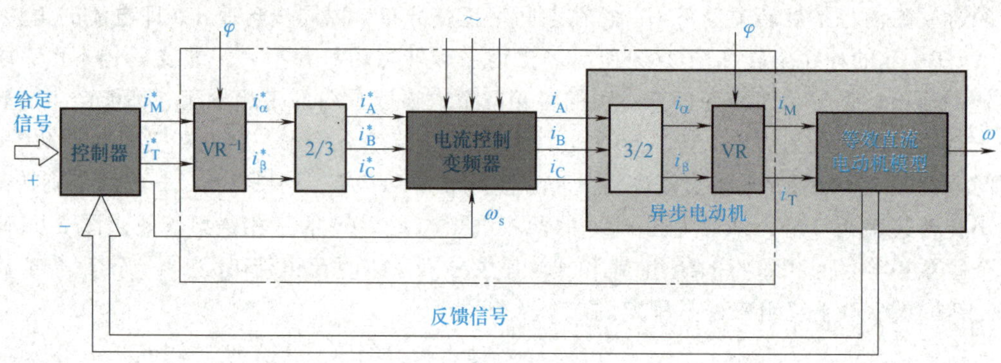

图 2-7 矢量控制原理框图

2.1.3 变频调速系统的机械特性曲线

变频调速系统一般是由变频器、电动机和机械负载装置组成的机电系统。电动机传动的任务就是使电动机实现由电能向机械能的转换，完成工作机械起动、运转、调速、制动工艺作业的要求。在该系统中，必须了解电动机的机械特性，同时也需要了解负载设备的机械特性以及运行的工艺特性，才能进行合理的变频调速配置，最终确保机械设备的正常工作。

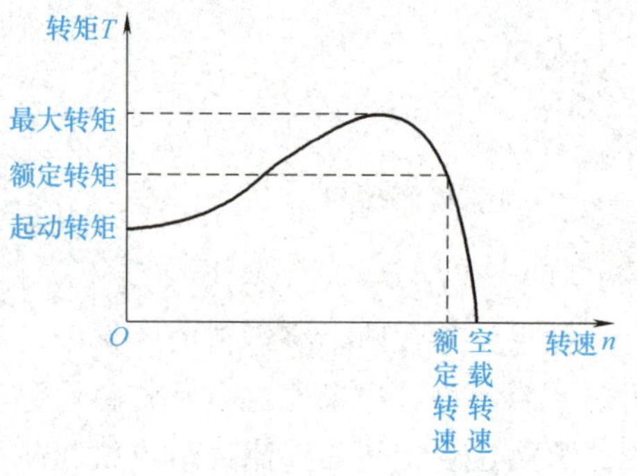

图 2-8 电动机的机械特性曲线

如图 2-8 所示，机械特性是描述电动机转速 n 与转矩 T 之间的关系 $n=f(T)$ 的函数特性。其中，起动转矩为电动机在额定电压、频率作用下，在起动瞬间所输出的转矩，起动时若静态负载大于起动负载，电动机无法运转；最大转矩为电动机在额定电压、频率下产生的最大输出转矩，负载转矩若超出最大转矩，电动机将被堵转；额定负载转矩即电动机在额定电压、频率、额定转速时所输出的转矩。

在变频调速系统中，有两种机械特性，即电动机的机械特性和机械设备（或负载设备）的机械特性。以异步电动机为例，电动机内产生转矩（电磁转矩）的根本原因就是电流和磁场间相互作用。电磁转矩的大小与电流和磁通量的乘积成正比，即

$$T_m=R_T I_1 \Phi_m \cos\theta_2 \tag{2-3}$$

式中，R_T 为转矩常数；I_1 为定子电流；Φ_m 为每极的磁通量；θ_2 为转子电流的功率因数角。

根据式（2-3）可以画出图 2-9 中的机械特性曲线 1。电动机轴上的输出转矩，是电磁转矩克服了电动机内部的摩擦损耗和通风损耗的结果。但由于摩擦损耗和通风损耗都很小，为了简化分析过程，常粗略地把异步电动机机械特性中的电磁转矩看作是电动机轴上的输出转矩。

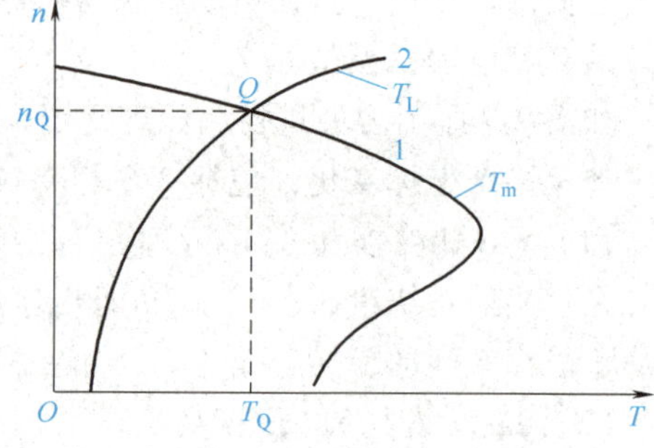

图 2-9 电动机与负载的机械特性

负载的机械特性是描述机械设备的负载转矩和转速之间的关系曲线。如鼓风机的负载转矩 T_L 与转速 n_L 的平方呈线性关系，即

$$T_L = T_0 + K_T n_L^2 \tag{2-4}$$

式中，T_0 为转矩损耗，主要由传动机构及轴承等的摩擦损耗所致；K_T 为常数。

由式（2-4）得到的负载的机械特性如图 2-9 所示曲线 2。通常，为了简化分析过程，负载转矩 T_L 可以看作是负载阻转矩和损耗转矩之和。

电动机传动系统的工作状态必须由电动机的机械特性和负载的机械特性共同决定，也就是当动转矩（即电动机的转矩）与阻转矩（即负载的转矩）刚好平衡时，电动机就处于稳定运行状态。具体地说，图 2-9 中的曲线 1 和曲线 2 处于交点 Q 时，Q 点称为电动机传动的工作点，也是变频调速系统的工作点。当电动机和负载的转矩处于平衡状态时，稳定运行速度为 n_Q，传动系统的功率 P_Q 的计算公式为

8. 负载的机械特性分类

$$P_Q = T_Q n_Q / 9550 \tag{2-5}$$

其中，T_Q 的单位为 N · m，n_Q 的单位为 r/min，则 P_Q 的单位为 kW。

2.1.4　负载的机械特性分类

正确地把握变频器驱动的机械负载的机械特性（即转速—转矩特性）是选择电动机及变频器容量、决定其控制方式的基础。机械负载种类繁多、包罗万象，但归纳起来，主要有以下三种：恒转矩负载、平方降转矩负载和恒功率负载。

1. 恒转矩负载

对于传送带、搅拌机（图 2-10）、挤出机等摩擦负载以及行车、升降机等势能负载，无论其速度变化与否，负载所需要的转矩基本上是一个恒定的数值，此类负载就称为恒转矩负载，其转速—转矩特性如图 2-11a 所示。

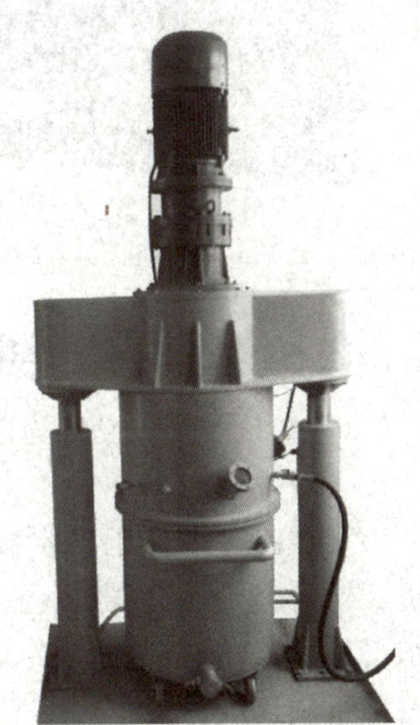

图 2-10　搅拌机

例如，行车或吊机所吊起的重物，其质量在地球引力的作用下产生的重力是永远不变的，所以无论升降速度大小，在近似匀速运行条件下，即为恒转矩负载。由于功率与转矩、转速两者之积成正比，所以机械设备所需要的功率与转矩、转速成正比。电动机的功率应与最高转速下的负载功率相适应。

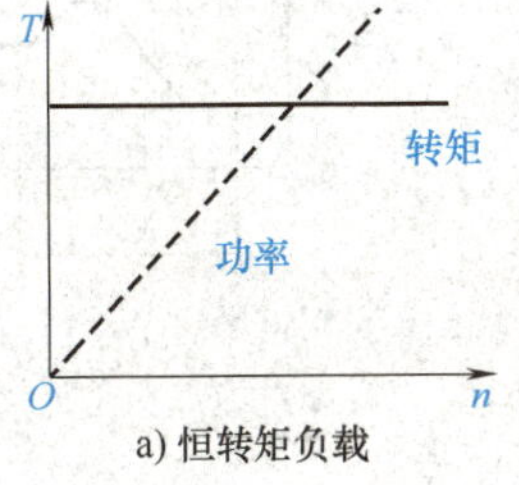

a) 恒转矩负载

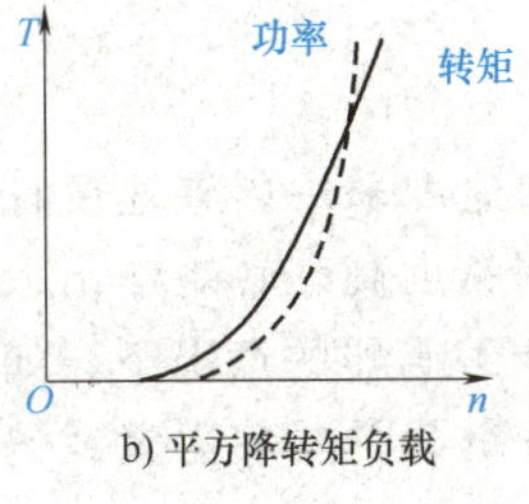

b) 平方降转矩负载

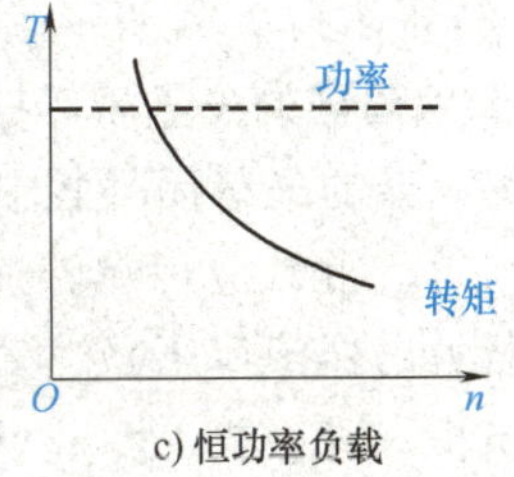

c) 恒功率负载

图 2-11　转速—转矩特性

2. 平方降转矩负载

离心风机和离心泵（图 2-12）等流体机械，在低速时由于流体的流速低，所以负载只需很小的转矩。随着电动机转速的增加，气体或液体的流速加快，所需要的转矩大小以转速平方的比例增加或减少，这样的负载称为平方降转矩负载，其转速—转矩特性如图 2-11b 所示。

在这种方式下，因为负载所消耗的能量正比于转速的三次方，所以通过变频器控制流体机械的转速，与以往单纯依靠风门挡板或截流阀来调节流量的定速风机或定速泵相比，可以大大节省浪费在挡板、管壁上的能源，从而起到显著的节能作用。

3. 恒功率负载

机床的主轴驱动（图 2-13）、造纸机或塑料片材的中心卷取部分、卷扬机等的输出功率为恒值，与转速无关，这样的负载特性称为恒功率负载，其转速—转矩特性如图 2-11c 所示。

图 2-12　离心泵

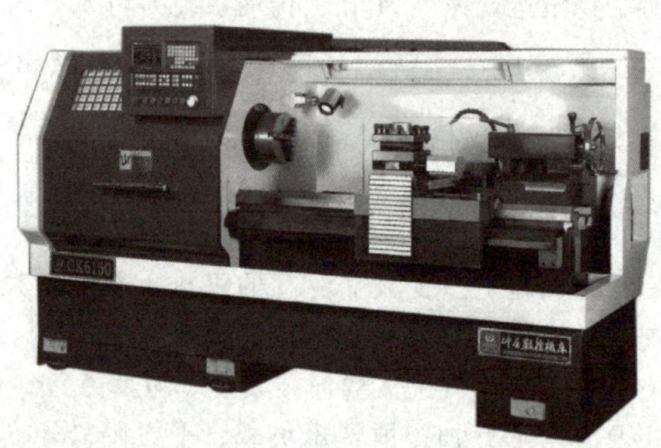

图 2-13　机床的主轴驱动

2.1.5　G120 变频器的控制方式

G120 变频器可以设置为以下三种控制方式。

1. V/F 控制

V/F 控制（即恒压频控制）可以应用在以下场合：①采用流体特性曲线的泵、风机和压缩机；②研磨机、混料机、捏合机、粉碎机、搅拌机等负载；③水平输送设备（输送带、辊式输送机、链式输送机等）；④简单主轴负载。

V/F 控制对电动机数据设置不敏感，可以应用在无法辨识电动机参数的场合。转速变化时的典型过渡状态持续时间为 100～200ms，其中负载冲击时的典型过渡状态持续时间为 500ms，具体如图 2-14 所示。

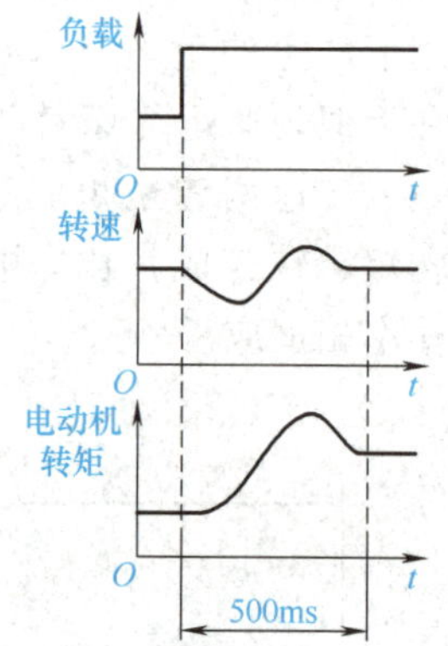

图 2-14　V/F 控制下转速变化时的典型过渡状态

2. 无编码器的矢量闭环控制

无编码器的矢量闭环控制中的速度采用内置速度计算的方式来获得，常常应用在转速控制精度高、转矩输出大但又无法安装编码器或降低成本不安装编码器的情况下，如回转炉、挤出机、离心机、罗茨风机等负载需要使用无编码器的矢量闭环控制方式。

3. 带编码器的矢量控制

带编码器的矢量控制应用在采用垂直输送技术的负载中，包括输送带、辊式输送机、链式输送机、自动扶梯、升降设备、升降机、室内起重机、索道、货架存取设备，具有非常高的速度控制精度和转矩控制效果。

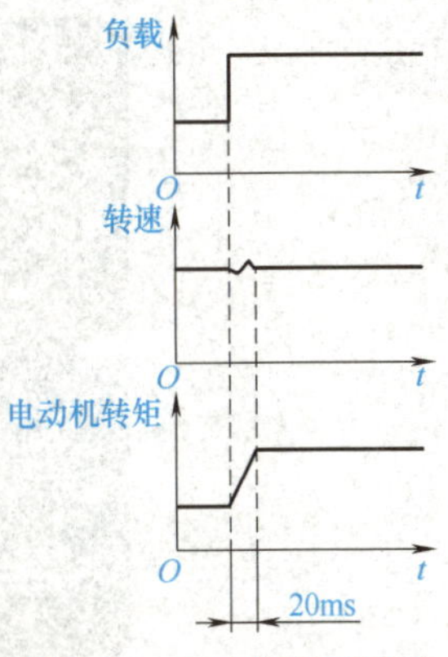

图 2-15　矢量控制下转速变化时的典型过渡状态

无编码器的矢量闭环控制和带编码器的矢量控制都是矢量控制方式，可高效利用功率模块、电动机以及机械机构，选配 PM240 或 PM240-2 功率模块时利用率可以达到 95%。矢量控制响应转速变化时的典型过渡状态持续时间<100ms，其中响应负载冲击时的典型过渡状态持续时间为 20ms，具体如图 2-15 所示。

以下情况下使用矢量控制：电动机功率>45kW；斜坡上升时间<2s；带有快速和较高负载冲击的应用；电动机重载起动。

 任务实施

2.1.6　变频器安装与网线连接

根据任务要求进行 G120 变频器选型，包括控制单元 CU250S-2 PN Vector（矢量控制，订货号 6SL3246-0BA22-1FA0）、功率单元 PM240-2（IP20，3AC 400V 0.75kW，订货号 6SL3210-1PE12-3ULx）和 IOP-2 操作面板（订货号 6SL3255-0AA00-4JA2）的三部分。

9. 使用 Startdrive 调试向导设置变频器参数

G120 变频器的电气接线共分两部分：第一部分是动力接线，与项目 1 相同，不再赘述；第二部分是网线，如图 2-16 所示，将网线插入 X150 端口的 P1 或 P2，注意不是 X100 的 DRIVE-CLiQ 接口。

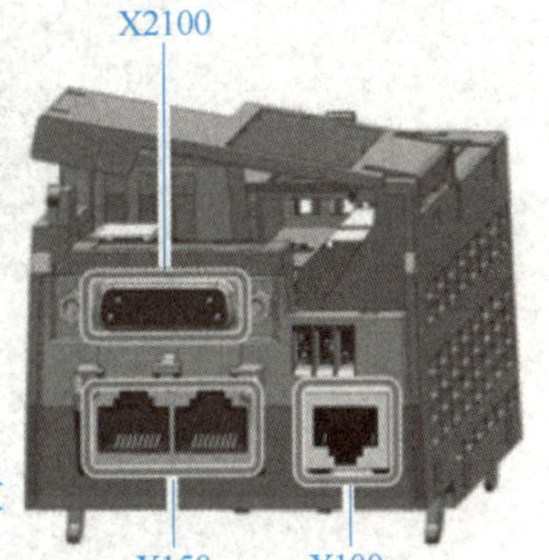

图 2-16　PROFINET 网线接口 X150

X2100—编码器接口

X150—PROFINET 接口

X100—DRIVE-CLiQ 接口

2.1.7　使用 Startdrive 调试向导设置变频器参数

Startdrive 集成工程工具是无缝集成在博途软件中的一个软件，它可以进行变频器基本参数设置、下载、调试等各种操作。

1. 添加新设备

首先要安装与博途软件同版本的“SINAMICS Startdrive Advanced”驱动包，安装完成后的 Startdrive 集成工程工具与 PLC、HMI 等可以直接在项目树中一同呈现，其编程思路与 PLC 和 HMI 一样。如图 2-17 所示为添加新设备入口，与传统 PLC 编程没有区别。如图 2-18 所示为添加驱动控制单元，判断 Startdrive 集成工程工具是否安装成功，最简单的是图左侧出现了驱动器的图符，单击之后图右侧会出现 SINAMICS G110M、G120、G120C、G115D 等各种驱动器设备，这里添加的新设备为控制单元 CU250S-2 PN Vector。

如图 2-19 所示为添加完成后的项目树，它包括驱动的设备组态、在线并诊断、参数、调试、验收测试和 Traces。

添加控制单元之后，继续添加功率单元。如图 2-20 所示，在硬件目录下单击“功率单元”→“PM240-2”→“3AC 380-480V”→“FSA”→“IP20 U 400V 0.75kW”，长按左键将“IP20

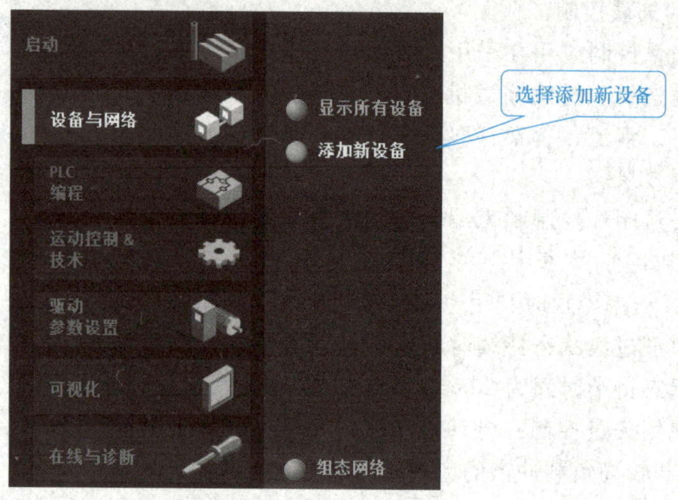

图 2-17　添加新设备入口

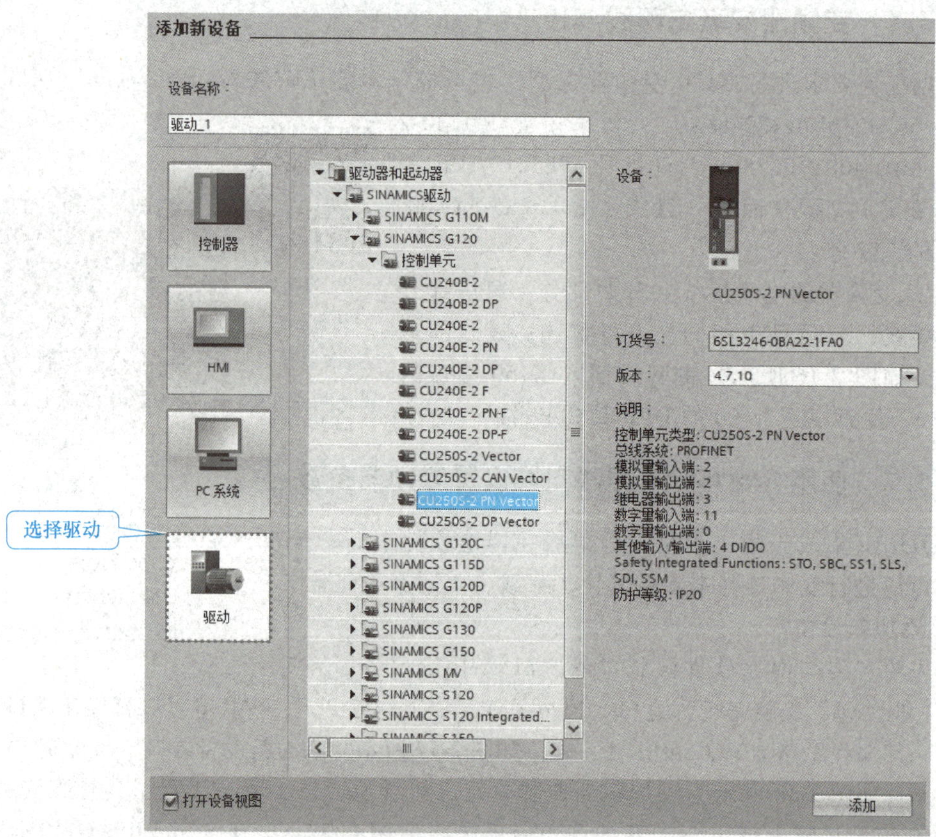

图 2-18　添加驱动控制单元

U 400V 0.75kW”拖拽至左侧界面相应位置，即可完成 G120 变频器硬件添加过程。如图 2-21 所示为添加完成后的设备概览。当出现产品规格或订货号错误时，可以在该设备图形处单击右键选择“更改设备”菜单。

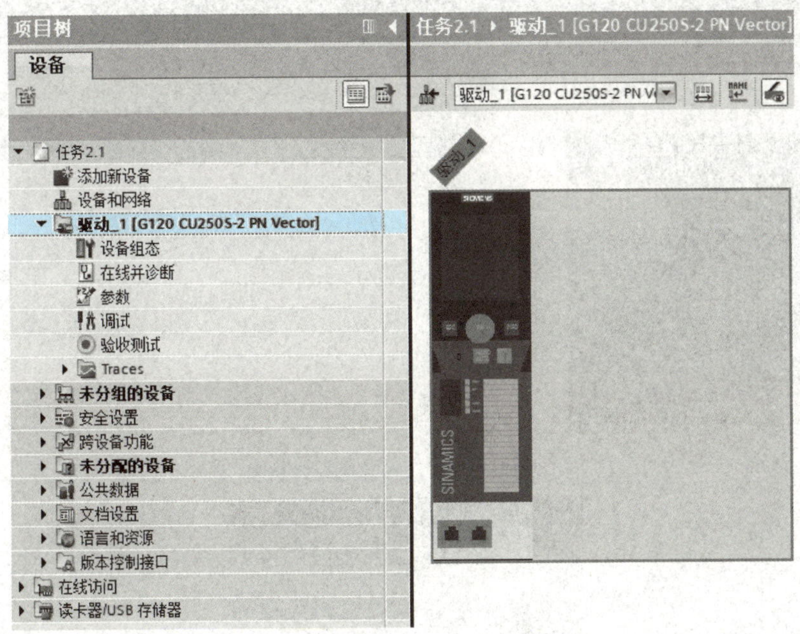

图 2-19　添加完成后的项目树

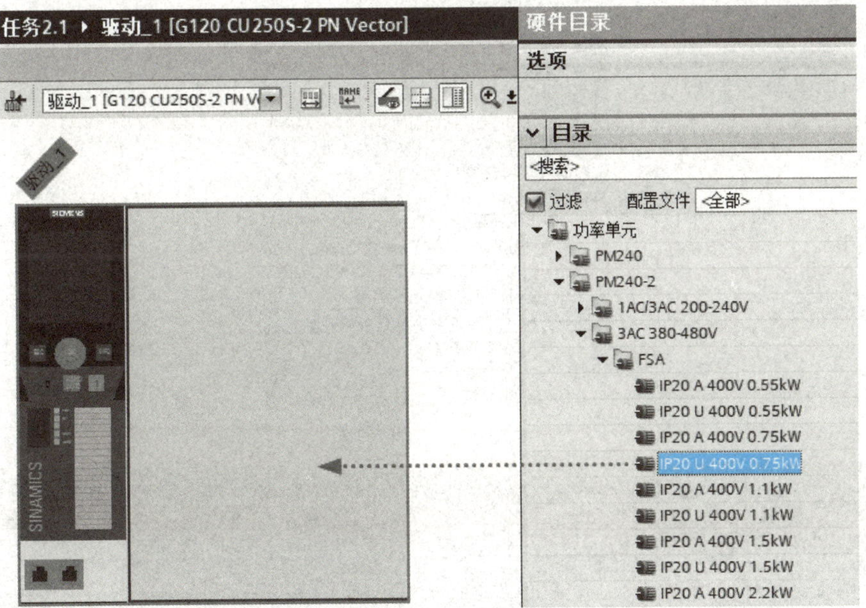

图 2-20　添加功率单元

2. 修改变频器的 IP 地址和命名

单击项目树中的 “设备”→“在线访问”→“Realtek PCIe GbE Family Controller”，即可出现添加的驱动，如图 2-22 所示，单击 “g120-CU250［192. 168. 0. 10］”→“在线并诊断”→“功能”→“分配 IP 地址”，进行 G120 变频器的 IP 地址和子网掩码设置，如 192. 168. 0. 2、255. 255. 255. 0，最后单击 “分配 IP 地址” 按钮，如图 2-23 所示。

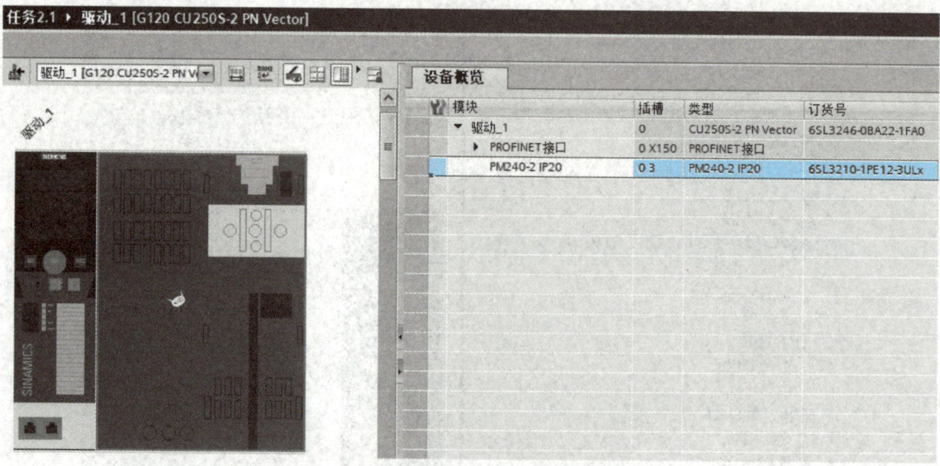

图 2-21　添加完成后的设备概览

图 2-22　在线访问

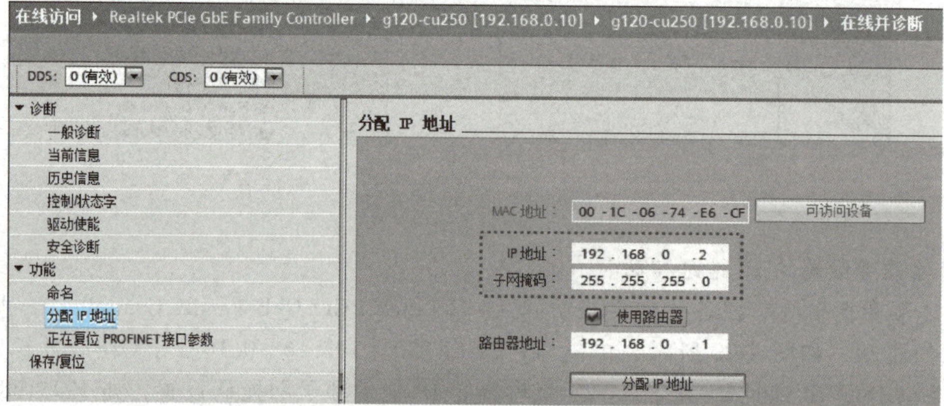

图 2-23　分配 IP 地址

分配完成后需断电再重新启动驱动，新配置才生效。

3. 调试向导

在如图 2-24 所示 Startdrive 集成工程工具中选择调试菜单，进入包括调试向导、控制面板、电动机优化和保存/复位等四个功能的调试区域。

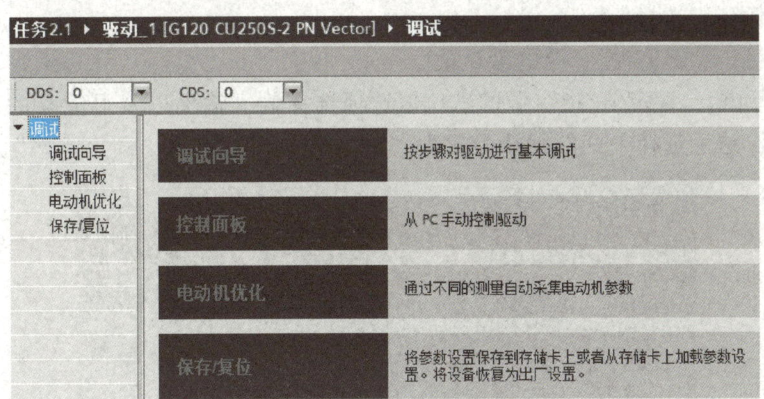

图 2-24　调试菜单

通过调试向导可以按步骤 1~11 对 G120 变频器进行基本参数设定。需要注意的是，选用不同的 CU 控制单元，调试向导的界面也会有所不同，这里仅针对 CU250S-2 PN Vector 进行介绍。

（1）步骤 1：应用等级

如图 2-25 所示，应用等级下拉列表中包括［0］Expert、［1］Standard Drive Control（SDC）和［2］Dynamic Drive Control（DDC）三个选项，分别对应于所有应用、鲁棒矢量控制和精密矢量控制。这里选择“［1］Standard Drive Control（SDC）”，用于简单搬运，具有以下特点：一般电动机功率 45kW 以下，斜坡上升时间大于 5~10s，带持续负载的连续运动，静态扭矩限值，恒定转速精度，应用场合包括泵、风扇、压缩机、研磨机、混合机、压碎机、搅拌机和简单主轴等。

（2）步骤 2：设定值指定

如图 2-26 所示，设定值指定选项选择驱动是否连接 PLC 以及在何处创建设定值，这里

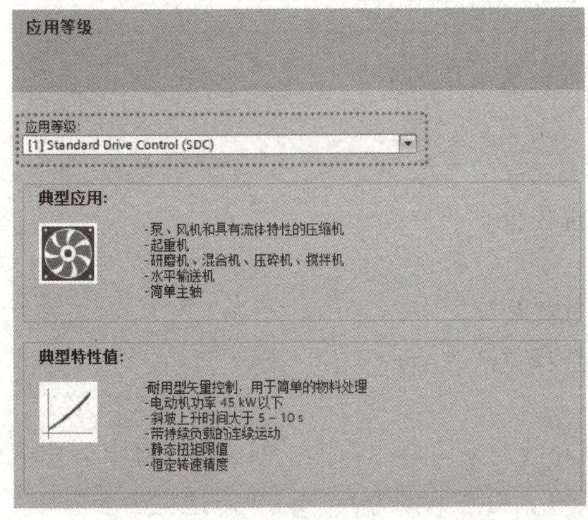

图 2-25　应用等级

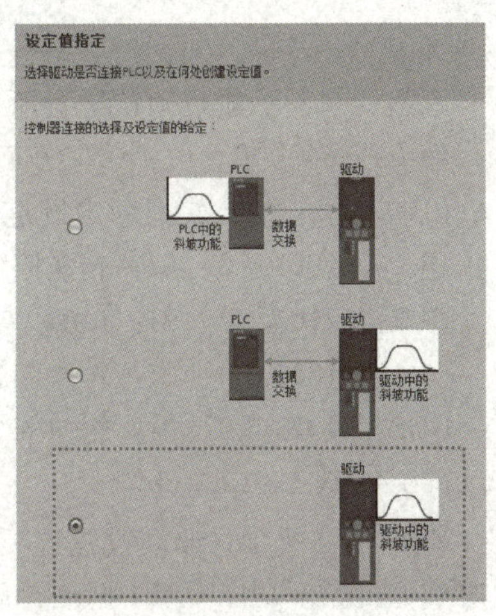

图 2-26　设定值指定

不选择 PLC 与驱动之间的数据交换，而是选择驱动外接的端口信号来实现变频器的设定值指定。

（3）步骤 3：更多功能

如图 2-27 所示，更多功能选项包括工艺控制器、基本定位器、扩展显示信息/监控、自由功能块，本任务不选择。

（4）步骤 4：设定值/指令源的默认值

如图 2-28 所示，设定值/指令源的默认值选项选择输入输出以及可能有的现场总线报文的预定义互联。这里选择 I/O 的默认配置为“［3］送技术、有 4 个固定频率”。

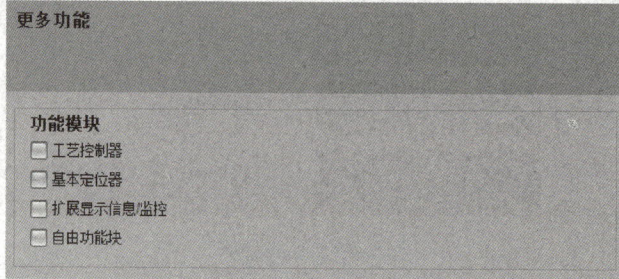

图 2-27　更多功能

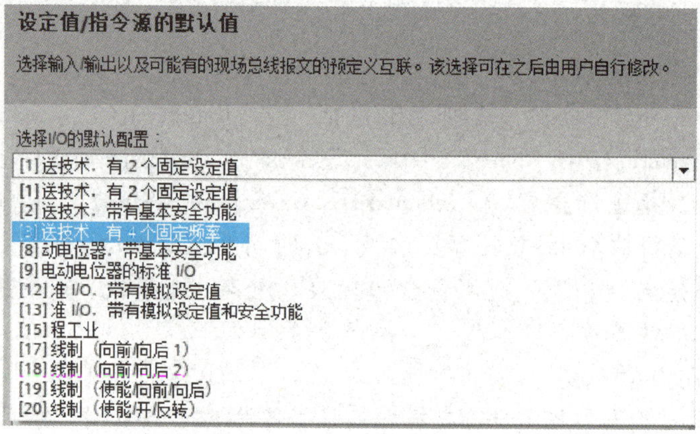

图 2-28　设定值/指令源的默认值

查阅变频器手册可知该配置所对应的参数设置具体如下：

DI 0：p840［0］BI：ON/OFF（OFF1）

p1020［0］BI：转速固定设定值选择位 0

DI 1：p1021［0］BI：转速固定设定值选择位 1

DI 2：p2103［0］BI：1. 应答故障

DI 4：p1022［0］BI：转速固定设定值选择位 2

DI 5：p1023［0］BI：转速固定设定值选择位 3

（5）步骤 5：驱动设置

如图 2-29 所示，驱动设置选项中，我国和欧洲采用 IEC 标准，即 50 Hz 频率、功率单位为 kW，北美则采用 NEMA 标准，即 60Hz 频率、功率单位为 hp 或 kW。这里标准选择“［0］IEC 电动机（50Hz，SI 单位）”。

驱动设置
电动机标准及负载循环的选择。
标准：
[0] IEC电动机（50Hz，SI单位）
设备输入电压：
380 V

图 2-29　驱动设置

（6）步骤 6：驱动选件

如图 2-30 所示，驱动选件选项包括制动电阻和滤波器选件，这里均为不选择。

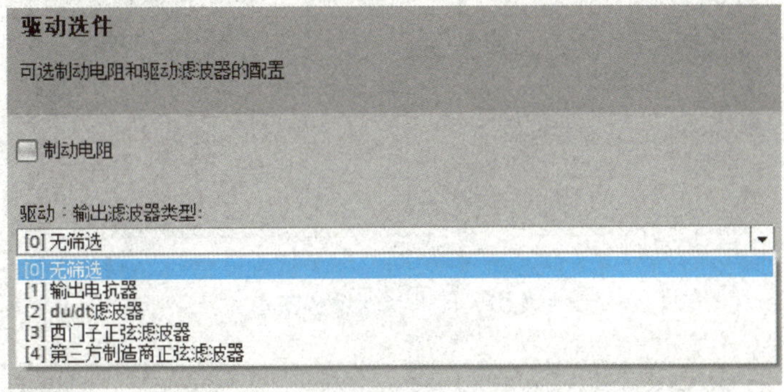

图 2-30　驱动选件

（7）步骤 7：电动机

如图 2-31 所示，电动机选项中，如果是西门子电动机，只需电动机订货号，否则需要输入电动机铭牌上的相关数据并进行参数设置。

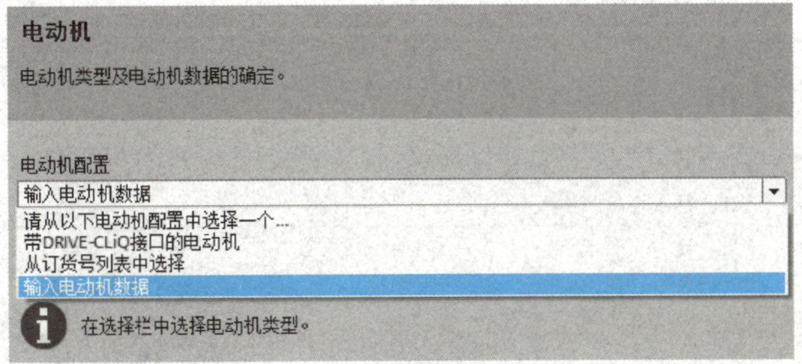

图 2-31　电动机

这里采用国产电动机，需要按图 2-32 输入电动机数据，并选择星形联结（因为是小功率电动机）。数据输入错误或空缺，则会提示如下信息："ⓘ没有完整地输入电动机数据。请完整输入电动机数据。"

（8）步骤 8：电动机抱闸

如图 2-33 所示，电动机抱闸选项中，电动机抱闸制动配置选择"［0］无电动机抱闸"。

（9）步骤 9：重要参数

如图 2-34 所示，重要参数选项包括电流极限、最小转速、最大转速、斜坡函数发生器斜

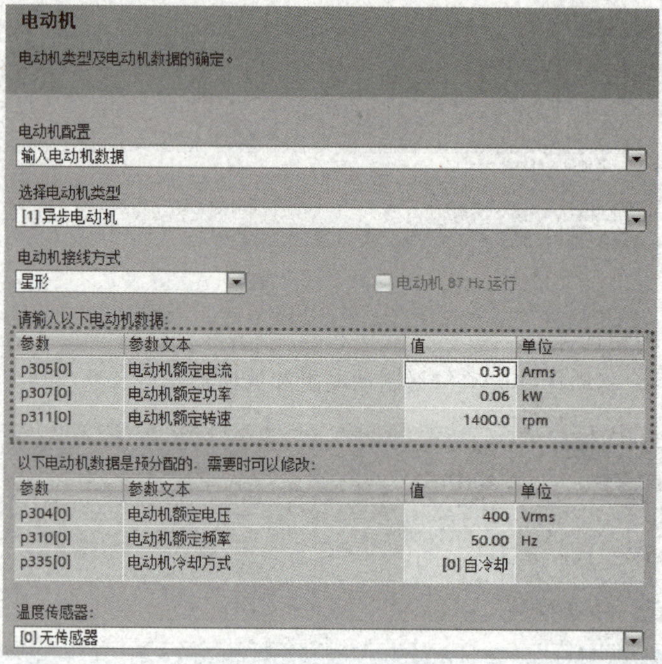

电动机

电动机类型及电动机数据的确定。

电动机配置

输入电动机数据

选择电动机类型

[1] 异步电动机

电动机接线方式

星形　　电动机 87 Hz 运行

请输入以下电动机数据：

参数	参数文本	值	单位
p305[0]	电动机额定电流	0.30	Arms
p307[0]	电动机额定功率	0.06	kW
p311[0]	电动机额定转速	1400.0	rpm

以下电动机数据是预分配的，需要时可以修改：

参数	参数文本	值	单位
p304[0]	电动机额定电压	400	Vrms
p310[0]	电动机额定频率	50.00	Hz
p335[0]	电动机冷却方式	[0] 自冷却	

温度传感器：

[0] 无传感器

图 2-32　电动机铭牌数据输入

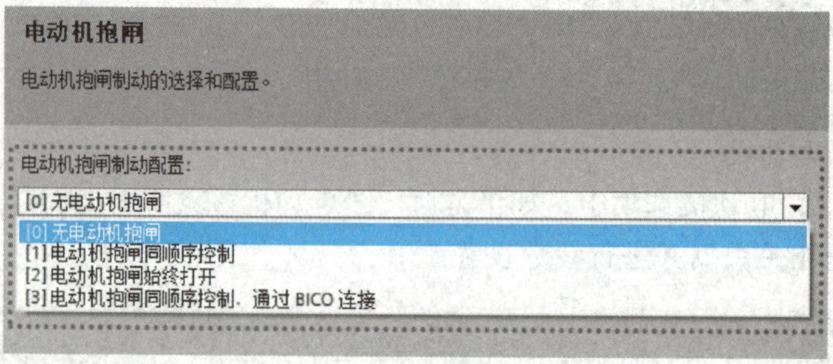

电动机抱闸

电动机抱闸制动的选择和配置。

电动机抱闸制动配置：

[0] 无电动机抱闸

[0] 无电动机抱闸

[1] 电动机抱闸同顺序控制

[2] 电动机抱闸始终打开

[3] 电动机抱闸同顺序控制，通过 BICO 连接

图 2-33　电动机抱闸

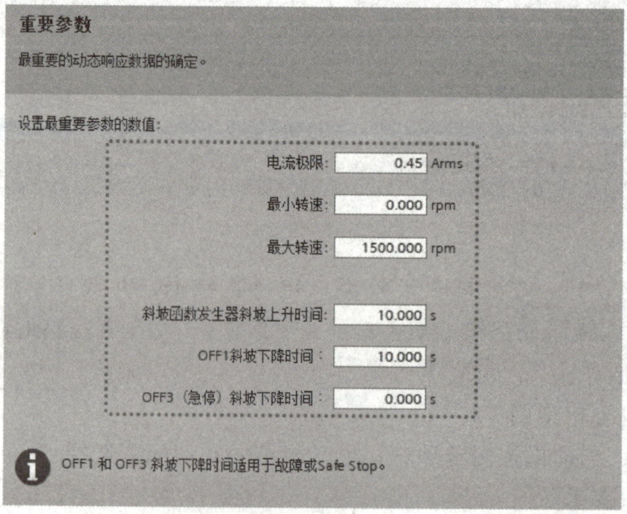

重要参数

最重要的动态响应数据的确定。

设置最重要参数的数值：

电流极限： 0.45 Arms

最小转速： 0.000 rpm

最大转速： 1500.000 rpm

斜坡函数发生器斜坡上升时间： 10.000 s

OFF1 斜坡下降时间： 10.000 s

OFF3（急停）斜坡下降时间： 0.000 s

OFF1 和 OFF3 斜坡下降时间适用于故障或 Safe Stop。

图 2-34　重要参数

坡上升时间、OFF1 斜坡下降时间、OFF3（急停）斜坡下降时间。

（10）步骤 10：驱动功能

如图 2-35 所示，驱动功能选项包括工艺应用和电动机识别，其中工艺应用选择“[0] 恒定负载（线性特性曲线）”，电动机识别选择“[0] 禁用”。

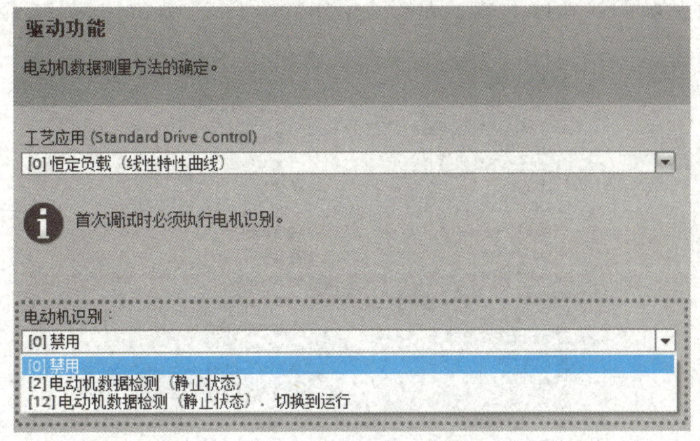

图 2-35　驱动功能

通过步骤 1~10，基本完成调试向导所涉及的变频器相关参数设置。如图 2-36 所示为总结，是将上述所有步骤设置的功能全部汇总显示出来以便用户检查。如果发现有不正确的地方，可以单击“上一页”或“下一页”按钮进行检查核对并修改，最后单击“完成”按钮结束调试向导的参数基本设置。

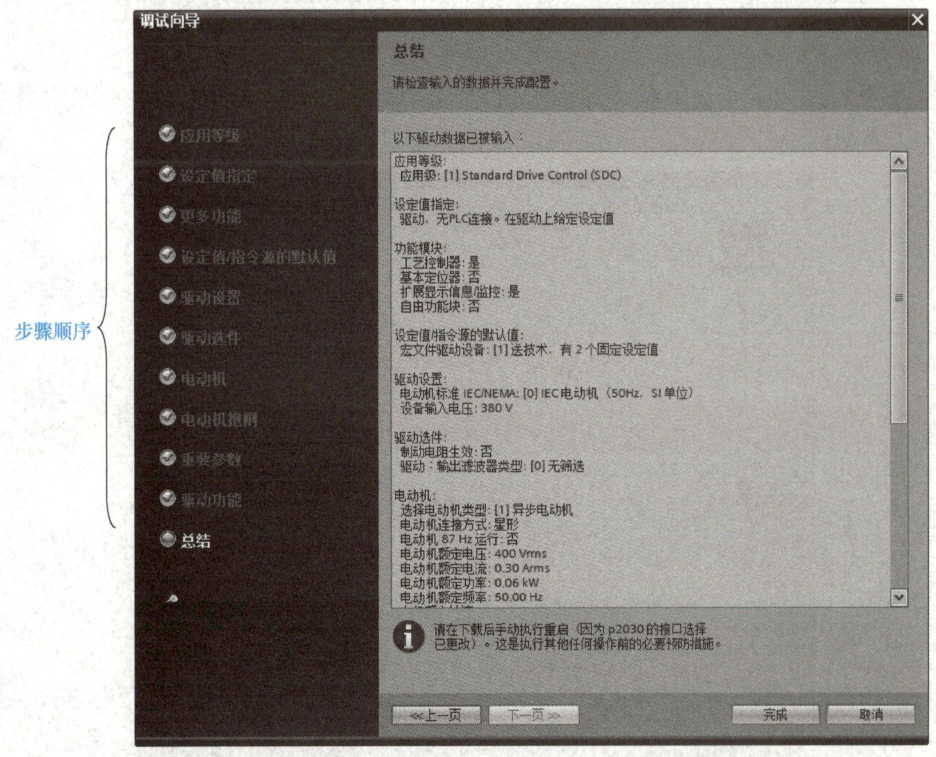

图 2-36　总结

2.1.8 使用 Startdrive 进行变频器参数下载与调试

10. 使用 Startdrive 进行变频器参数下载与调试

1. 变频器参数下载

可以在设备组态中，确保变频器驱动与装有 Startdrive 软件的 PC IP 地址为同一频段，并将所设参数进行下载，如图 2-37 所示。

图 2-37　下载到设备菜单

如图 2-38 所示为“扩展下载到设备”窗口，该窗口与 PLC 下载相似，只是设备名称从 PLC 变成了驱动。

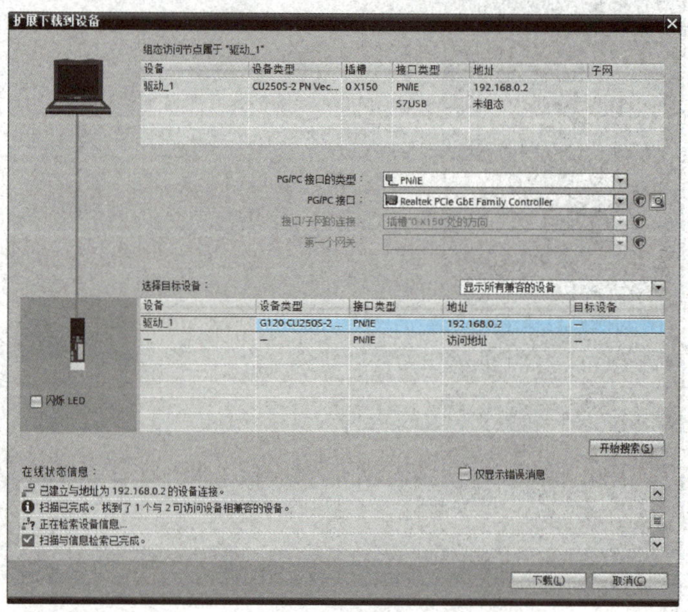

图 2-38　“扩展下载到设备”窗口

下载前会弹出如图 2-39 所示的“下载预览”窗口，在“将参数设置保存在 EEPROM 中”处打钩，即可将刚刚设置的参数完整下载到驱动 EEPROM 中。

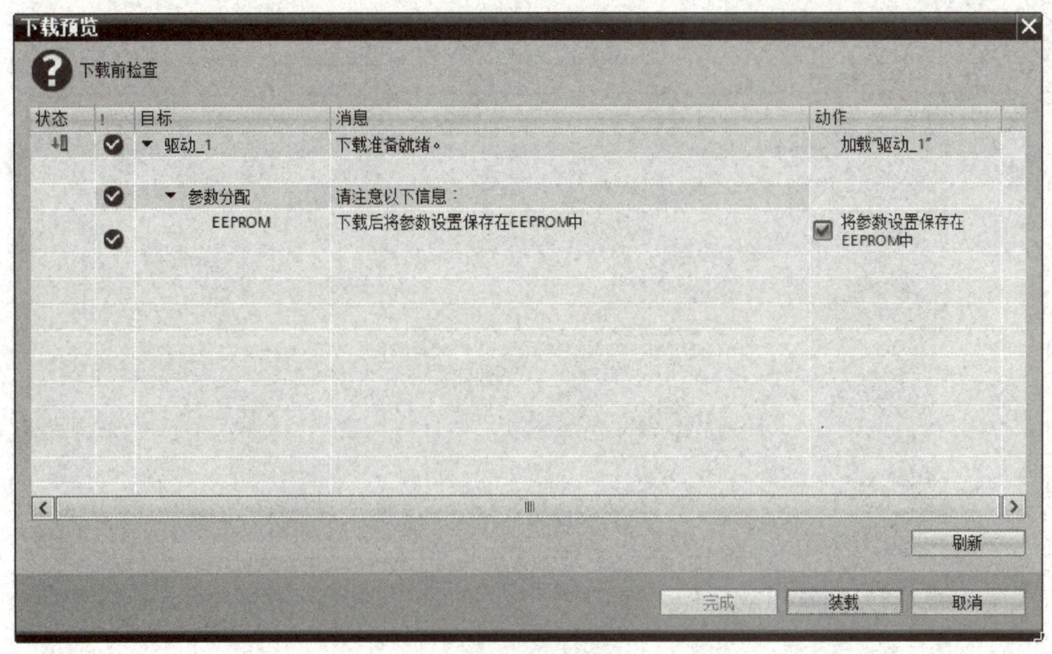

图 2-39　“下载预览”窗口

2. 变频器调试

下载完成后，变频器需要重新上电，这一点尤其重要。再次选择在线访问，联机后进行变频器调试，如图 2-40 所示为“当前信息”诊断，有报警出现，代码为“7994”，表示“驱动：未执行电动机数据检测”。

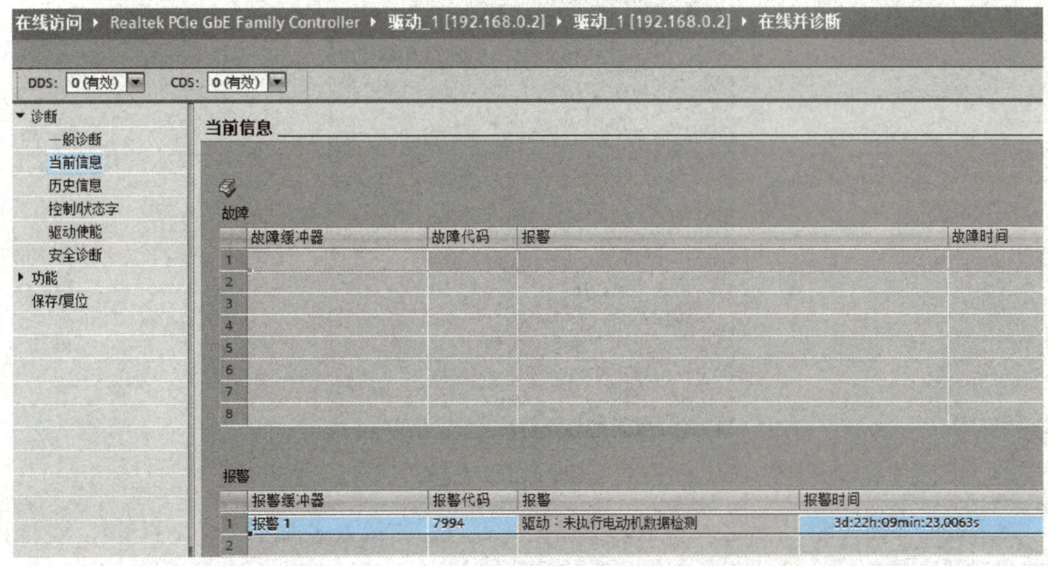

图 2-40　当前信息

如图 2-41 所示，进入调试菜单的“控制面板”。从图 2-42 选择“激活主控权”，则会显示主控权激活状态，如图 2-43 所示。

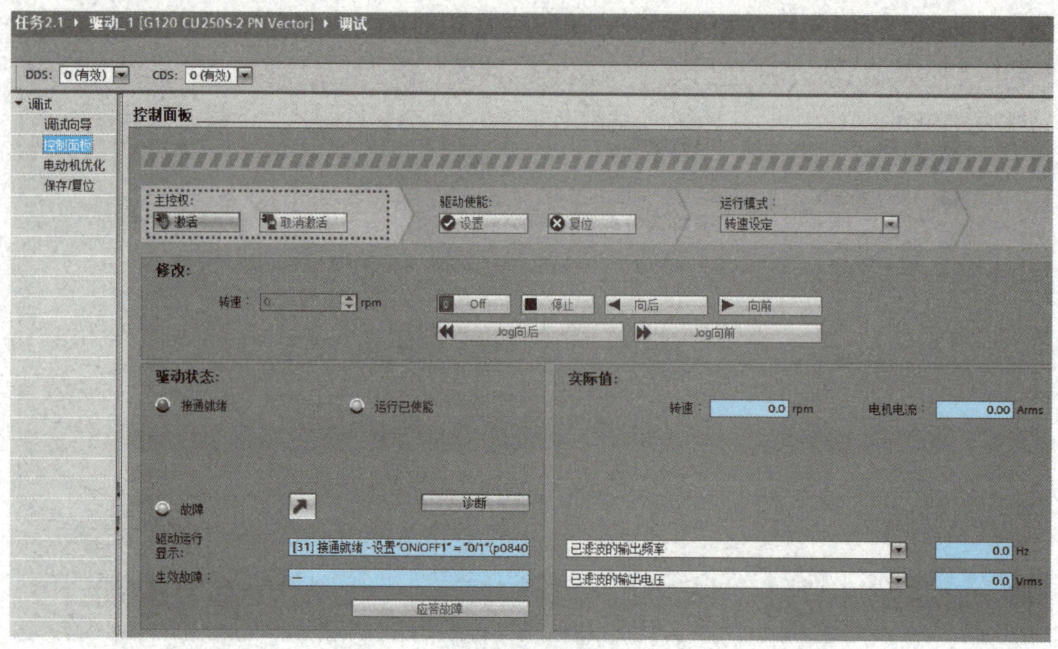

图 2-41　控制面板

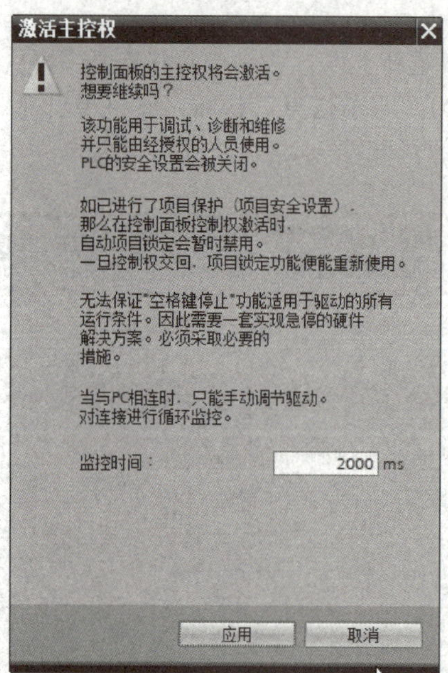

图 2-42　激活主控权

然后按照如图 2-44 所示进入“电动机优化”窗口，测量方式选择“静止测量”，主控权单击“激活”按钮，弹出“感应电动机静止测量的注意事项”窗口，如图 2-45 所示，单击“确定”按钮，切换至“控制面板”窗口，如图 2-46 所示。

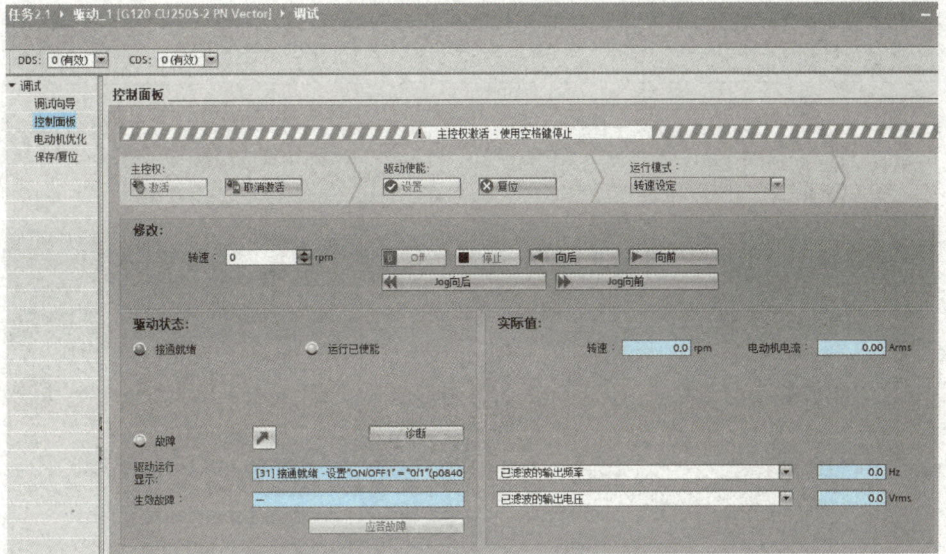

图 2-43　主控权激活状态

图 2-44　静止测量

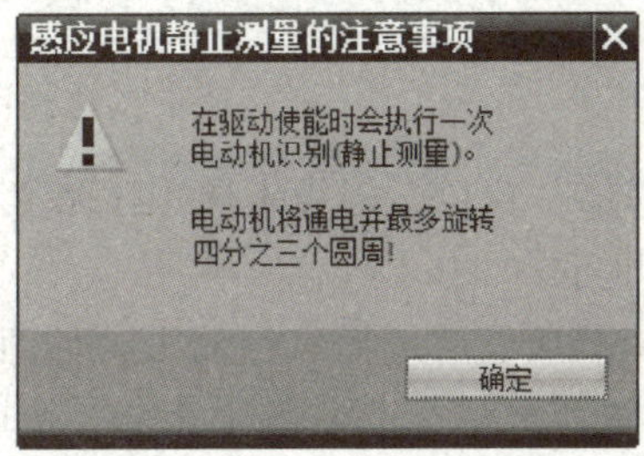

图 2-45　感应电动机静止测量的注意事项

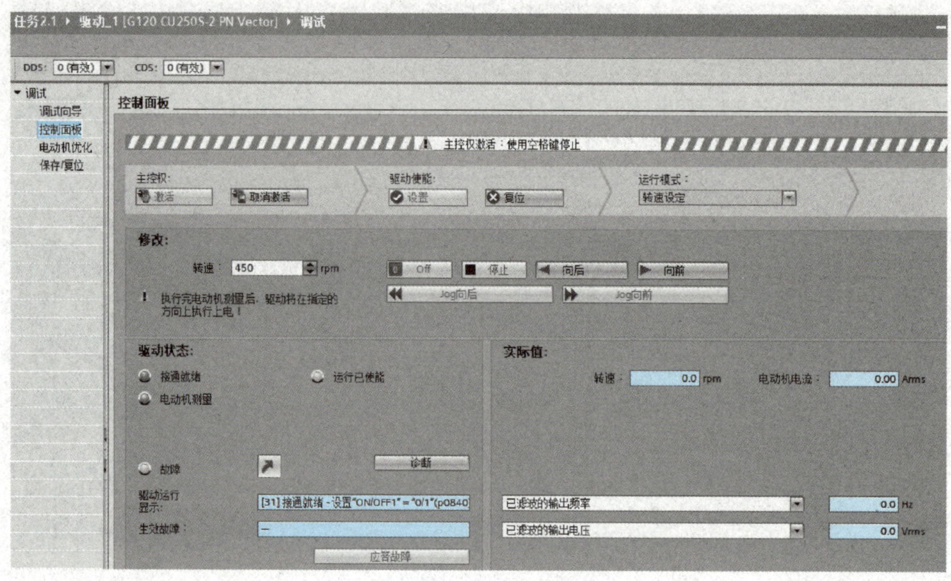

图 2-46　切换至“控制面板”窗口

如图 2-47 所示，在转速框内输入电动机应遵循的转速设定值，这里输入“450”。指定转速设定值后，此时可以观察到驱动状态为绿色，表示可以正常调试。当鼠标首次单击“向后”“向前”“Jog 向前”“Jog 向后”按钮时，驱动即会接通按要求运行，并显示详细信息。

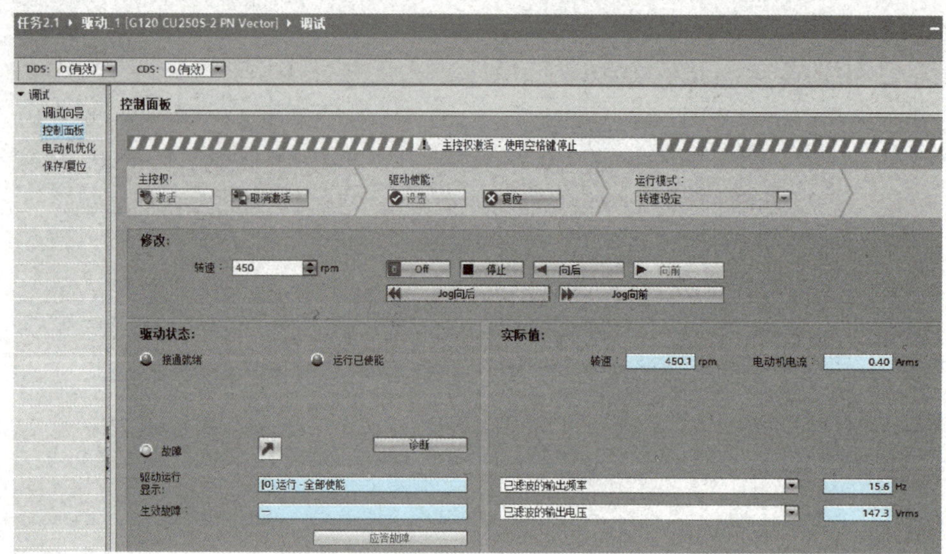

图 2-47　速度修改和驱动使能

3. 保存/复位

如图 2-48 所示为“保存/复位”窗口，因为未插入存储卡，选择将 RAM 数据保存到 EEPROM 中，单击“保存”按钮即可。

如果选择存储卡，则在变频器通电前先插入存储卡，如图 2-49 所示，严格执行步骤①、②。再次通电后，图 2-48 中的储存卡将会从灰色中激活，此时可以选择数据导入或导出操作；同时可以设置数据备份的编号，在存储卡上备份 99 项不同的设置。

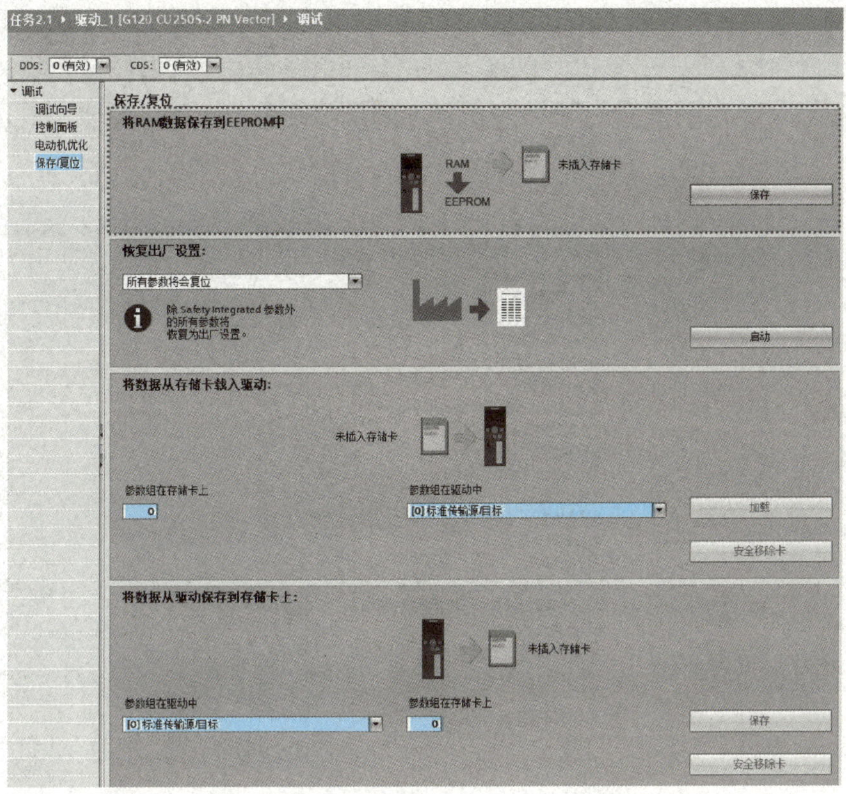

图 2-48　“保存/复位”窗口

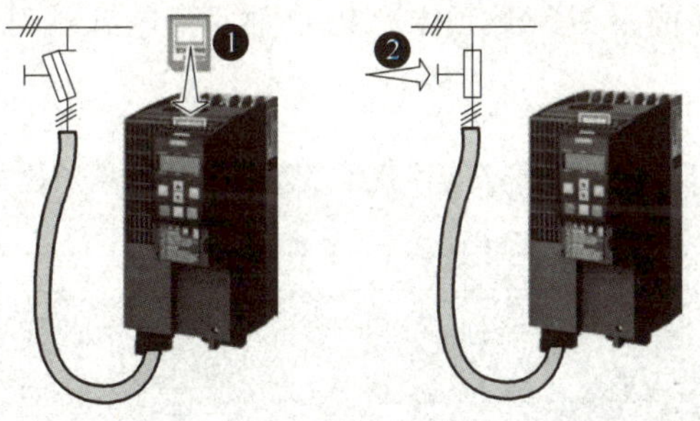
图 2-49　存储卡插入到变频器示意图

2.1.9　使用 Startdrive 进行直接参数设置

如图 2-50 所示为博途 Startdrive 的 G120 变频器参数设置入口。如图 2-51 所示为“参数”窗口左上角的“参数视图”选项卡，包括显示默认参数、显示扩展参数和显示服务参数 3 个选项，方便用户一目了然地阅览可用于设备的参数。这里选择“显示默认参数”。

图 2-50　博途 Startdrive 的 G120 变频器参数设置入口

任务2.1 ▸ 驱动_1 [G120 CU250S-2 PN Vector] ▸ 参数

功能视图 | 参数视图

显示默认参数

参数表

所有参数 / 调试 / 调试接口 / 保存&复位 / 系统信息 / 基本设置 / 输入/输出端 / 通道设定值 / 运行方式 / 驱动功能 / 安全集成 / 应用功能 / 通信 / 诊断

编号	参数文本	值	单位
<全部>	<全部>	<全部>	<全部>
r2	驱动的运行显示	[31] 接通就绪 - 设置"ON/OFF1" = "0/1"(p0840)	
p10	驱动调试参数筛选	[0] 就绪	
p15	宏文件驱动设备	[1] 送技术，有 2 个固定设定值	
r18	控制单元固件版本	4711504	
r20	已滤波的转速设定值	0.0	rpm
r21	已滤波的转速实际值	-0.0	rpm
r25	已滤波的输出电压	0.0	Vrms
r26	经过滤波的直流母线电压	576.7	V
r27	已滤波的电流实际值	0.00	Arms
r31	已滤波的转矩实际值	0.00	Nm
r32	已滤波的有功功率实际值	0.00	kW
r34	电动机热负载率	-200	%
r35	电动机温度	26.8	°C
r39[0]	电能显示，电能结算（总和）	0.15	kWh
r41	节省的能源	7.40	kWh
r42[0]	过程电能显示，电能结算（总和）	0	Wh
p43	BI: 使能能耗显示	0	
r46	缺少使能信号	40000001H	
r47	电动机数据检测和转速控制器优化	[0] 无测量	
r49[0]	电动机/编码数据组有效，电动机数据组MDS...	0	
r51	驱动数据组DDS有效	0H	
r52	状态字 1	EB31H	
r53	状态字 2	2E0H	
r54	控制字 1	47EH	
r61[0]	未滤波的转速实际值，编码器 1	0.00	rpm
p96	应用级	[1] Standard Drive Control (SDC)	
p100	电动机标准 IEC/NEMA	[0] IEC电动机（50Hz，SI单位）	

图 2-51 “参数视图”选项卡

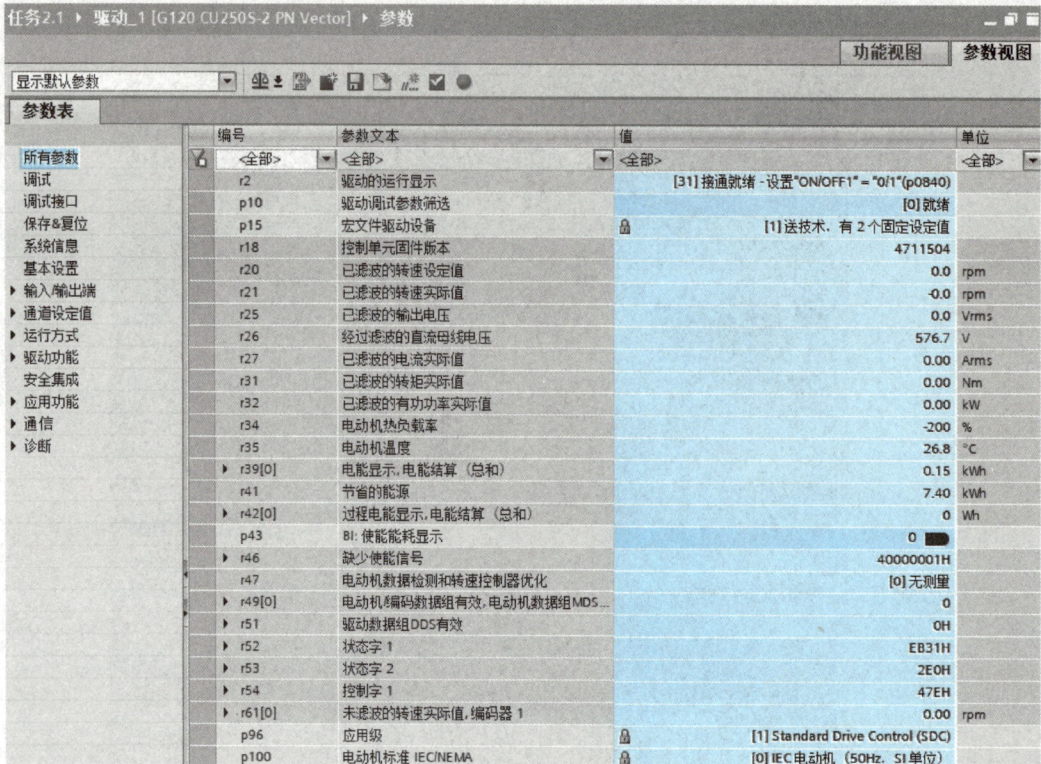

如图 2-52 所示为“功能视图”选项卡，以“数字量输入端”窗口为例，可以清晰地显示当前的 I/O 配置情况。

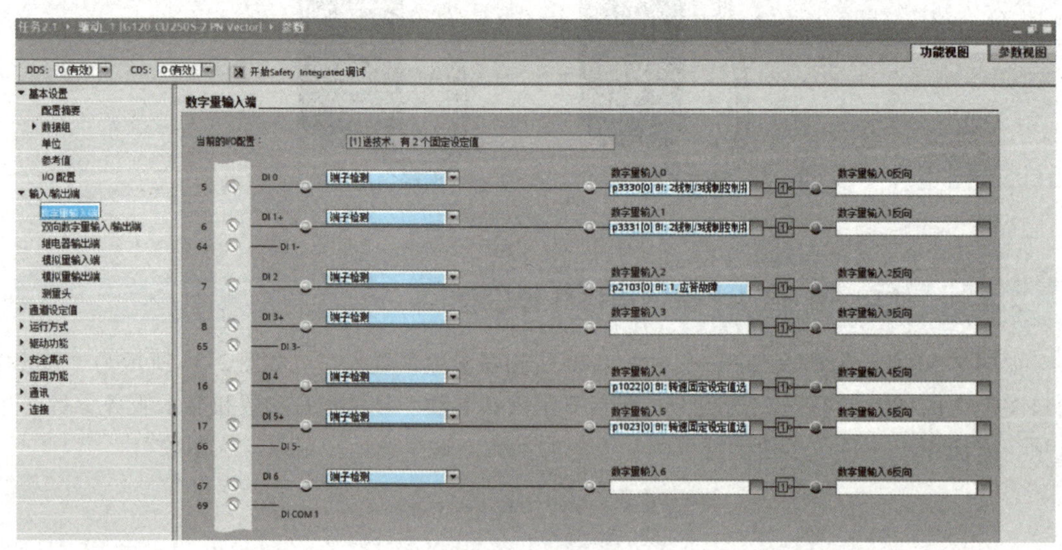

图 2-52 “功能视图”选项卡

G120 变频器“参数视图”选项卡为便于用户查找参数，所有参数按照其主题在二级浏览栏中归类。各个参数的输入栏以一定颜色显示，含义见表 2-1。

表 2-1　参数输入栏的颜色含义

编辑级别	离线颜色	在线颜色
只读	灰色	浅橙色
读/写	白色	橙色
动态锁定	白色，并有锁的符号	橙色，并有锁的符号

如图 2-53 所示为“Trace”窗口，记录了 G120 变频器参数 r66 输出频率和 r69［0］相电流实际值的波形曲线。

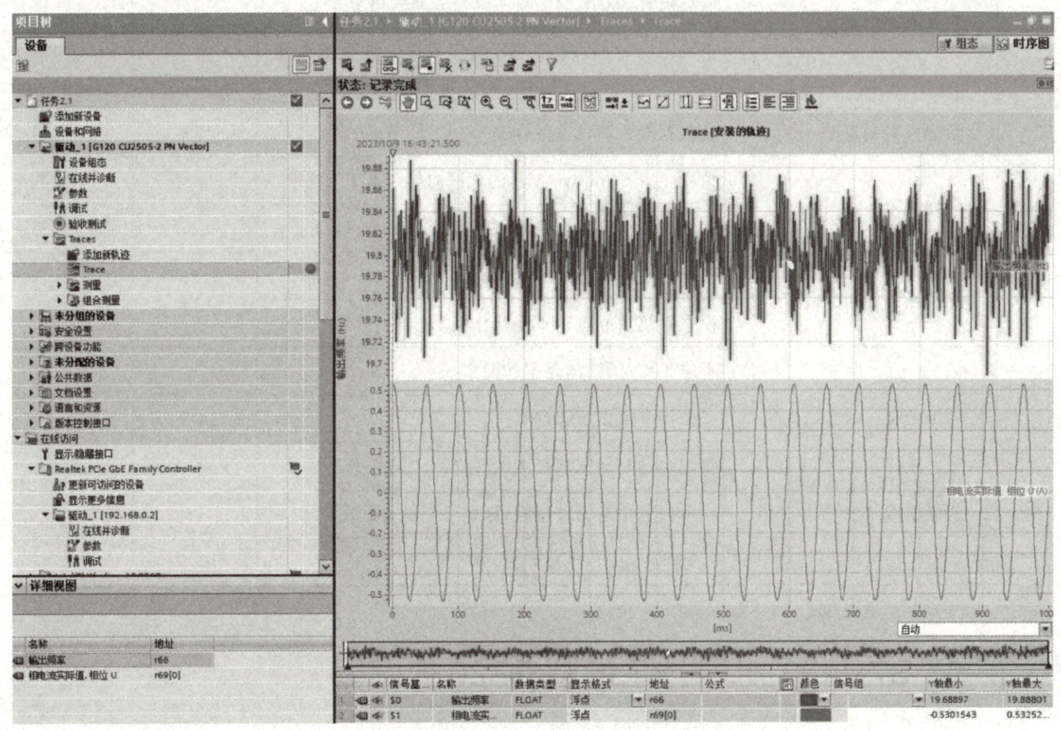

图 2-53　“Trace”窗口

任务记录

根据任务实施的情况，如实填写任务 2.1 实施记录表（表 2-2）。

表 2-2　任务 2.1 实施记录表

任务实施步骤	实际执行情况说明	计划时间/min	实际时间/min
变频器安装与网线连接			
使用 Startdrive 调试向导设置变频器参数			
使用 Startdrive 进行变频器参数下载与调试			
使用 Startdrive 进行直接参数设置			

任务评价

按要求完成考核任务 2.1，评分标准见表 2-3，具体配分可以根据实际考评情况进行调整。

表 2-3　评分标准

序号	考核项目	考核内容及要求	配分	得分
1	职业道德与素养	遵守安全操作规程，设置安全措施	15%	
		认真负责，团结合作，对实操任务充满热情		
		正确认识“互联网+工业”对于我国工业发展的重要性		
2	系统方案制定	变频器在线调试方案合理	15%	
3	编程能力	独立完成 Startdrive 工具的调试向导	25%	
		独立完成变频器在线调试运行		
4	操作能力	根据电气图正确接线，美观且可靠	15%	
		根据系统功能进行正确操作演示		
5	实践效果	系统工作可靠，满足工作要求	20%	
		变频器参数设置正确		
		按规定的时间完成任务		
6	创新实践	在本任务中有另辟蹊径、独树一帜的实践内容	10%	
合计			100%	

任务 2.2　S7-1200 PLC 端子控制 G120 变频器

任务描述

某小型泵站电动机选用西门子 G120 变频器（功率为 0.75kW）控制，已知该电动机为星形联结、额定电压为三相 380V、额定功率为 0.55kW、额定电流为 1.5A、额定转速为 1390r/min。现需要根据如图 2-54 所示采用 S7-1200 PLC 控制 G120 变频器所带动的电动机，其中 PLC 外接启动按钮 SB1、停止按钮 SB2 和切换选择开关 SA1，并输出多段速开关量控制信号和模拟量到 G120 变频器上，完成不同速度的切换。

任务要求如下：

1）能通过 Startdrive 工具调试 G120 变频器。

2）当 SA1=OFF 时为多段速控制，此时按下 SB1，PLC 输出三段速信号（即 1100r/min、1200r/min 和 1300r/min）控制变频器依次按 10s 的间隔进行速度变化，并反复循环，直至 SB2 动作。

3）当 SA1=ON 时为模拟量控制，此时按下 SB1，PLC 输出模拟量信号对应 550r/min、850r/min 和 1050r/min 按 10s 的间隔进行速度变化，并反复循环，直至 SB2 动作。

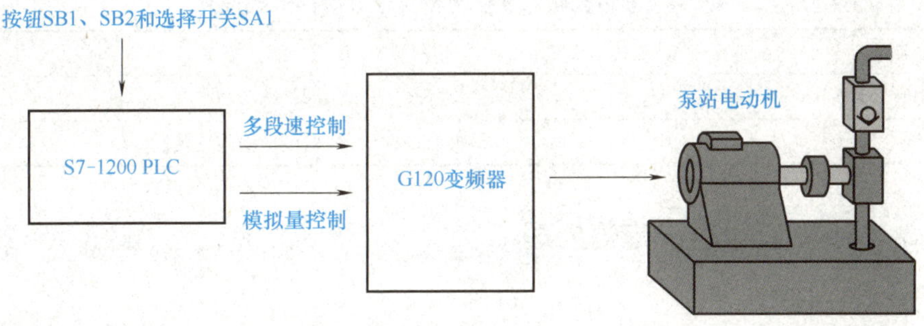

图 2-54　任务 2.2 控制示意图

知识准备

2.2.1　G120 变频器的指定频率来源

G120 变频器的参数 p1000 和 p1070 都可以指定频率来源，其中 p1000（频率设定值）= p1070（主设定值）×p1071（系数）+p1075（附加设定值）×p1076（系数）。因此 p1000 是一个最终设定的结果，p1000 的最终值和 p1070、p1071、p1075、p1076 都相关，一旦这几个参数中的任何一个取值发生变化，p1000 都会随之发生变化。

如图 2-55 所示为固定转速设为设定值源示意图，其对应的参数设置见表 2-4。

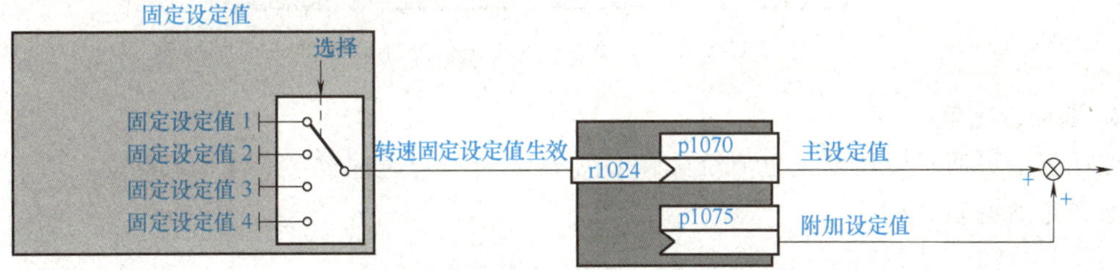

图 2-55　固定转速设为设定值源示意图

表 2-4　固定转速设为设定值源时的参数设置

参数	注　释
p1070 = 1024	主设定值，与固定转速互联
p1075 = 1024	附加设定值，与固定转速互联

如图 2-56 所示为模拟量输入 0 设为设定值源示意图，其对应的参数设置见表 2-5。

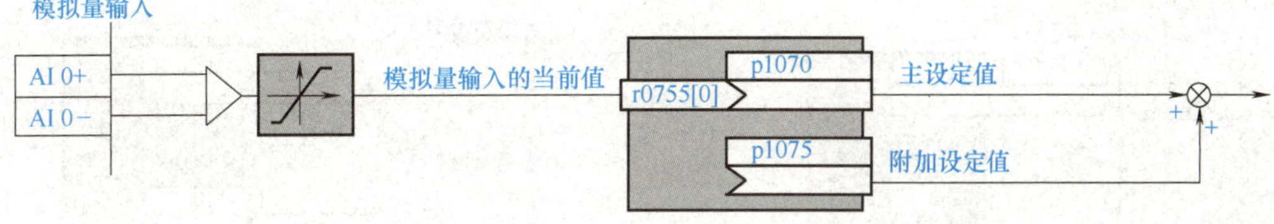

图 2-56　模拟量输入 0 设为设定值源示意图

表 2-5 模拟量输入 0 设为设定值源时的参数设置

参数	注释
p1070=755[0]	主设定值，与模拟量输入 0 互联
p1075=755[0]	附加设定值，与模拟量输入 0 互联

2.2.2 G120 变频器设定值处理

1. 设定值处理步骤

如图 2-57 所示为变频器内的设定值处理，具体流程如下：

1）取反设定值，以切换电动机旋转方向（反转）。

2）禁止正/负旋转方向，如在输送带或风机应用中。

3）抑制带，用于抑制机械谐振作用。转速为 0 时，抑制带会在接通电动机后对最小转速进行作用。

4）设置最大转速限制，以保护电动机和机械装置。

5）设置斜坡函数发生器，以控制电动机的加速和减速过程，输出理想转矩。

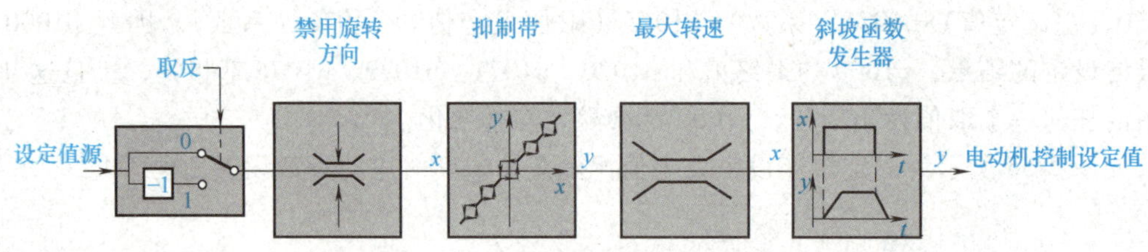

图 2-57 变频器内的设定值处理

2. 取反设定值

变频器上可通过位切换设定值符号，如图 2-58 所示为通过数字量输入取反设定值，具体的参数设定值见表 2-6。

表 2-6 具体的参数设定值

参数	注释
p1113=722.1	设定值取反，数字量输入 1=0，设定值保持不变；数字量输入 1=1，变频器对设定值取反
p1113=2090.11	通过控制字 1、位 11 取反设定值

3. 禁止旋转方向

在变频器出厂设置中，电动机的正/负旋转方向都已使能。如需禁用旋转方向，应将相应的参数设为 1。如图 2-59 所示为禁止旋转方向示意图，禁止旋转方向相关的变频器的参数设置见表 2-7。

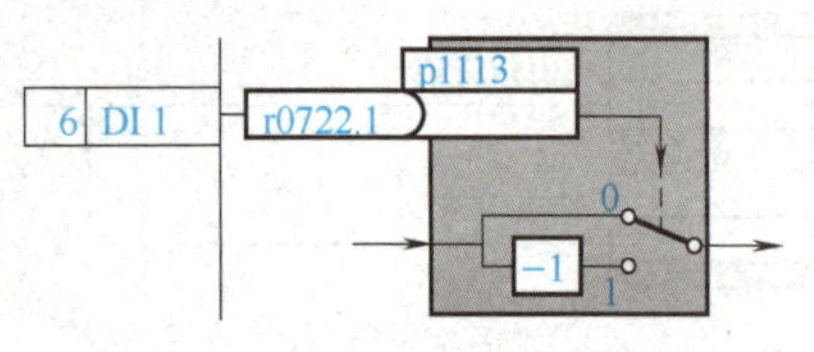

图 2-58 通过数字量输入取反设定值

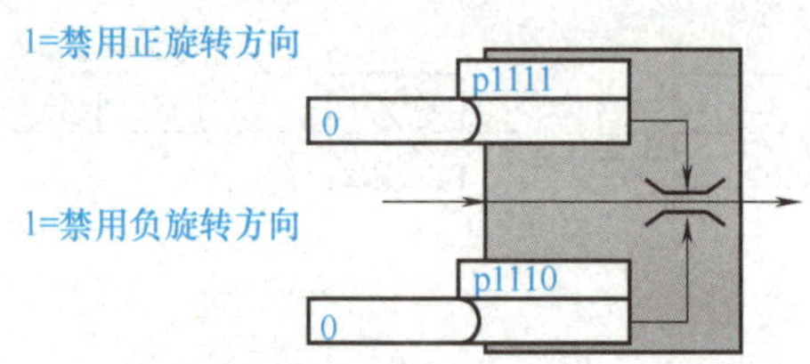

图 2-59 禁止旋转方向示意图

表 2-7　禁止旋转方向相关的变频器的参数设置

参数	注　释
p1110=1	禁止负向，负向长期禁止
p1110=722.3	禁止负向，数字量输入 3=0，负旋转方向已使能；数字量输入 3=1，负旋转方向已禁止

4. 抑制带和最小转速

如图 2-60 所示，G120 变频器具有一个最小转速和多个跳转频段。

1）最小转速可防止电动机长期以低于最小转速的转速运行。只有在电动机的加速或减速过程中，变频器才允许电动机转速（绝对值）短时间低于最小转速。

2）跳转频段可以防止电动机长期在某个转速范围内运行。

5. 最大转速

如图 2-61 所示，最大转速可以限制两个旋转方向的转速设定值，一旦超出该值，变频器便输出报警或故障信息。当需要依方向而定来限制转速时，可以确定每个方向的最大转速。

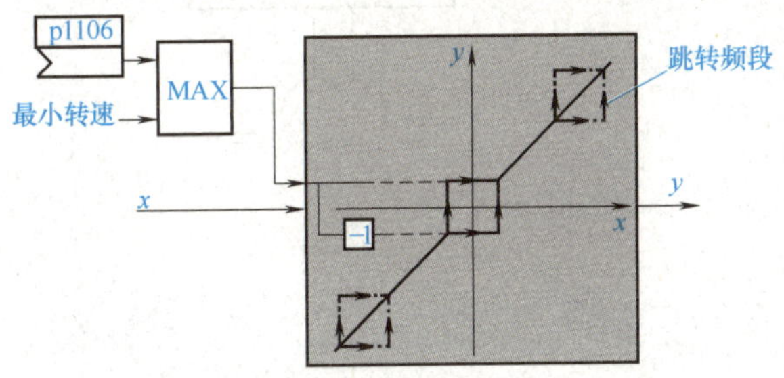

图 2-60　最小转速和多个跳转频段

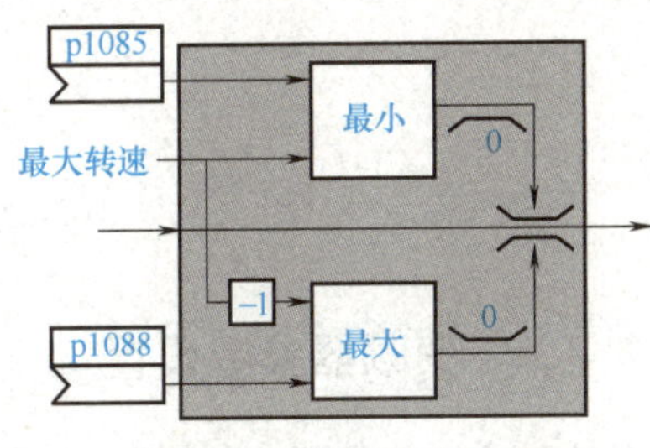

图 2-61　最大转速设定

任务实施

2.2.3　I/O 分配与 PLC 控制变频器电路设计

从 PLC 端子控制 G120 变频器的工艺过程出发，确定 PLC 外接启停按钮、速度切换按钮等 3 个输入，同时输出直接与 G120 变频器相连。PLC 端子控制 G120 变频器 I/O 分配见表 2-8，PLC 选型为西门子 CPU1215C DC/DC/DC。

表 2-8　PLC 端子控制 G120 变频器 I/O 分配

PLC 元件		电气元件符号/名称
输入	I0.0	SB1/启动按钮(NO)
	I0.1	SB2/停止按钮(NO)
	I0.2	SA1/速度切换(多段速 OFF/模拟量 ON)
输出	Q0.0	起动控制(速度选择位 0)
	Q0.1	速度选择位 1
	Q0.2	速度选择位 2
	AQ0	模拟量输出 0

如图 2-62 所示为 PLC 控制变频器电气接线，包括 PLC 侧和变频器侧两部分，其中变频器侧控制端子接入为 DI0（即 5 号端子）、DI1（即 6 号端子）、DI2（即 7 号端子）和 AI0

（即 3 号端子），由于 PLC 的 AQ0 输出为电流信号，因此需要外接 500Ω 电阻，并接入变频器的 3 号端子。

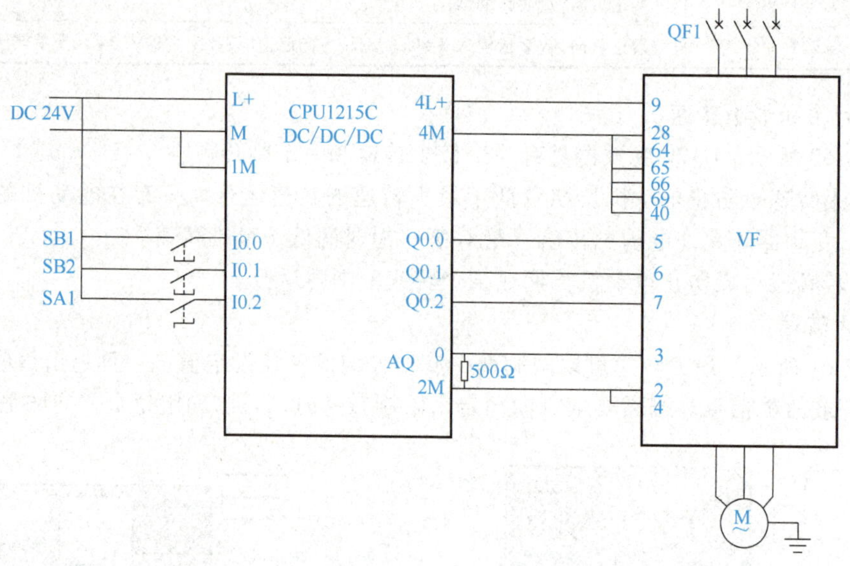

图 2-62　PLC 控制变频器电气接线

2.2.4　变频器参数设置

在任务 2.1 的基础上利用 Startdrive 完成 G120 变频器的快速调试，然后在 Startdrive 集成工具中进行变频器参数设置，见表 2-9。

表 2-9　变频器参数设置值

参数号	设置值	说　明
p840	722.0	设置指令“ON/OFF(OFF1)”的信号源，这里选择 DI0
p1000	3	转速设定值选择，3 为转速固定设定值
p1001	1100	转速固定设定值 1 为 1100r/min
p1002	1200	转速固定设定值 2 为 1200r/min
p1003	1300	转速固定设定值 3 为 1300r/min
p1016	2	转速固定设定值选择模式，2 为二进制
p1020	722.1	转速固定设定值选择位 0 为 DI1
p1021	722.2	转速固定设定值选择位 1 为 DI2
p1070	1024	主设定值为 r1024，转速固定设定值有效
p1071	100%	主设定值比例
p1075	755	附加设定值 r755[0]：CU AI 值
p1076	100%	附加设定值比例

2.2.5　PLC 梯形图编程

在 PLC 中需要定义的变量见表 2-10。

表 2-10　变量定义

名　称	数据类型	地址
SB1 启动按钮	Bool	I0. 0
SB2 停止按钮	Bool	I0. 1
SA1 速度切换	Bool	I0. 2
输出 QB0	Byte	QB0
启动控制	Bool	Q0. 0
输出速度选择 0	Bool	Q0. 1
输出速度选择 1	Bool	Q0. 2
AQ0 模拟量输出 0	Int	QW64
循环变量	Bool	M10. 0
速度选择变量	Byte	MB11
速度选择位 0	Bool	M11. 0
速度选择位 1	Bool	M11. 1
定时时间	Time	MD20
速度转换中间变量	Real	MD24

如图 2-63 所示为 PLC 梯形图程序，程序解释如下：

程序段 1：电动机起停控制。

程序段 2：采用 TONR 实现定时 30s 循环控制，其中 R 端用 M10. 0 进行复位。

程序段 3：SA1=OFF 时，QB0 输出控制速度，即速度 1、速度 2 和速度 3，其中通过定时 10s/次来实现 MB11 值的变化，见表 2-11，即 3—5—7—3—5—7，依此循环。

程序段 4：SA1=ON 时，模拟量输出 0 控制速度，其中速度可以任意设定，如 550r/min、850r/min 和 1050r/min。采用 NORM_X 和 SCALE_X 函数来实现数值转换，这是因为模拟量输出为 0~20mA/0~10V，对应 CPU 内部 0~27648。

程序段 5：当电动机停止运行时，QB0 和 AQ0（即模拟量输出 0）均复位。

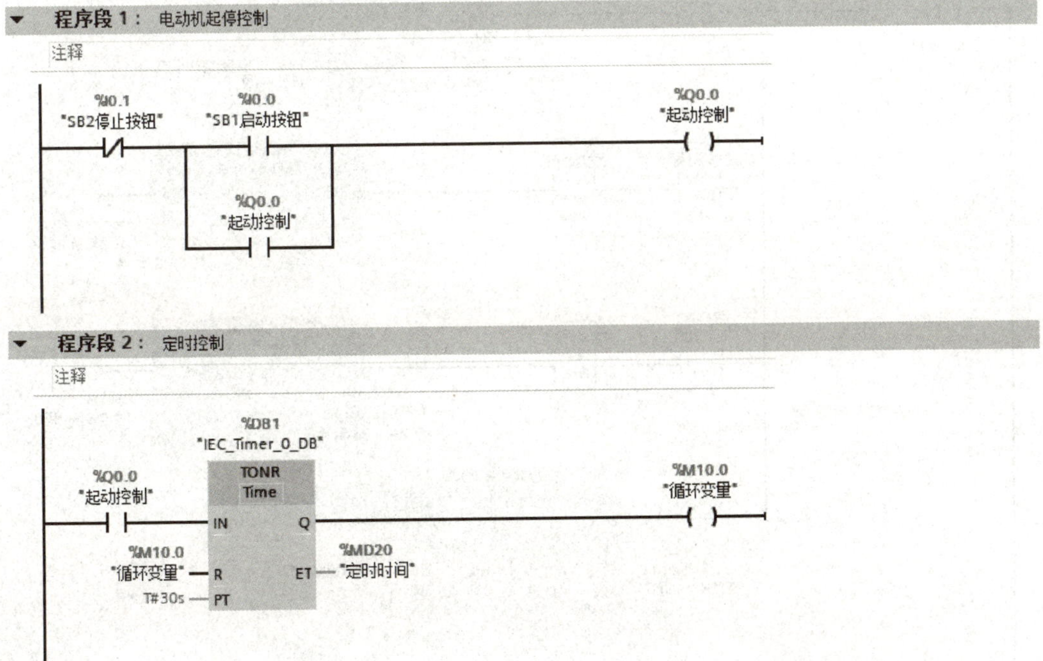

图 2-63　PLC 梯形图程序

程序段 3： SA1=OFF时，QB0输出控制速度（3个速度设定在G120变频器参数中）

注释

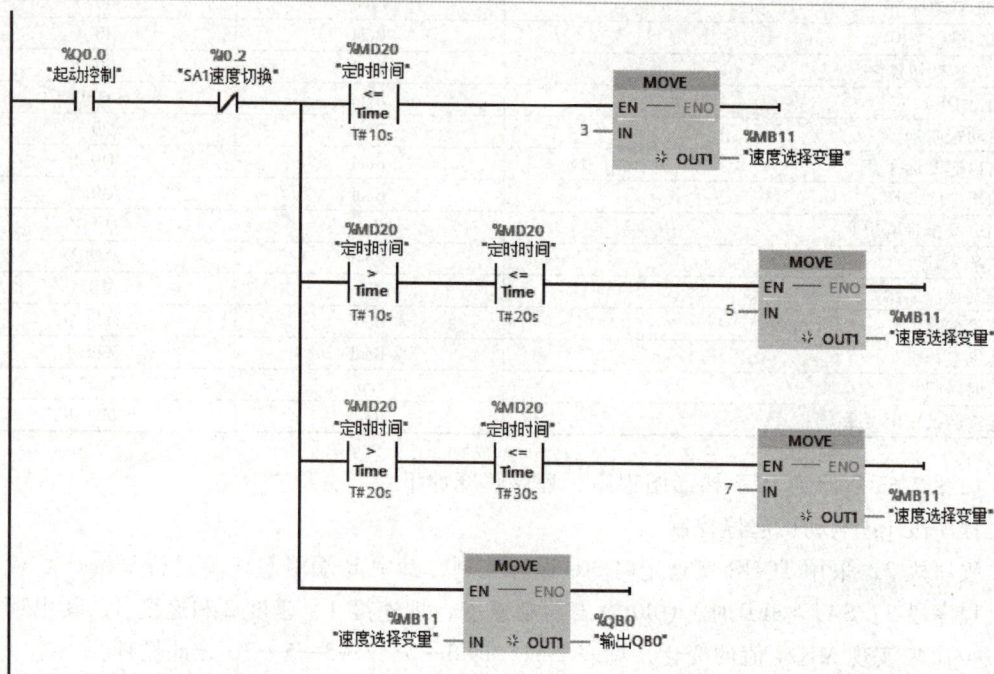

程序段 4： SA1=ON时，模拟量输出0控制速度（如550r/min、850r/min和1050r/min）

注释

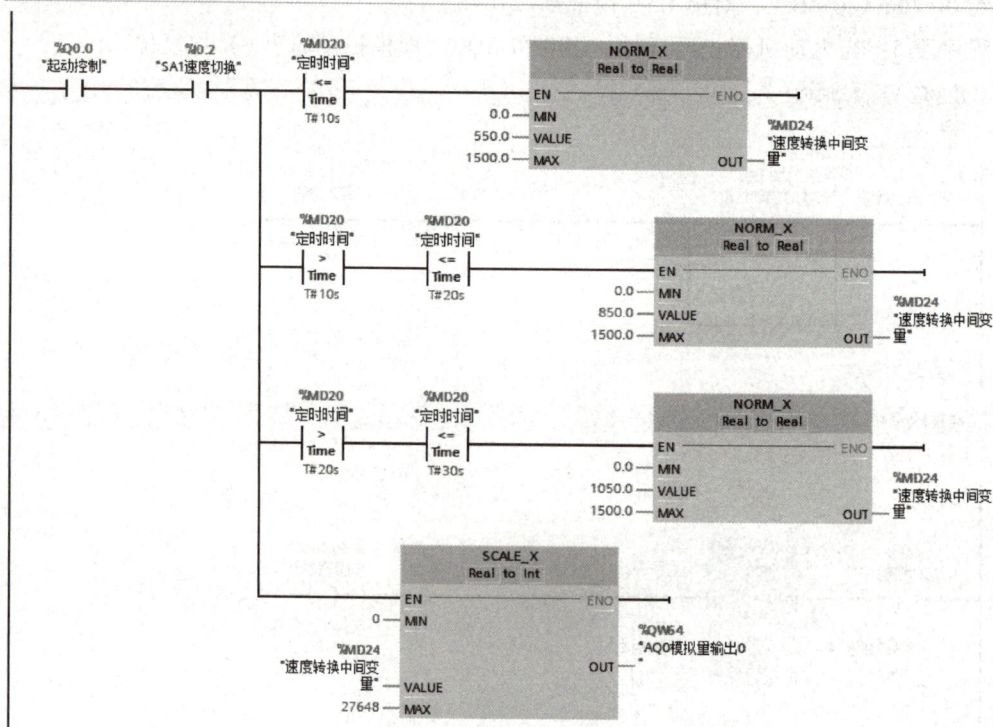

图 2-63 PLC 梯形图程序（续）

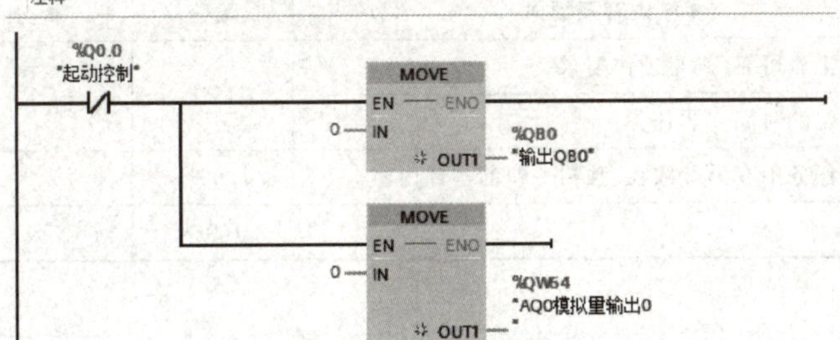

图2-63 PLC梯形图程序（续）

表2-11 变量定义

	MB11.0值	MB11.1值	MB11.2值	MB10.0值
速度1	1	1	0	3
速度2	1	0	1	5
速度3	1	1	1	7

任务记录

根据任务实施的情况，如实填写任务2.2实施记录表（表2-12）。

表2-12 任务2.2实施记录表

任务实施步骤	实际执行情况说明	计划时间/min	实际时间/min
I/O分配与PLC控制变频器电路设计			
变频器参数设置			
PLC梯形图编程			

任务评价

按要求完成考核任务2.2，评分标准见表2-13，具体配分可以根据实际考评情况进行调整。

表2-13 评分标准

序号	考核项目	考核内容及要求	配分	得分
1	职业道德与素养	遵守安全操作规程，设置安全措施	15%	
		认真负责，团结合作，对实操任务充满热情		
		正确认识我国制造业的数字化转型升级		
2	系统方案制定	PLC控制变频器方案合理	20%	
		控制电路图正确		
3	编程能力	独立完成变频器的参数设置	20%	
		独立完成PLC梯形图编程		
4	操作能力	正确输入程序并进行程序调试	20%	
		根据系统功能进行正确操作演示		

（续）

序号	考核项目	考核内容及要求	配分	得分
5	实践效果	系统工作可靠，满足工作要求	15%	
		按规定的时间完成任务		
6	创新实践	在本任务中有另辟蹊径、独树一帜的实践内容	10%	
		合计	100%	

任务 2.3 S7-1200 PLC 通信控制 G120 变频器

任务描述

如图 2-64 所示，泵站电动机采用西门子 G120 变频器进行启停控制，并设置相应的转速。与任务 2.2 不同的地方在于，变频器与 PLC 之间不是开关量连接而是采用 PROFINET 通信连接。

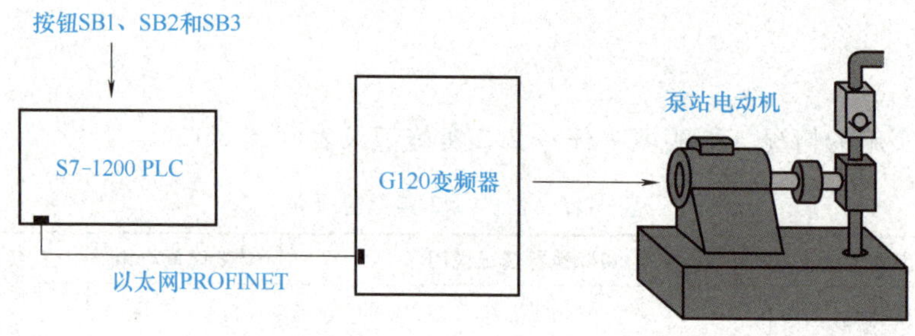

图 2-64 任务 2.3 控制示意图

任务要求如下：

1）将 PLC 和变频器完成 PROFINET 连接，并设置通信方式为标准报文 1。

2）PLC 外接 3 个按钮，通过 SB1 起动泵站电动机、SB2 停止泵站电动机、SB3 复位变频器故障。

3）泵站电动机运行时，变频器按照 10s 周期依次输出 550r/min、850r/min 和 1050r/min。

知识准备

2.3.1 变频器 PROFINET 通信报文结构

G120 变频器具有强大的 PROFINET 通信功能，能和多个控制器之间进行 PROFINET 通信，使用户可以方便地监控变频器的运行状态并修改参数。如图 2-65 所示，将 G120 变频器接入 PROFINET 网络或通过以太网与变频器进行通信。

变频器从 PLC 控制器中接收循环数据，再将循环数据反馈给 PLC。变频器和 PLC 在报文中打包数据，具体报文结构如图 2-66 所示，该报文又称 PROFIdrive 报文。

PROFIdrive 报文具有以下结构：标题（Header）和尾标（Trailer）构成了协议框架；框架内存在 PKW 和 PZD 两个有效数据。借助 PKW 数据，变频器可以读取或更改变频器中的

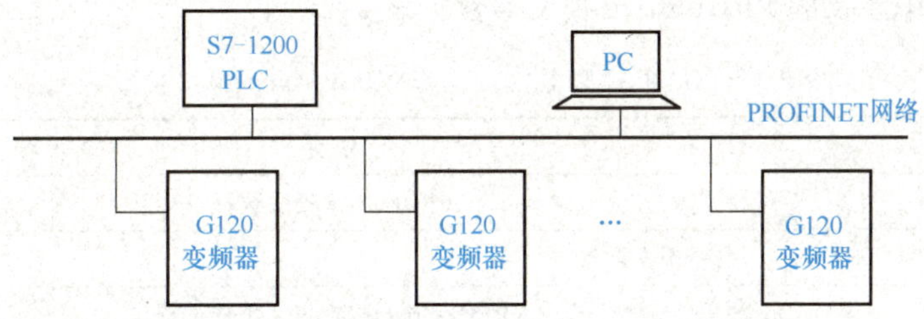

图 2-65　G120 变频器接入 PROFINET 网络

参数，但不是每个报文中都有 PKW 区域。变频器通过 PZD 数据接收控制指令和上级控制器的设定值或发送状态消息和实际值。G120 变频器通信的部分报文见表 2-14，这些报文均不含 PKW 数据，只有 PZD 数据（又称过程值）。

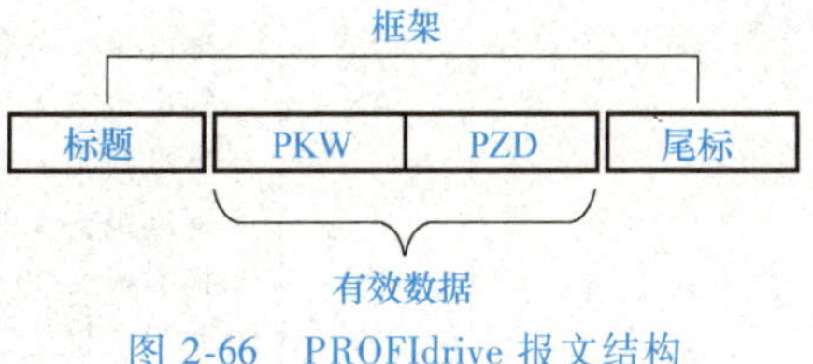

图 2-66　PROFIdrive 报文结构

表 2-14　G120 变频器通信的部分报文

<table>
<tr><th>报文编号</th><th colspan="2">1</th><th colspan="2">2</th><th colspan="2">3</th><th colspan="2">4</th><th colspan="2">7</th><th colspan="2">9</th><th colspan="2">20</th></tr>
<tr><td>过程值 1</td><td>控制字 1</td><td>状态字 1</td><td>控制字 1</td><td>状态字 1</td><td>控制字 1</td><td>状态字 1</td><td>控制字 1</td><td>状态字 1</td><td>控制字 1</td><td>状态字 1</td><td>控制字 1</td><td>状态字 1</td><td>控制字 1</td><td>状态字 1</td></tr>
<tr><td>过程值 2</td><td>转速设定值 16 位</td><td>转速实际值 16 位</td><td rowspan="2">转速设定值 32 位</td><td rowspan="2">转速实际值 32 位</td><td rowspan="2">转速设定值 32 位</td><td rowspan="2">转速实际值 32 位</td><td rowspan="2">转速设定值 32 位</td><td rowspan="2">转速实际值 32 位</td><td>选择程序段</td><td>EPOS 选择的程序段</td><td>选择程序段</td><td>EEPS 选择的程序段</td><td>转速设定值 16 位</td><td>经过平滑的转速实际值 A（16 位）</td></tr>
<tr><td>过程值 3</td><td></td><td></td><td></td><td></td><td>控制字 2</td><td>状态字 2</td><td></td><td>经过平滑的输出电流</td></tr>
<tr><td>过程值 4</td><td></td><td></td><td>控制字 2</td><td>状态字 2</td><td>控制字 2</td><td>状态字 2</td><td>控制字 2</td><td>状态字 2</td><td></td><td></td><td>MDI 目标位置</td><td></td><td></td><td>经过平滑的转矩实际值</td></tr>
<tr><td>过程值 5</td><td></td><td></td><td></td><td></td><td>编码器 1 控制字</td><td>编码器 1 状态字</td><td>编码器 1 控制字</td><td>编码器 1 状态字</td><td></td><td></td><td>MDI 速度</td><td></td><td></td><td>有功功率实际值</td></tr>
<tr><td>过程值 6</td><td></td><td></td><td></td><td></td><td></td><td rowspan="2">编码器 1 位置实际值 1 32 位</td><td>编码器 2 控制字</td><td rowspan="2">编码器 1 位置实际值 1 32 位</td><td></td><td></td><td>MDI 加速度</td><td></td><td></td><td></td></tr>
<tr><td>过程值 7</td><td></td><td></td><td></td><td></td><td></td><td></td><td></td><td></td><td>MDI 减速度</td><td></td><td></td><td></td></tr>
<tr><td>过程值 8</td><td></td><td></td><td></td><td></td><td></td><td rowspan="2">编码器 1 位置实际值 2 32 位</td><td></td><td rowspan="2">编码器 1 位置实际值 32 位</td><td></td><td></td><td>MDI 模式选择</td><td></td><td></td><td></td></tr>
<tr><td>过程值 9</td><td></td><td></td><td></td><td></td><td></td><td></td><td></td><td></td><td></td><td></td><td></td><td></td></tr>
<tr><td>过程值 10</td><td></td><td></td><td></td><td></td><td></td><td></td><td></td><td>编码器 2 状态字</td><td></td><td></td><td></td><td></td><td></td><td></td></tr>
<tr><td>过程值 11</td><td></td><td></td><td></td><td></td><td></td><td></td><td></td><td rowspan="2">编码器 2 位置实际值 1 32 位</td><td></td><td></td><td></td><td></td><td></td><td></td></tr>
<tr><td>过程值 12</td><td></td><td></td><td></td><td></td><td></td><td></td><td></td><td></td><td></td><td></td><td></td><td></td><td></td></tr>
<tr><td>过程值 13</td><td></td><td></td><td></td><td></td><td></td><td></td><td></td><td rowspan="2">编码器 2 位置实际值 2 32 位</td><td></td><td></td><td></td><td></td><td></td><td></td></tr>
<tr><td>过程值 14</td><td></td><td></td><td></td><td></td><td></td><td></td><td></td><td></td><td></td><td></td><td></td><td></td><td></td></tr>
</table>

G120 变频器中涉及的 PROFIdrive 报文参数见表 2-15。

表 2-15　G120 变频器中涉及的 PROFIdrive 报文参数

参数	说明	
p0922	PROFIdrive 报文选择	
	999	自由报文配置
p2079	PROFIdrive PZD 报文扩展选择	
	如果没有激活变频器中的基本定位器功能，则采用以下值：	
	1	标准报文 1，PZD-2/2
	2	标准报文 2，PZD-4/4
	3	标准报文 3，PZD-5/9
	4	标准报文 4，PZD-6/14
	20	标准报文 20，PZD-2/6
	350	西门子报文 350，PZD-4/4
	352	西门子报文 352，PZD-6/6
	353	西门子报文 353，PZD-2/2，PKW-4/4
	354	西门子报文 354，PZD-6/6，PKW-4/4
	999	自由报文配置
	如果已经激活了变频器中的基本定位器功能，则采用以下值：	
	7	标准报文 7，PZD-2/2
	9	标准报文 9，PZD-10/5
	110	西门子报文 110，PZD-12/7
	111	西门子报文 111，PZD-12/12
	999	自由报文配置
r2050[0...11]	PROFIdrive PZD 接收字 接收的 PZD（设定值），字格式	
p2051[0...16]	PROFIdrive PZD 发送字 发送的 PZD（实际值），字格式	

2.3.2 变频器通信控制字和状态字格式

本任务可以采用标准报文 1 实现 PLC 对变频器的 PROFINET 控制，控制字含义与参数设置见表 2-16，状态字含义与参数设置见表 2-17。

表 2-16　控制字含义与参数设置

控制字位	含　义	参数设置
0	ON/OFF1	P840 = r2090.0
1	OFF2 停车	P844 = r2090.1
2	OFF3 停车	P848 = r2090.2
3	脉冲使能	P852 = r2090.3
4	使能斜坡函数发生器	P1140 = r2090.4
5	继续斜坡函数发生器	P1141 = r2090.5
6	使能转速设定值	P1142 = r2090.6
7	故障应答	P2103 = r2090.7

（续）

控制字位	含　义	参数设置
8,9	预留	
10	通过 PLC 控制	P854 = r2090. 10
11	反向	P1113 = r2090. 11
12	未使用	
13	电动电位计升速	P1035 = r2090. 13
14	电动电位计降速	P1036 = r2090. 14
15	CDS 位 0	P0810 = r2090. 15

表 2-17　状态字含义与参数设置

状态字位	含　义	参数设置
0	接通就绪	r899. 0
1	运行就绪	r899. 1
2	运行使能	r899. 2
3	故障	r2139. 3
4	OFF2 激活	r899. 4
5	OFF3 激活	r899. 5
6	禁止合闸	r899. 6
7	报警	r2139. 7
8	转速差在公差范围内	r2197. 7
9	控制请求	r899. 9
10	达到或超出比较速度	r2199. 1
11	I、P、M 比较	r1407. 7
12	打开抱闸装置	r899. 12
13	报警电动机过热	r2135. 14
14	正、反转	r2197. 3
15	CDS	r836. 0

根据表 2-16、表 2-17，可以得出如下常用控制字：16#047E 表示停止就绪，16#047F 表示起动，16#0C7F 表示正转，16#04FE 表示故障复位等。

任务实施

2. 3. 3　电气接线

如图 2-67 所示为任务 2. 3 的 PLC 控制电气接线，采用网线接入 CPU1215C 的 X1 P1R（或 X1 P2R）与 X150 P1（或 X150 P2）就能省去 PLC 与变频器之间的所有控制线。

2. 3. 4　通过 Startdrive 进行 G120 变频器报文配置

11. 通过 Startdrive 进行 G120 变频器报文配置

1. 报文设置

按任务 2. 1 的步骤完成 G120 变频器的安装、接线、上电后，进入 Startdrive 调试向导。其中，在“设定值指定”窗口中需要选择 PLC 与驱动数据交

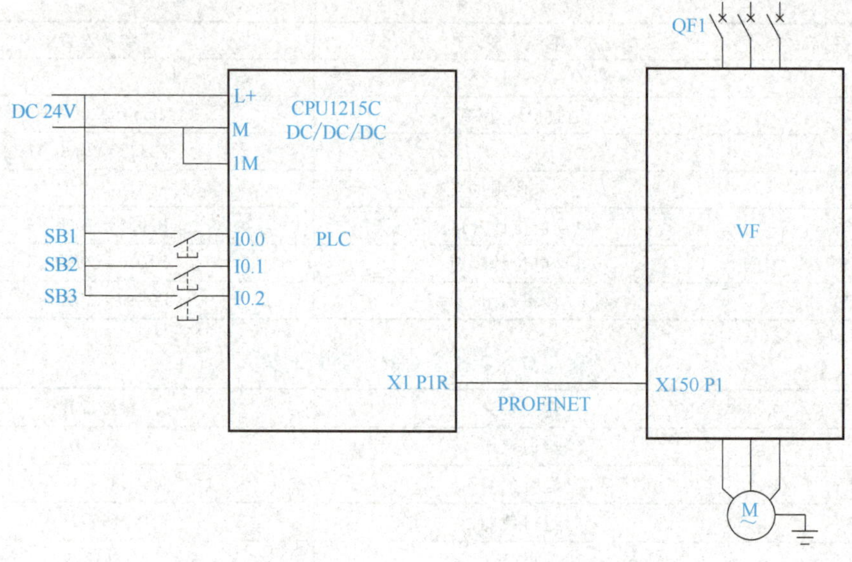

图 2-67 PLC 控制电气接线

换，如图 2-68 所示。

在如图 2-69 所示“设定值/指令源的默认值”窗口中选择 I/O 的默认配置为“[7] 场总线，带有数据组转换”，报文配置为“[1] 标准报文 1，PZD-2/2”。

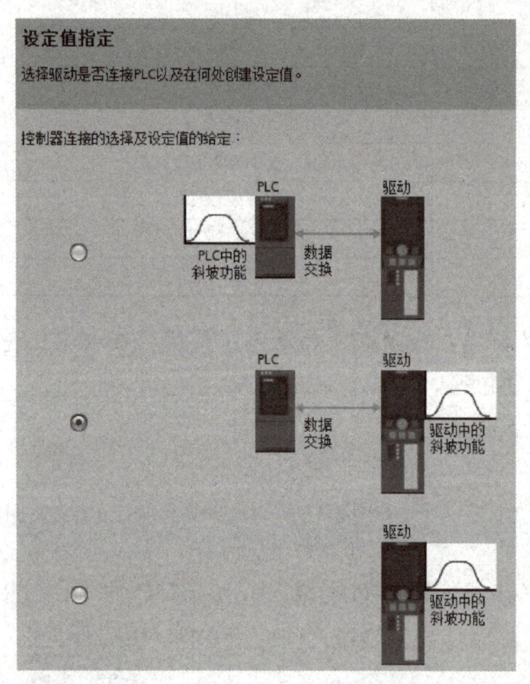

图 2-68 选择 PLC 与驱动数据交换

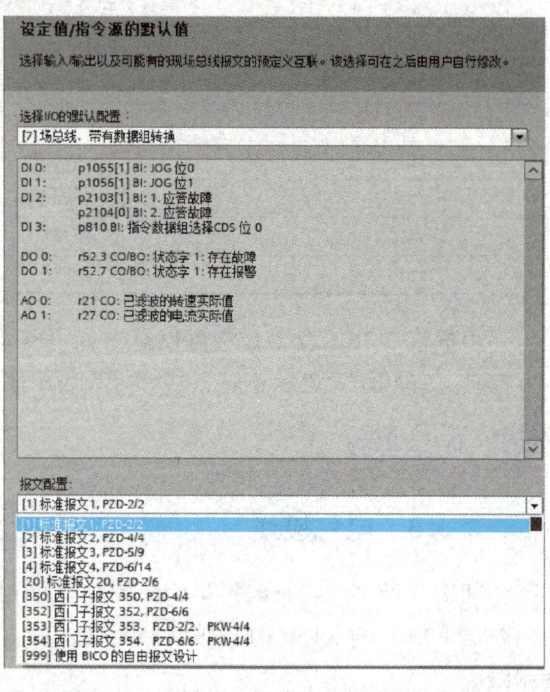

图 2-69 选择 I/O 的默认配置及报文配置

如图 2-70 所示为总结，显示已经完成的报文配置为标准报文 1。完成上述步骤后，按任务 2.1 进行电动机调试。

2. 设置通信伙伴

在博途软件中添加 PLC，并按照如图 2-71 所示步骤进行设备 PN 联网，包括 PLC_1

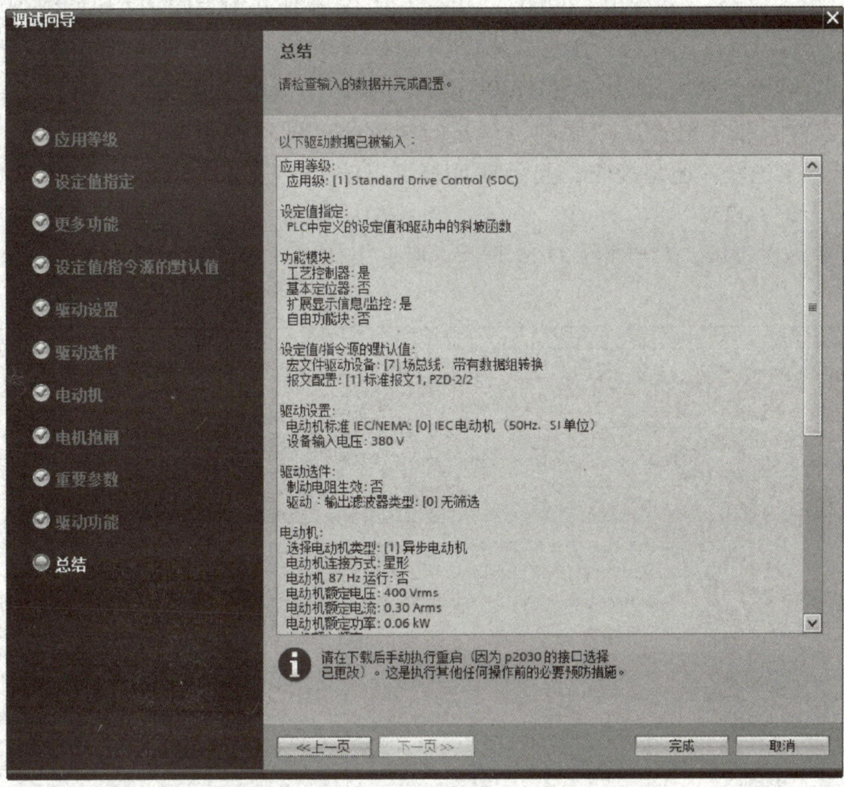

图 2-70　总结

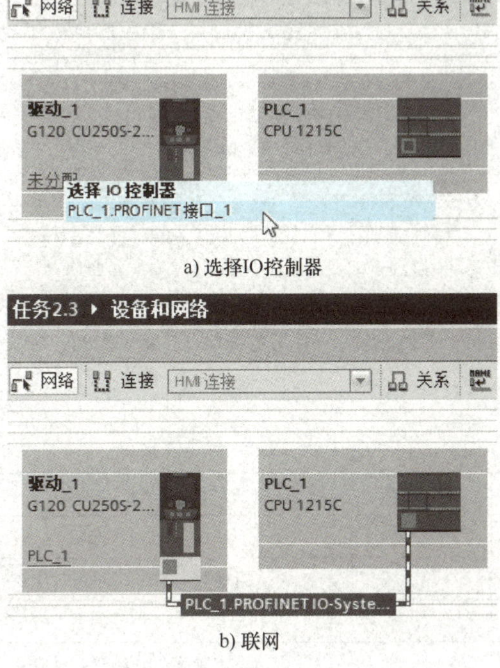

a) 选择IO控制器

b) 联网

图 2-71　变频器与 PLC 设备进行 PN 联网

（CPU 1215C）和驱动_1（G120 CU250S-2 PN），其 IP 地址必须为同一频段内。

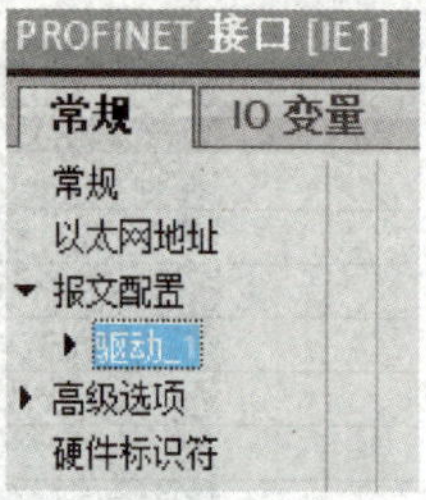

如图 2-72 所示，单击驱动_1（G120 CU250S-2 PN），在“常规”选项卡中，选择“报文配置”→“驱动_1”进行详细报文配置设置，如图 2-73 所示。无论发送还是接收，起始地址都可以改变，这里选择默认值“I256”和“Q256”。

图 2-72 G120 变频器报文配置

选择标准报文 1 后，对应的 I/O 地址含义见表 2-18。

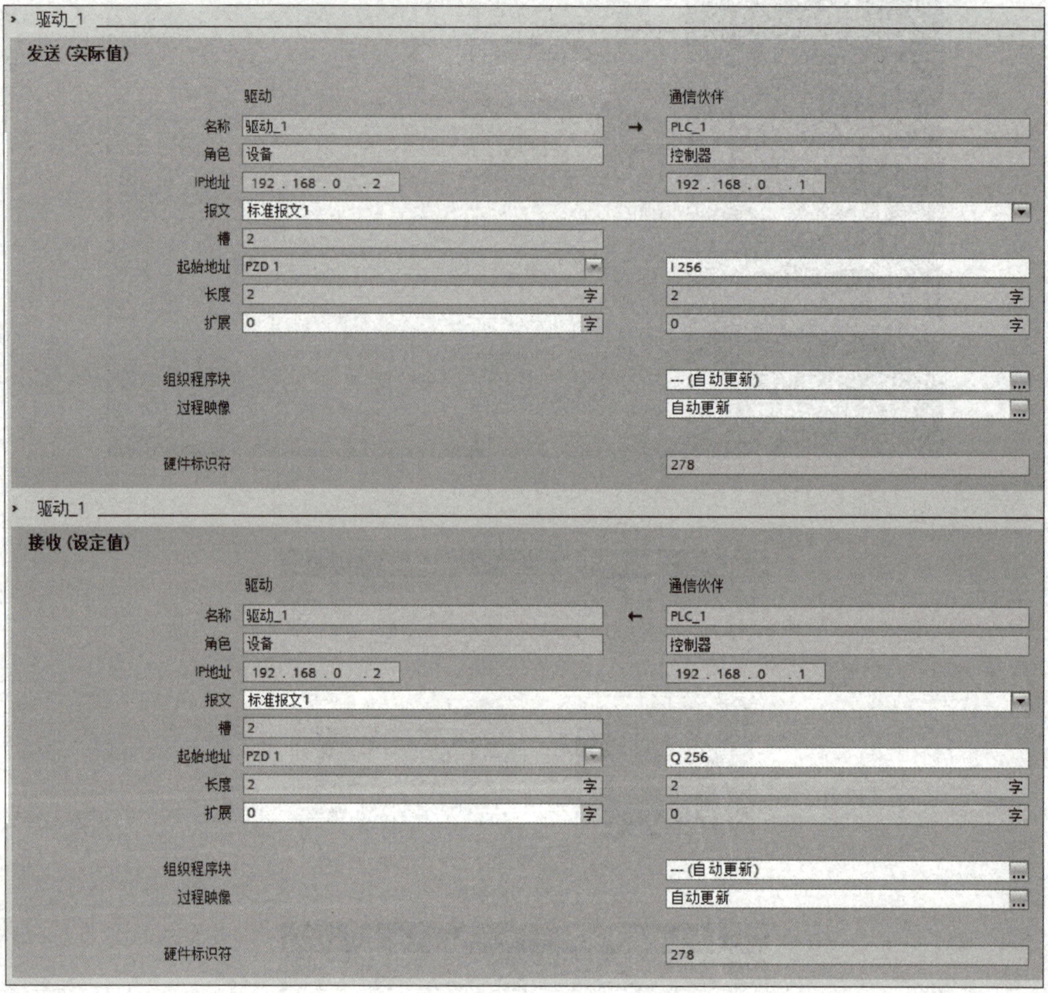

图 2-73 发送与接收报文配置

表 2-18 I/O 地址含义

地址	含　义
IW256	状态字
IW258	当前频率（0～16384，对应 0～50Hz）
QW256	控制字
QW258	设定频率（0～16384，对应 0～50Hz）

2.3.5　PLC 通信控制变频器编程

1. 变量定义

任务 2.3 的变量定义见表 2-19。

表 2-19　任务 2.3 的变量定义

变量名	备　注
I0.0	SB1 启动按钮
I0.1	SB2 停止按钮
I0.2	SB3 复位按钮
QW64	AQ0 模拟量输出 0
QW256	驱动控制字（PLC→G120 变频器）
QW258	驱动速度值（PLC→G120 变频器）
M10.0	循环变量
M10.1	起动控制
M10.2	复位按钮上升沿
MB11	速度选择变量
M11.0	速度选择位 0
M11.1	速度选择位 1
MD20	定时时间（Time 变量）
MD24	速度转换中间变量（Real 变量）

2. 主程序编程

如图 2-74 所示为 PLC 梯形图程序，具体分析如下：

程序段 1：电动机起停控制。

程序段 2：定时控制。通过 TONR 指令实现 30s 的周期。

程序段 3：电动机运行时，按时间控制速度输出，包括 550r/min、850r/min 和 1050r/min。这里采用 NORM_X 和 SCALE_X 进行速度转换，与任务 2.2 的区别在于 SCALE_X 的 MAX 值从 16#6C00（即 27648）变成了 16#4000（即 16384），这一点需要引起注意。同时，将对应的信号输出到 QW256 和 QW258。

程序段 4：电动机停止时，输出信号到 QW256 和 QW258。

程序段 5：复位变频器。当 PROFINET 断开或由其他原因引起故障（如图 2-75 所示 8501 代码故障）时，都需要进行故障复位。

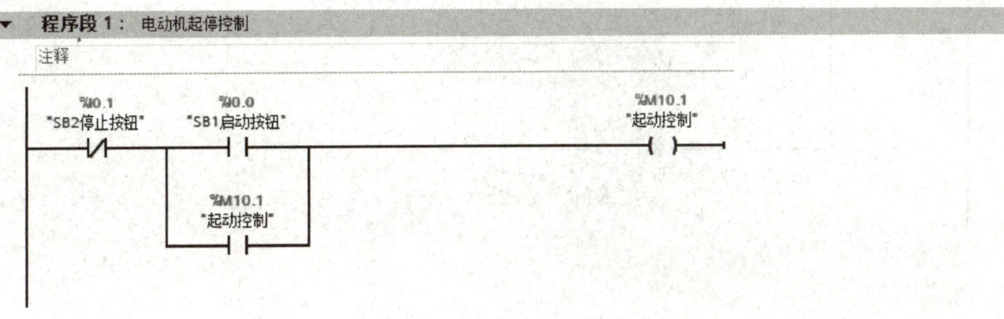

图 2-74　PLC 梯形图程序

▼ **程序段 2：** 定时控制

注释

%DB1
"IEC_Timer_0_DB"
%M10.1
"起动控制"
TONR
Time
IN
Q
%M10.0
"循环变量"
%M10.0
"循环变量" — R
ET — %MD20 "定时时间"
T#30s — PT

▼ **程序段 3：** 电动机运行时，按时间控制速度输出（如550r/min、850r/min和1050r/min）

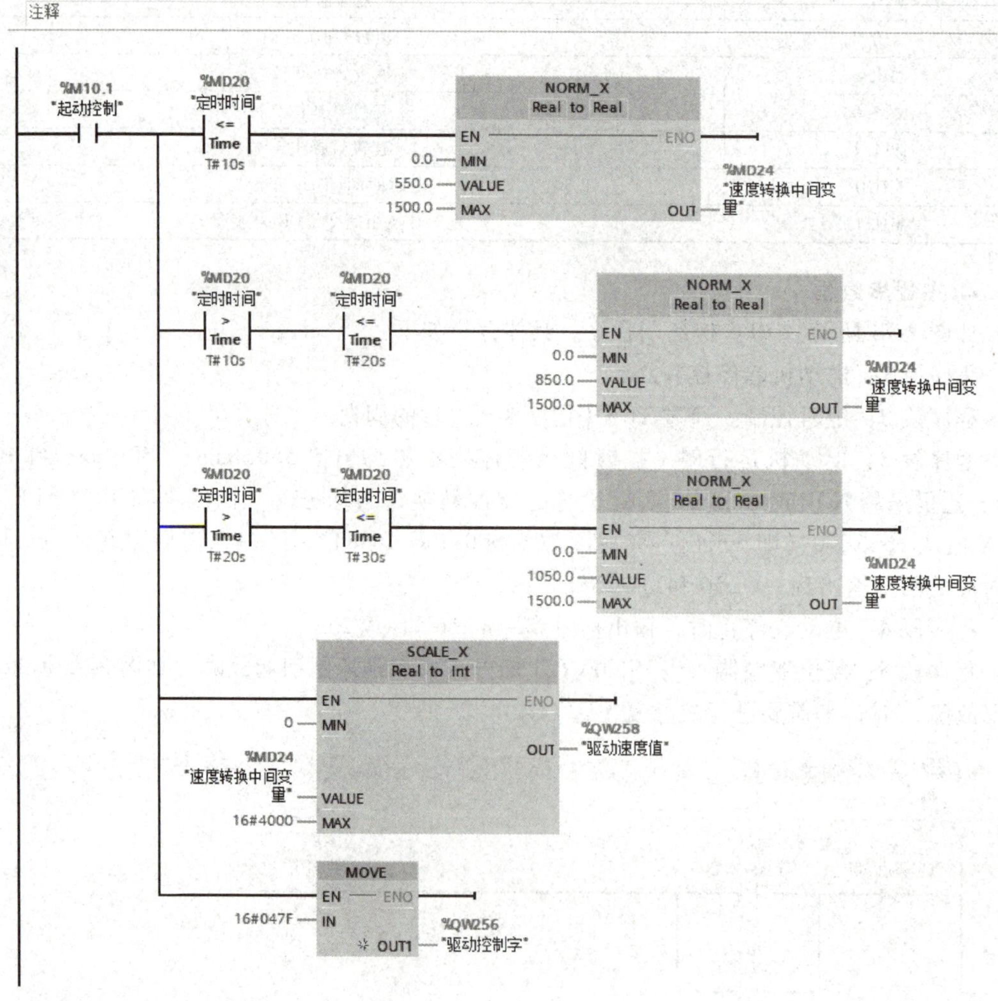

图 2-74 PLC 梯形图程序（续）

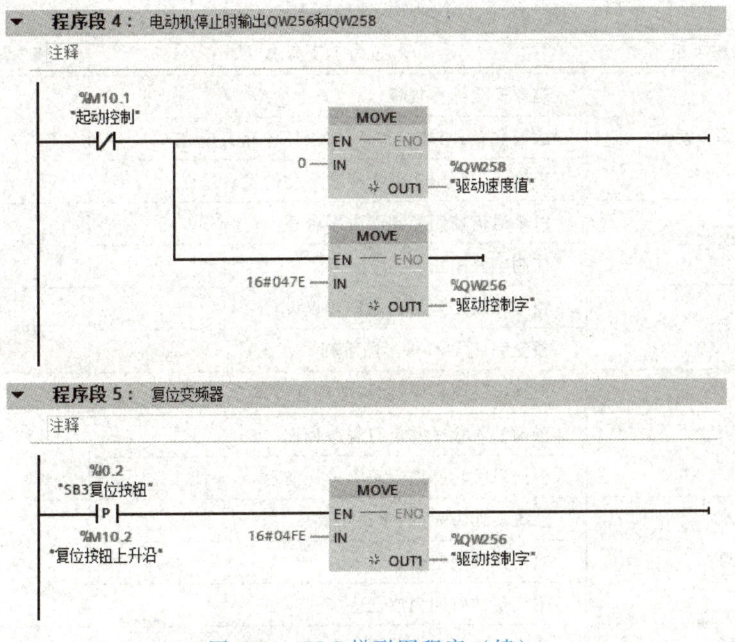

图 2-74　PLC 梯形图程序（续）

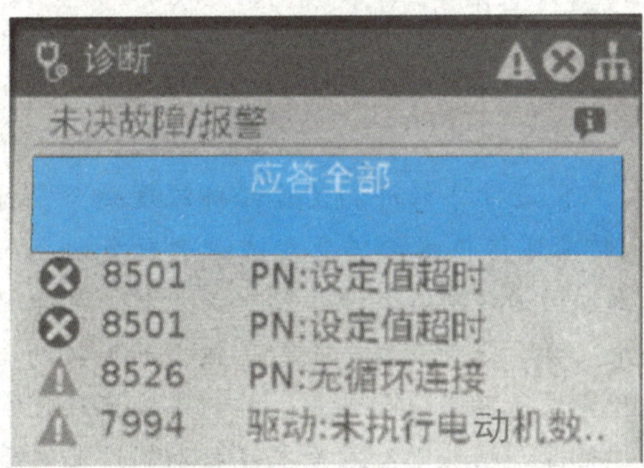

图 2-75　故障报警

任务记录

根据任务实施的情况，如实填写任务 2.3 实施记录表（表 2-20）。

表 2-20　任务 2.3 实施记录表

任务实施步骤	实际执行情况说明	计划时间/min	实际时间/min
电气接线			
通过 Startdrive 进行 G120 变频器报文配置			
PLC 通信控制变频器编程			

任务评价

按要求完成考核任务 2.3，评分标准见表 2-21，具体配分可以根据实际考评情况进行调整。

表 2-21 评分标准

序号	考核项目	考核内容及要求	配分	得分
1	职业道德与素养	遵守安全操作规程，设置安全措施	15%	
		认真负责，团结合作，对实操任务充满热情		
		正确认识我国工业控制数字化的发展过程		
2	系统方案制定	PLC 通信控制变频器方案合理	15%	
		控制电路图正确		
3	编程能力	独立完成变频器的通信协议设置	20%	
		独立完成 PLC 梯形图编程		
4	操作能力	根据电气图正确接线，美观且可靠	15%	
		正确输入程序并进行程序调试		
		根据系统功能进行正确操作演示		
5	实践效果	系统工作可靠，满足工作要求	25%	
		通信报文规范设置		
		按规定的时间完成任务		
6	创新实践	在本任务中有另辟蹊径、独树一帜的实践内容	10%	
合计			100%	

拓展阅读

党的二十大报告提出，“促进数字经济和实体经济深度融合，打造具有国际竞争力的数字产业集群。”作为新一代信息通信技术与工业经济深度融合的全新工业生态、关键基础设施和新型应用模式，工业互联网通过对人、机、物全面连接，变革传统制造模式、生产组织方式和产业形态，构建起全要素、全产业链、全价值链全面连接的新型工业生产制造和服务体系，对于推动制造业高质量发展有着重要作用。作为工业互联网应用赋能的主要渗透产业之一，工业互联网从企业、行业、区域三个层面深度推动制造业高质量发展。

1）企业层面，工业互联网持续促进制造业企业生产率提高，降低生产经营成本，不断推动生产、流通和组织管理方式的调整和优化，为企业转型升级提供新路径。一方面，工业互联网能够帮助企业提升运行效率，减少用工量，化解综合成本上升的挑战。基于工业互联网平台采集的海量生产现场数据，“模型+深度数据分析”模式在制造工艺、生产流程、质量管理、设备维护、能耗管理等场景获得大量应用，并取得显著的经济效益。

2）行业层面，工业互联网通过广泛应用云计算、物联网、大数据、人工智能等新一代信息技术，一批基于平台的新模式、新业态不断涌现，提升了整个行业的资源配置效率。工业互联网可以实现跨行业、跨区域的数据汇聚和共享，推动不同企业之间协同研发、网络化制造，以此有效降低了资源获取成本，大幅拓展了资源利用范围，打破了企业边界，促进了产业整体竞争力提升。

3）区域层面，工业互联网同工业园区转型升级紧密结合，对区域内制造业企业进行数字化升级改造，在更高层面实现各类生产要素的组合集聚，实现区域协同发展。通过引入工业互联网，充分发挥其在市场资源、技术资源连接和配置等方面的优势，建立更广泛密切的合作关系，促进产业、技术、人才、资金、数据等网络化、虚拟化和跨物理空间的广泛聚集，在更高层面实现各类生产要素的高水平组合，实现产业链、供应链的高水平协同，发挥“示范园区”“示范工厂”的引领和示范作用。

思考与练习

2.1　判断以下表述是否正确。正确打√，错误打×。

1）当电动机的电动势值较高时，可以忽略定子电阻和漏磁感抗压降。（　　）

2）变频器的频率 f_1 从额定值 f_{1N} 向下调节时，需要保持 E_g 不变。（　　）

3）变频调速系统中，有两种机械特性，即电动机的机械特性和机械设备的机械特性。（　　）

4）搅拌机是平方降转矩负载。（　　）

5）所有的风机和水泵都是平方降转矩负载。（　　）

6）变频器应用在冲击负载时，即使是瞬时的大负载，也不用选配功率高一档的变频器。（　　）

7）G120变频器的PROFINET通信应该接入X100的DRIVE-CLiQ接口。（　　）

8）Startdrive集成工程工具具有默认参数、显示扩展参数和显示服务参数选项。（　　）

9）G120变频器不可以设置禁止旋转方向。（　　）

10）在报文1中，G120变频器接收到16#047E信号表示正转起动。（　　）

2.2　如图2-76所示为搅拌机工艺示意图，现需要对原工频带动的搅拌机进行变频改造，已知电动机为5.5kW、6极、额定电流12.6A、转速960r/min、效率85.3%、功率因数0.78，选择合理的G120变频器，并使用Startdrive集成工程工具对变频器进行参数设置后完成以下调试：

1）电动机参数测量。

2）点动测试。

3）恢复变频器出厂设置。

4）修改p15参数。

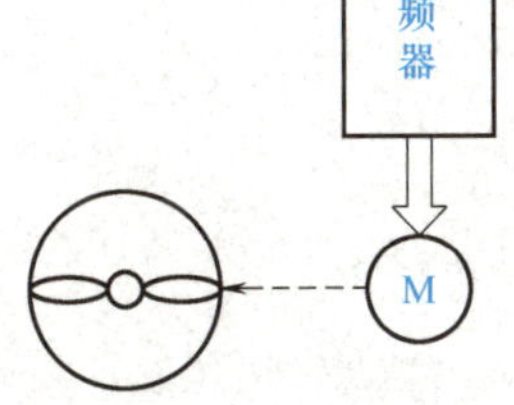

图2-76　题2.2搅拌机变频节能改造示意图

2.3　某公司有5台设备共用一台主电动机为1.5kW的吸尘风机，用来吸取电锯工作时产生的锯屑。不同设备对风量的需求区别不是很大，但设备运转时电锯并非一直工作，而是根据不同的工序投入运行。原方案是采用电位器调节风量，如果哪一台设备的电锯要工作，就按下按钮打开相应的风口，然后根据效果调节电位器以得到适当的风量。但工人在操作过程中经常忘记操作，甚至直接将变频器的输出调节到50Hz，造成资源浪费和设备损耗。现需要对该设备进行S7-1200 PLC改造，根据各个机台电锯工作的信息对投入工作的电锯台数进行判断后控制变频器的多段速端子，实现五段速控制，具体见表2-22。设计PLC控制变频器的电气接线，并进行PLC编程和Startdrive参数设置。

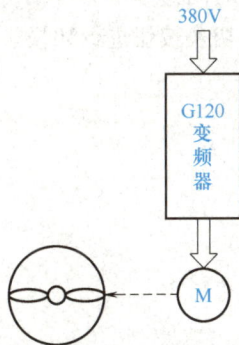

表2-22　五段速要求

运行电锯台数	对应变频器输出频率/Hz	运行电锯台数	对应变频器输出频率/Hz
1	25	4	46
2	34	5	50
3	41		

2.4　当 S7-1200PLC 和变频器采用 PROFINET 通信控制时，如果通信失败，该如何查找故障点？

2.5　某洗衣机控制系统采用如图 2-77 所示 PLC 控制变频器通信电气接线，编程完成以下内容：

1）通过按钮来启停洗衣机。

2）当洗衣机开始运行后，先正转 35Hz，待 30s 后，停机 5s；再反转运行 20Hz，待 30s 后，停机 5s；反复按照这个循环完成 5 次后自动停机。

3）在任何时候按下停止按钮，洗衣机都会停止运行，并清除之前的洗衣流程。

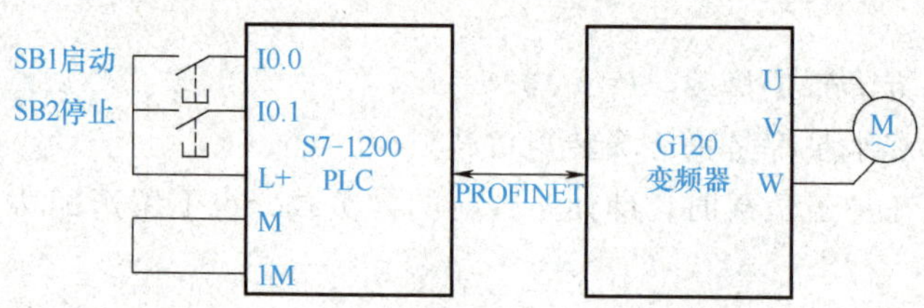

图 2-77　题 2.5 PLC 控制变频器通信电气接线

2.6　根据图 2-78a 接线完成某电动机速度控制系统的 PLC 编程，具体如下：

1）通过启停按钮来起停电动机。

2）电动机的运行频率如图 2-78b 所示，分别运行在 20Hz、35Hz 和 50Hz，其中频率切换的时间点分别为 $t_1 \sim t_5$，该时间点需要在 PLC 的 DB 块中进行设置，共有 2 套时间，可以用时间切换按钮进行切换。

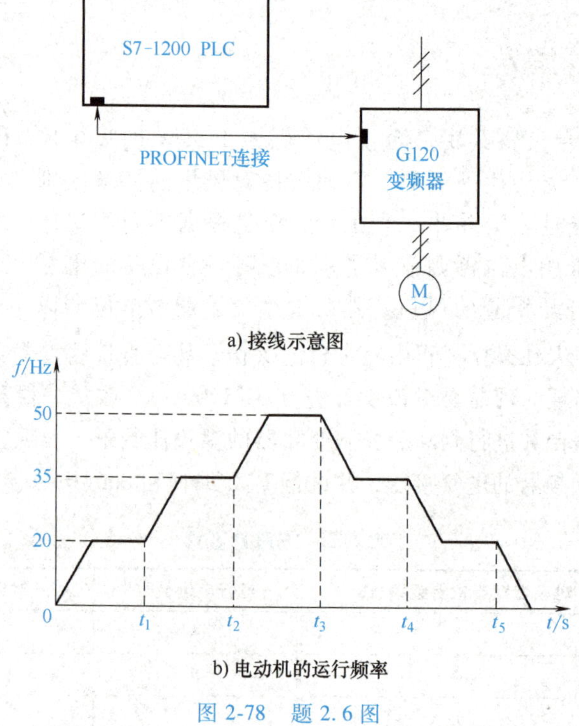

图 2-78　题 2.6 图

项目 3　步进电动机的 PLC 控制

项目导读

步进是指控制输出的机械位移（或转角）准确地按照设定值进行运行，在工业、军事、医疗、汽车领域，如果需要把某件物体从一个位置移动到另一个位置，常常用到步进电动机。它是伴随着数控技术、机器人技术和工厂自动化技术的发展而来的，在工业中的典型应用就是印刷贴标机、雕刻机、堆垛机等需要精确定位的场合。本项目阐述了步进电动机及其控制基础，以及轴工艺对象的配置，以实现回零、速度控制、相对移动或绝对移动等命令。

知识目标：

了解步进控制的原理以及基本构成、接线方式。

掌握步进驱动器与步进电动机的接线方式。

掌握博途环境下运动轴工艺对象的配置含义。

能力目标：

会根据控制要求，并结合设备手册，使用软件正确测试步进电动机运行。

会根据控制要求，进行步进电动机的电气接线与编程。

能设计包含触摸屏、PLC 和步进电动机在内的运动控制系统。

素养目标：

培养认识新事物的能力，勇于尝试用新技术解决工艺问题。

在增强学习的主动性和紧迫感的同时，更要懂得由浅入深、循序渐进。

了解我国自主研发的空间机械臂，进一步增强民族自信心。

任务 3.1　步进电动机控制工作台定位

任务描述

如图 3-1 所示为步进电动机控制工作台实现定位，其中工作台安装在直线丝杠上，能左右滑行，步进电动机则由 S7-1200 PLC 和步进驱动器控制，根据以下要求进行电气连接并编程：

1）工作台定位装置设有左限位（限位开关 1）、原点（限位开关 2）、右限位（限位开关 3）。

2）操作盒设有 4 个选择开关和 4 个按钮，其中 SA1 为允许进行步进电动机控制（ON 为允许、OFF 为禁止）、SA2 为自动/手动选择开关（ON 为自动、OFF 为手动）、SA3 为位置选择开关 1、SA4 为位置选择开关 2。

3）在 SA2＝OFF 时，可以通过 SB1 进行左行点动运行或 SB2 进行右行点动运行，也可以通过 SB3 进行回零。

4）在 SA2＝ON 时，通过 SA3 和 SA4 的 4 个状态可以选择绝对位置 1～4 的距离分别是 −35mm、−7.5mm、12mm、46mm，此时按下按钮 SB1 可以自动进行绝对位置定位。

5）当步进控制系统故障时，可以按下 SB4 进行复位。

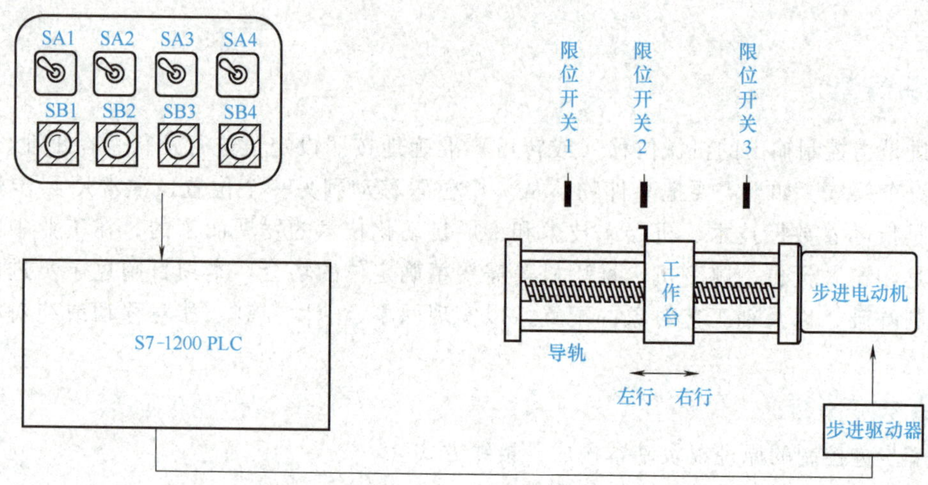

图 3-1 任务 3.1 控制示意图

12. 步进电动机的工作原理

3.1.1 步进电动机的工作原理

步进电动机是一种利用电脉冲来控制转子角度与转速的电动机，每输入一个控制电脉冲，电动机就会旋转一定的角度，因此步进电动机又称为脉冲电动机。步进电动机的转速与脉冲频率成正比，脉冲频率越高，单位时间内输入电动机的脉冲个数越多、转速越快，旋转角度越大。

如图 3-2 所示，每来一个电平脉冲，电动机就转动一个角度，最终带动机械移动一段距离。假设一个脉冲转动的角度为 0.72°，那么 10 个脉冲就是 7.2°，125 个脉冲就是 90°。

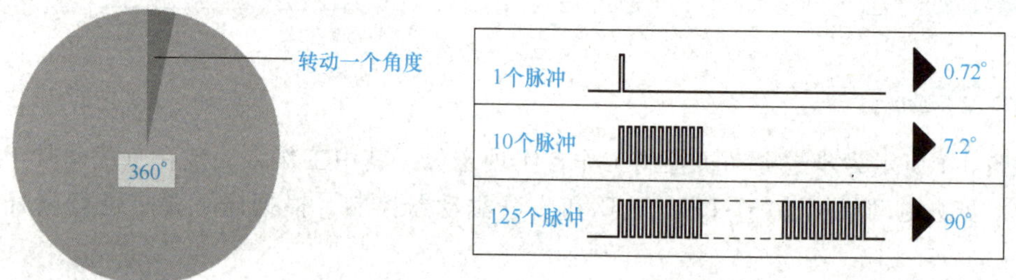

图 3-2 步进电动机的工作原理

由于步进电动机具有反应快、惯性小和速度快等优点，广泛应用在雕刻机、激光制版机、贴标机、激光切割机、喷绘机、数控机床、机械手等各种自动化设备和仪器中。

3.1.2 步进电动机的种类

步进电动机种类很多，根据运转方式可分为旋转式、直线式和平面式，其中旋转式应用最为广泛。旋转式步进电动机又分为反应式、永磁式、混合式 3 种。永磁式步进电动机的转子采用永久磁铁制成，反应式步进电动机的转子采用软磁性材料制成，混合式步进电动机则混合了永磁式和反应式的优点。

1. 三相六极反应式步进电动机

如图 3-3 所示为三相六极反应式步进电动机结构示意图，它主要由凸极式定子、定子绕组和带有 4 个齿的转子组成。

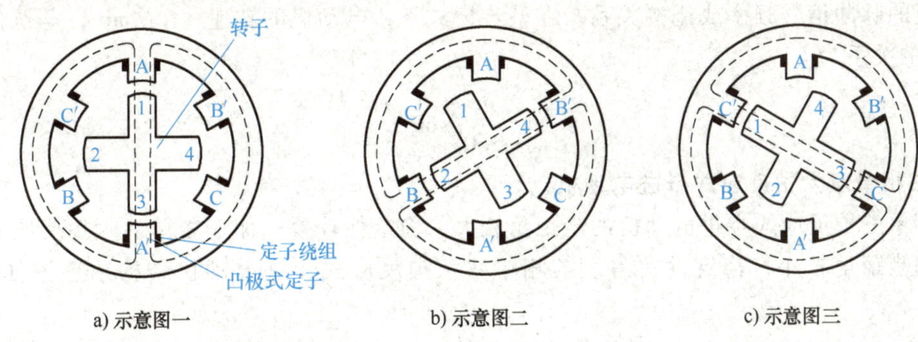

图 3-3 三相六极反应式步进电动机结构示意图

三相六极反应式步进电动机的工作原理分析如下。

1）当 A 相定子绕组通电时，如图 3-3a 所示，绕组产生磁场，由于磁场磁感线力通过磁阻最小的路径，在磁场的作用下，转子旋转使齿 1、3 分别正对 A、A′极。

2）当 B 相定子绕组通电时，如图 3-3b 所示，绕组产生磁场，在绕组磁场的作用下，转子旋转使齿 2、4 分别正对 B、B′极。

3）当 C 相定子绕组通电时，如图 3-3c 所示，绕组产生磁场，在绕组磁场的作用下，转子旋转使齿 3、1 分别正对 C、C′极。

从图 3-3 可以看出，当 A、B、C 相按 A—B—C 顺序依次通电时，转子逆时针旋转，并且转子齿 1 由正对 A 极运动到正对 C′；若按 A—C—B 顺序依次通电，转子则会顺时针旋转。当给某相定子绕组通电时，步进电动机会旋转一个角度；若按 A—C—B—A—B—C—···顺序依次不断给定子绕组通电，转子就会连续不断地旋转。

图 3-3 中的步进电动机为三相单三拍反应式步进电动机，其中“三相”是指定子绕组为 3 组，“单”是指每次只有一相绕组通电，“三拍”是指在一个通电循环周期内绕组有 3 次供电切换。

2. 步距角

步进电动机的定子绕组每切换一相电源，转子就会旋转一个固定角度，该角度称为步距角。图 3-3 中步进电动机定子圆周上平均分布着 6 个凸极，任意 2 个凸极之间的角度为 60°，转子每个齿由一个凸极移到相邻的凸极需要前进 2 步，因此该转子的步距角为 30°。

步进电动机的步距角 θ_s 的计算公式为

$$\theta_s = \frac{360^\circ}{ZN} \tag{3-1}$$

式中，Z 为转子的齿数；N 为一个通电循环周期的拍数。图 3-3 中步进电动机的转子齿数 $Z=4$，一个通电循环周期的拍数 $N=3$，则步距角 $\theta_s=30°$。因此，步进电动机的步距角表示控制系统每发送一个脉冲信号时电动机所转动的角度。

步进电动机的角位移量或线位移量与电脉冲数成正比，即步进电动机的转动距离正比于施加到驱动器上的脉冲数。步进电动机转动角度 θ（即电动机出力轴转动角度）和脉冲数 A 的关系可表示为

$$\theta=\theta_s A \tag{3-2}$$

3. 转速

控制脉冲频率，可控制步进电动机的转速，因为步进电动机的转速与施加到步进电动机驱动器上的脉冲信号频率成比例关系。在整步模式下，电动机的转速 n（r/min）与脉冲频率 f（Hz）的关系为

$$n=\frac{\theta_s}{360}f\times 60 \tag{3-3}$$

4. 三相单双六拍反应式步进电动机

三相单三拍反应式步进电动机的步距角较大，稳定性较差；而三相单双六拍反应式步进电动机的步距角较小，稳定性更好。三相单双六拍反应式步进电动机结构示意图如图 3-4 所示。

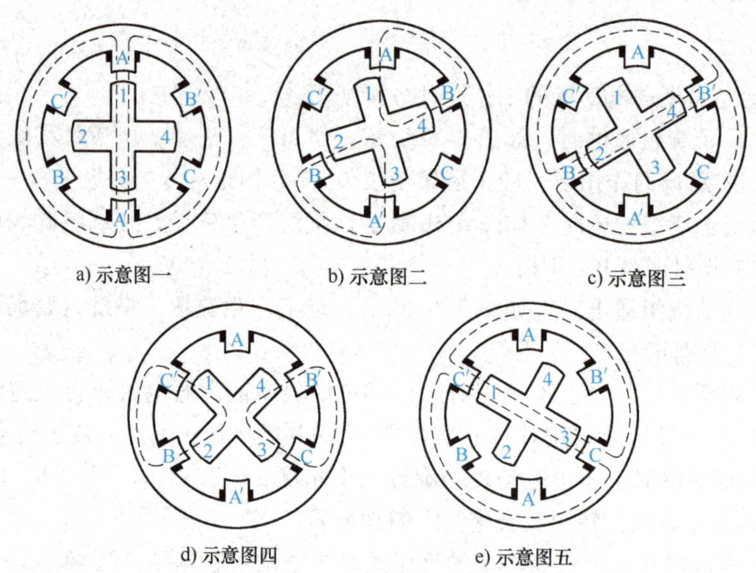

a) 示意图一　b) 示意图二　c) 示意图三

d) 示意图四　e) 示意图五

图 3-4　三相单双六拍反应式步进电动机结构示意图

三相单双六拍反应式步进电动机的工作原理分析如下。

1）当 A 相定子绕组通电时，如图 3-4a 所示，绕组产生磁场，由于磁场磁感线力通过磁阻最小的路径，在磁场的作用下，转子旋转使齿 1、3 分别正对 A、A′极。

2）当 A、B 相定子绕组同时通电时，绕组产生如图 3-4b 所示的磁场，在绕组磁场的作用下，转子旋转使齿 2、4 分别向 B、B′极靠近。

3）当 B 相定子绕组通电时，如图 3-4c 所示，绕组产生磁场，在绕组磁场的作用下，转子旋转使齿 2、4 分别正对 B、B′极。

4）当 B、C 相定子绕组同时通电时，如图 3-4d 所示，绕组产生磁场，在绕组磁场的作

用下，转子旋转使齿 3、1 分别向 C、C′极靠近。

5）当 C 相定子绕组通电时，如图 3-4e 所示，绕组产生磁场，在绕组磁场的作用下，转子旋转使齿 3、1 分别正对 C、C′极。

从图 3-4 可以看出，当 A、B、C 相按 A—AB—B—BC—C—CA—A···顺序依次通电时，转子逆时针旋转，每一个通电循环分 6 拍，其中 3 个单拍通电，3 个双拍通电，因此这种反应式三相单双六拍电动机称为三相单双六拍反应式步进电动机。

5. 四相步进电动机拍数

参考三相步进电动机，四相步进电动机最常见的逆时针通电方式有四相单四拍（A—B—C—D—A）、四相双四拍（AB—BC—CD—DA—AB）、四相单双八拍（A—AB—B—BC—C—CD—D—DA—A）。由此也可以看出，步进电动机的正、反转控制，实际上是通过改变通电顺序实现的。

3.1.3 步进电动机的结构

不管是三相单三拍步进电动机还是三相单双六拍步进电动机，它们的步距角都比较大，若用它们作为传动设备动力源往往不能满足精度要求。为了减小步距角，实际的步进电动机通常在定子凸极和转子上开很多小齿。三相步进电动机的结构示意图如图 3-5 所示。

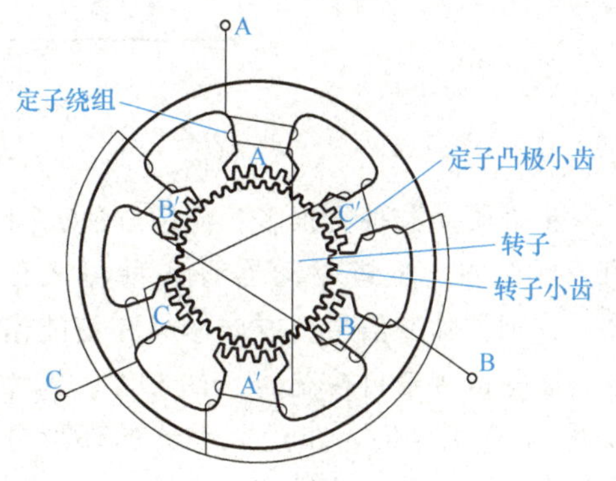

图 3-5 三相步进电动机结构示意图

步进电动机运行模式分为整步、半步、细分。以二相、转子齿为 50 齿的步进电动机为例，四拍运行时步距角为 $\theta_s = 360°/(50\times4) = 1.8°$，称为整步；八拍运行时步距角为 $\theta_s = 360°/(50\times8) = 0.9°$，称为半步。

为了将步距角变得更小，可以进行细分。对比图 3-6 可以看出某种规律：细分越多，电流矢量分割圆越来越密，因为细分驱动是将全部驱动时的各相电流以阶梯状 n 步逐渐增加，使吸引转子的力慢慢改变，每次转子在该力的平衡点静止，将步距角做 n 个细分，可使转子运转效果光滑。如图 3-6c 所示为 4 细分驱动的分割图。可以看出，这时每相电流的曲线较半步驱动时的电流曲线更加细腻，近似正弦波。

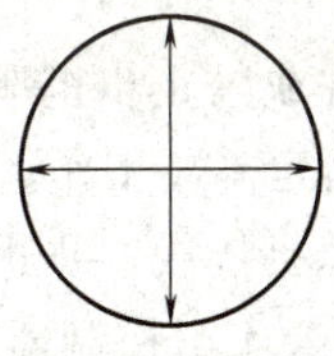

a) 整步驱动(1细分)

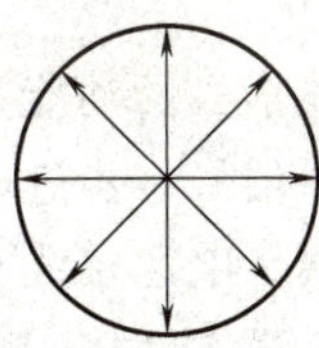

b) 半步驱动(2细分)

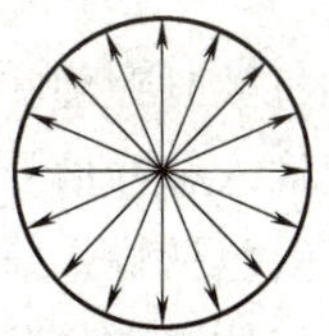

c) 细分驱动(4细分)

图 3-6 细分驱动

细分驱动方式是降低振动极为有效的方法，有以下要点需要注意：

1）细分驱动在低速运行时效果好，如果输入频率太快，对细分波形来说，由于不能得到希望的电流波形，会使电动机跟踪精度变差。

2）理论上细分数越多，降低振动的效果越明显，但实际超过 8 细分数后效果变化并不大。通过实际测试不同细分数的电流波形和电动机转动角，发现8细分与16细分以上不会有效果的差别。

3）细分的角度虽然能定位，但其精度不高，因此定位控制时，用细分的二相或一相导通方式来定位。

3.1.4 步进驱动器

步进电动机工作时需要提供脉冲信号，并且提供给定子绕组的脉冲信号要不断切换，这些需要专门的电路来完成。为了使用方便，通常将这些电路做成成品设备——步进驱动器。如图3-7所示，步进驱动器的功能就是在控制设备（如PLC或单片机）的控制指令下，通过步进驱动器的脉冲发生控制单元、功率驱动单元、反馈与保护单元为步进电动机提供工作所需的幅度足够的电信号。

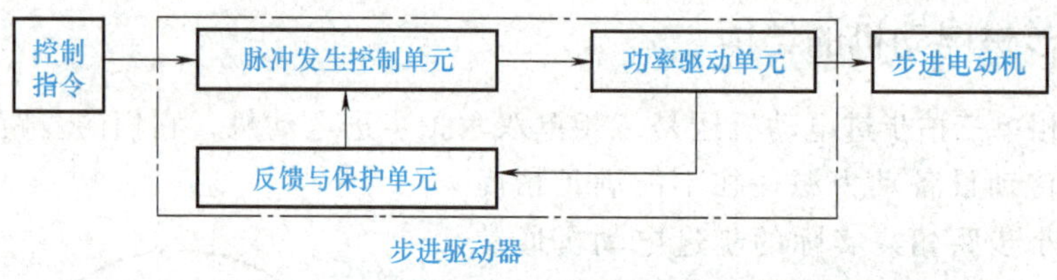

图3-7 步进驱动器的工作原理

步进驱动器种类很多，使用方法大同小异，下面主要以如图3-8所示通用步进驱动器为例进行说明。步进驱动器有3种输入信号，分别是脉冲信号、方向信号和使能信号，这些信号来自控制器（如PLC、单片机等）。在工作时，步进驱动器的环形分配器将输入的脉冲信号按一定规律分配给步进电动机驱动的各相输入端，再送到功率放大器进行功率放大，然后输出大幅度脉冲去驱动步进电动机；方向信号的功能是控制环形分配器分配脉冲的顺序，如先送A相脉冲再送B相脉冲步进电动机逆时针旋转，那么先送B相脉冲再送A相脉冲则会使步进电动机顺时针旋转；使能信号的功能是允许或禁止步进驱动器工作，当使能信号为禁止时，即使输入脉冲信号和方向信号，步进驱动器也不会工作。

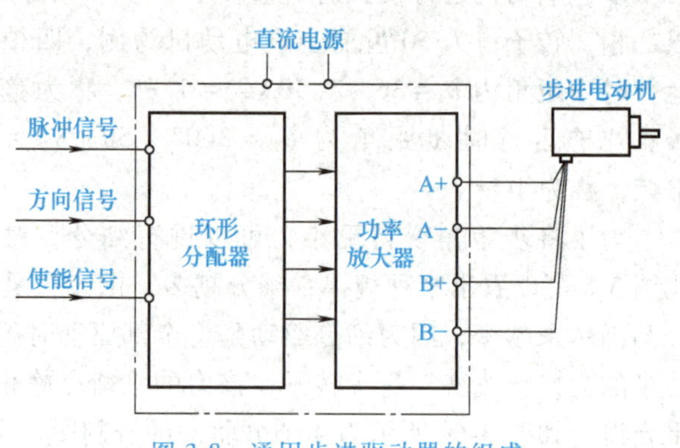

图3-8 通用步进驱动器的组成

步进驱动器的接线包括输入信号接线、电源接线和电动机接线。步进驱动器的典型接线如图3-9所示，图3-9a为某通用步进驱动器与NPN型晶体管输出控制器的接线，图3-9b为某通用步进驱动器与PNP型晶体管输出控制器的接线。

通用步进驱动器输入信号有6个接线端子，这6个接线端子分别是ENA+、ENA-、DIR+、DIR-、PUL+和PUL-。

ENA+、ENA-（ENA）端子：使能信号，用于使能和禁止。ENA+接5~24V（不同驱动器电源略有不同），ENA-接低电平时，驱动器切断电动机各相电流使电动机处于自由状态，此时步进脉冲不被响应。如不需要这项功能，悬空此信号输入端子即可。

DIR+、DIR-（DIR）端子：单脉冲控制方式时为方向信号，用于改变电动机的转向；双脉冲控制方式时为了保证电动机可靠响应，方向信号应先于脉冲信号至少 5μs 建立。

PUL+、PUL-（PUL）端子：单脉冲控制时为步进脉冲信号，脉冲上升沿有效；双脉冲控制时为正转脉冲信号，脉冲上升沿有效。脉冲信号的低电平时间应大于 3μs，以保证电动机可靠响应。

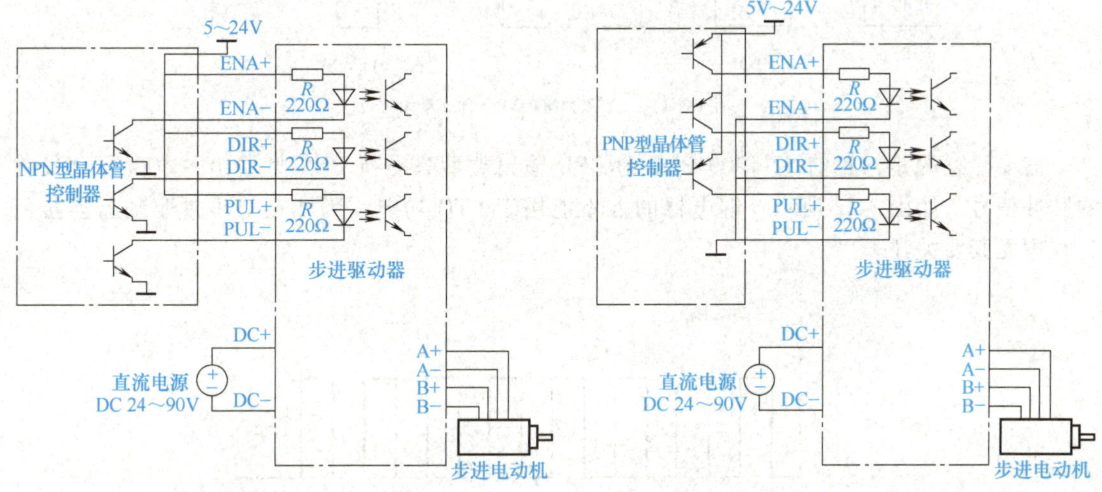

图 3-9　通用步进驱动器的典型接线

3.1.5　步进电动机定位控制应用

S7-1200 PLC 可以实现运动控制的基础在于集成了高速计数口、高速脉冲输出口等硬件和相应的软件功能。如图 3-10 所示为 S7-1200 PLC 的定位控制应用，即 CPU 输出脉冲（即脉冲串输出，Pulse Train Output，PTO）和方向到步进驱动器，驱动器再将从 CPU 输入的给定值进行处理后输出到步进电动机或伺服电动机，带动丝杠机构，控制电动机加速、减速和移动到指定位置；同时 PLC 也可以从 HSC 口获得位置实际脉冲信号，用于闭环控制或位置检测。

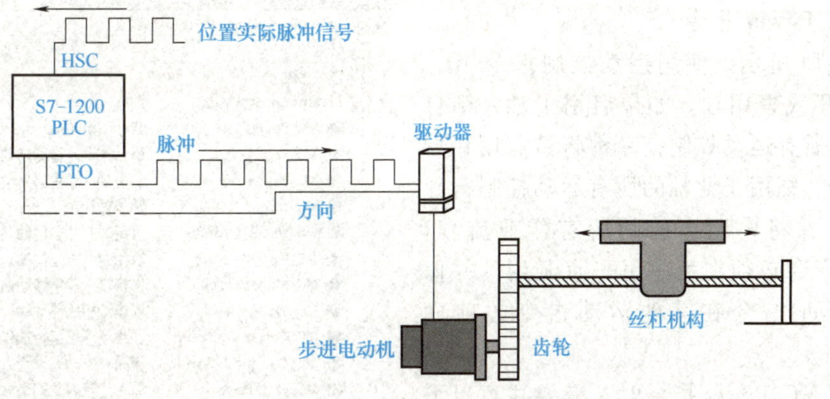

图 3-10　S7-1200 PLC 的定位控制应用

S7-1200 PLC 的高速脉冲输出包括脉冲串输出（PTO）和脉冲宽度调制输出（PWM），

前者可以输出一串脉冲（占空比 50%），用户可以控制脉冲的周期和个数，如图 3-11a 所示；后者可以输出连续的、占空比可以调制的脉冲串，用户可以控制脉冲的周期和宽度，如图 3-11b 所示。

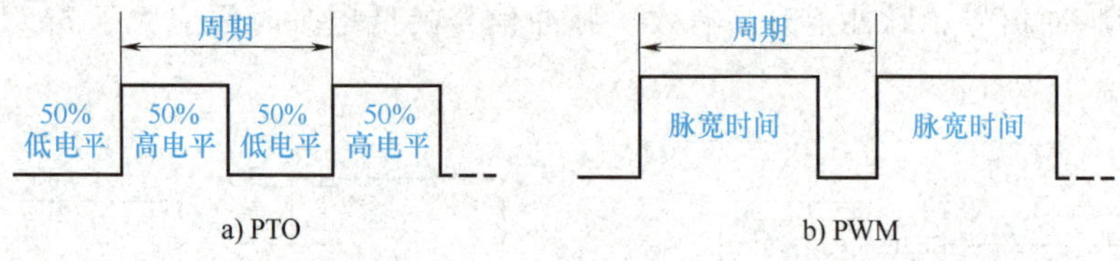

图 3-11　高速脉冲 PTO 和 PWM

需要注意的是，目前 S7-1200 PLC 的 CPU 输出类型只支持 PNP 型输出、电压为 DC24V 的脉冲信号，如图 3-12 所示，继电器的点不能用于 PTO 功能，因此在与步进驱动器连接的过程中尤其要关注。

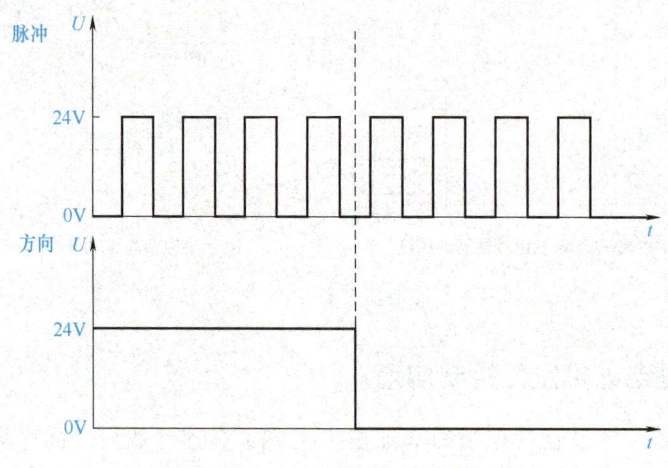

图 3-12　CPU 输出脉冲和方向

13. 运动控制相关的指令

3.1.6　运动控制相关的指令

西门子 S7-1200 PLC 支持步进控制，在工艺指令中可以获得如图 3-13 所示的一系列运动控制指令。

1. MC_Power 指令

如图 3-14 所示，使用运动控制指令 MC_Power 可启用或禁用轴。如果启用了轴，则分配给此轴的所有运动控制指令都将被启用；如果禁用了轴，则用于此轴的所有运动控制指令都将无效，并将中断当前的所有作业流程。MC_Power 指令必须在程序里一直调用，并保证 MC_Power 指令在其他运动指令的前面调用。

工艺

名称	描述	版本
计数		V1.1
PID 控制		
Motion Control		V6.0
MC_Power	启动/禁用轴	V6.0
MC_Reset	确认错误，重新启动...	V6.0
MC_Home	归位轴，设置起始位置	V6.0
MC_Halt	暂停轴	V6.0
MC_MoveAbsolute	以绝对方式定位轴	V6.0
MC_MoveRelative	以相对方式定位轴	V6.0
MC_MoveVelocity	以预定义速度移动轴	V6.0
MC_MoveJog	以点动模式移动轴	V6.0
MC_CommandTable	按移动顺序运行轴作业	V6.0
MC_ChangeDynamic	更改轴的动态设置	V6.0
MC_WriteParam	写入工艺对象的参数	V6.0
MC_ReadParam	读取工艺对象的参数	V6.0

图 3-13　运动控制指令

在使用 MC_Power 指令时，需要注意以下几点：

1）EN 引脚与 Enable 引脚不同，前者是

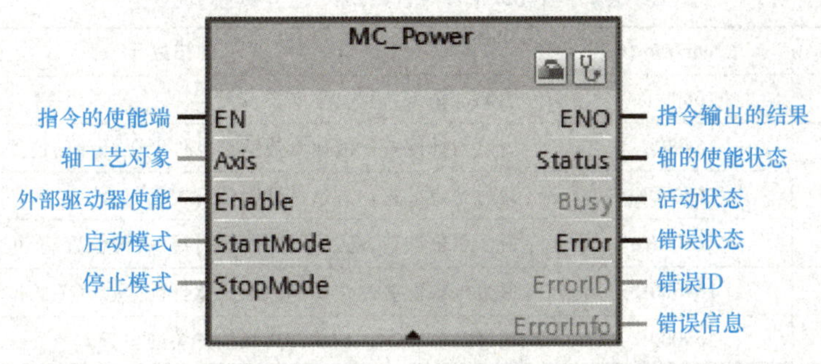

图 3-14　MC_Power 指令

指令的使能端，不是轴的使能端；后者是外部驱动器使能，即当 Enable 端变高电平后，PLC 就按照工艺对象中组态好的方式使能外部驱动器，而当 Enable 端变低电平后，PLC 就按照 StopMode 中定义的模式进行停车。

2）StartMode 是 Int 类型，0 为速度控制，1 为位置控制。

3）StopMode 也是 Int 类型，0 为紧急停止，按照紧急停止速度运行，如图 3-15a 所示；1 为立即停止（PLC 立即停止发送脉冲）；2 为有加速度变化率控制的紧急停止，如果用户组态了加速度变化率，则轴在减速时会把加速度变化率考虑在内，减速曲线变得平滑，如图 3-15b 所示。

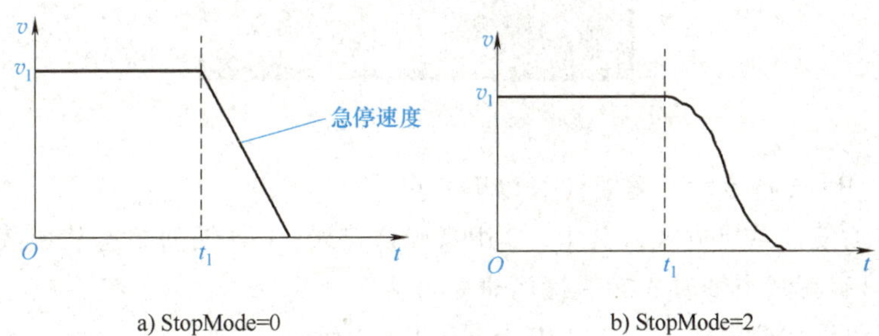

图 3-15　StopMode 不同值时的速度-时间曲线

4）ErrorID 为 Word 类型，表示错误 ID，具体含义见表 3-1；ErrorInfo 也是 Word 类型，表示错误 ID 的细节信息，即同一个 ErrorID 会有 1 个或多个 ErrorInfo 值，详见《S7-1200 运动控制功能手册》，这里给出了 ErrorID 与 ErrorInfo 对应关系样表，见表 3-2。

表 3-1　错误 ID 含义

错误名称	ErrorID
伴随轴停止的运行错误	16#8000～16#8013
不伴随轴停止的运行错误	16#8200～16#820C
块参数错误	16#8400～16#8412
轴的组态错误	16#8600～16#864B
命令表的组态错误	16#8700～16#8704
内部错误	16#8FF

表 3-2　ErrorID 与 ErrorInfo 对应关系样表

ErrorID 值	ErrorInfo 值	描述
16#8000	16#0001	驱动器错误，丢失“驱动器就绪”
16#8001	16#000E	通过当前配置的减速参数达到软件低限开关的位置
	16#000F	通过急停减速达到软件低限位开关的位置
	16#0010	由于急停减速，超过了软件低限位开关的位置
16#8002	16#000E	通过当前配置的减速参数达到软件高限位开关的位置
	16#000F	通过急停减速达到软件高限位开关的位置
	16#0010	由于急停减速，超过了软件高限位开关的位置

2. MC_Reset 指令

如果在运动控制中存在一个需要确认的错误，可通过如图 3-16 所示调用 MC_Reset 指令进行，即上升沿激活 Execute 端，进行复位。

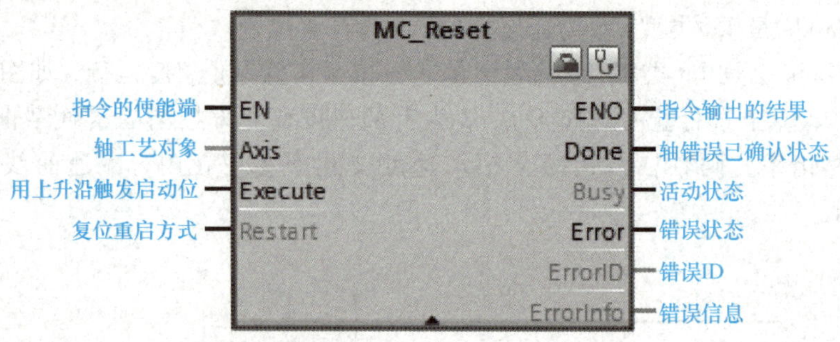

图 3-16　MC_Reset 指令

在使用 MC_Reset 指令时，需要注意以下几点：

1）Restart 为复位重启方式，其中，0 用来确认错误；1 将轴的组态从装载存储器下载到工作存储器（只有在禁用轴时才能执行该命令）。

2）任何其他运动控制指令均无法中止 MC_Reset 指令。

3）相关运动控制指令的 ErrorID 和 ErrorInfo 含义同 MC_Power 指令，以下不再赘述。

3. MC_Home 指令

轴回零（又称回原点）由运动控制指令 MC_Home 启动，如图 3-17 所示。回零期间，参

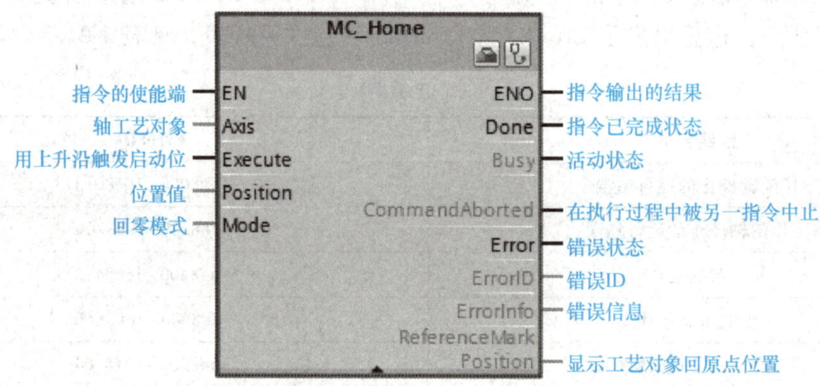

图 3-17　MC_Home 指令

考点坐标设置在定义的轴机械位置处。

在使用 MC_Home 指令时，需要注意以下几点：

1）Position 为 Real 类型的位置值，它根据 Mode 值变化。当 Mode = 0、2、3 完成回原点指令后，Position 为轴的绝对位置值；当 Mode = 1 时，Position 为当前轴的校正值。

2）Mode 为 Int 类型，表示回零模式。

模式 0：绝对式直接回零。无论参考原点位置是什么数值，都可以设置轴位置。在不取消其他激活运动控制和轴处于停止状态下，立即激活 MC_Home 指令中的 Position 参数值作为轴的参考点和位置值。如图 3-18 所示为绝对式直接回零执行回零指令案例。

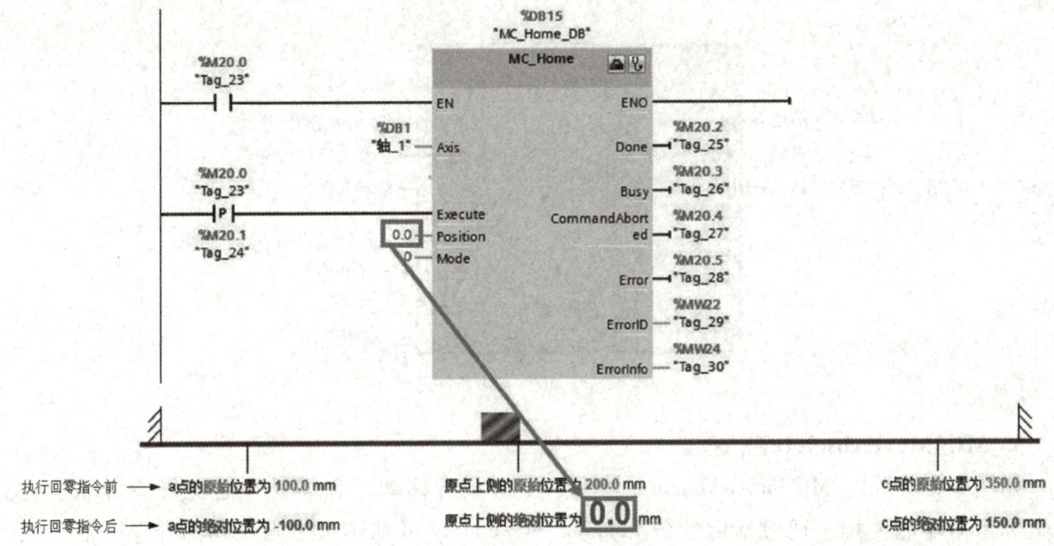

图 3-18　绝对式直接回零执行回零指令案例

模式 1：相对式直接回零，适用于参考点和轴位置的规则，即新的轴位置 = 当前轴位置 + Position 参数的值。如图 3-19 所示为相对式直接回零执行回零指令案例。

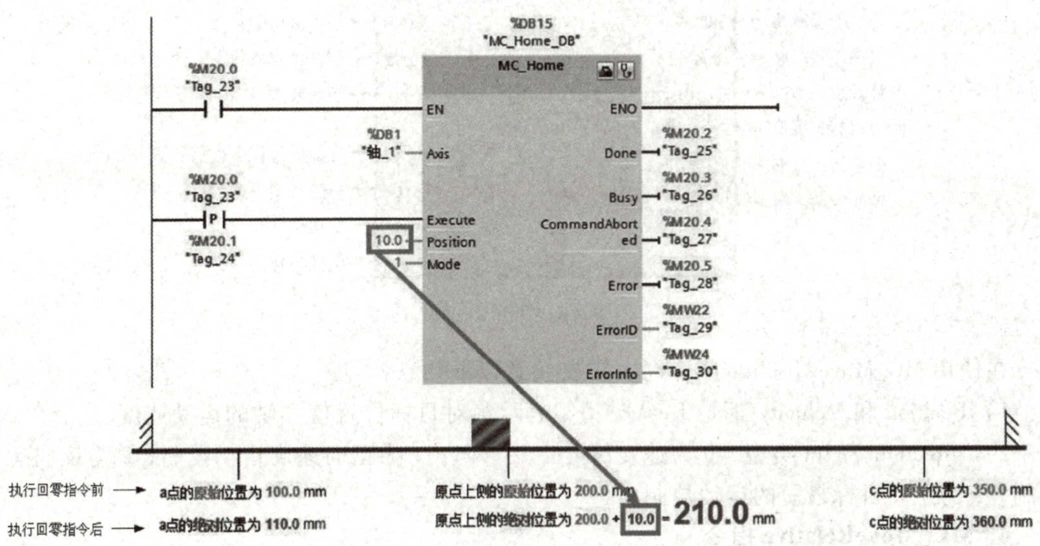

图 3-19　相对式直接回零执行回零指令案例

模式 2：被动回零。在被动回零模式下，运动控制指令 MC_Home 不执行参考点逼近，不取消其他激活的运动，逼近参考点开关必须由用户通过运动控制指令或由机械运动执行。

模式 3：主动回零。在主动回零模式下，运动控制指令 MC_Home 执行所需要的参考点逼近，并取消其他所有激活的运动。

4. MC_Halt 指令

如图 3-20 所示，MC_Halt 指令为停止轴的运动，即每个被激活的轴运动指令，都可执行该指令进行停止。具体动作为：上升沿使能 Execute 后，轴会立即按照组态好的减速曲线停车。

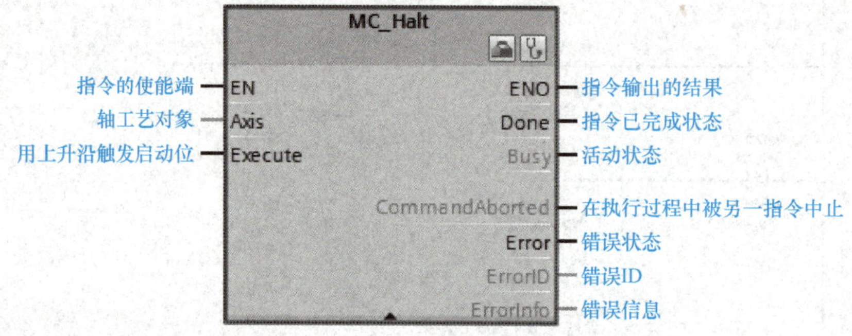

图 3-20 MC_Halt 指令

5. MC_MoveAbsolute 指令

如图 3-21 所示，MC_MoveAbsolute 指令为绝对位置移动，它需要在定义好参考点、建立起坐标系后才能使用，通过指定参数 Position 和 Velocity 可到达机械限位内的任意一点，当上升沿使能 Execute 选项后，系统会自动计算当前位置与目标位置之间的脉冲数，并加速到指定速度，在到达目标位置时减速到启动/停止速度。

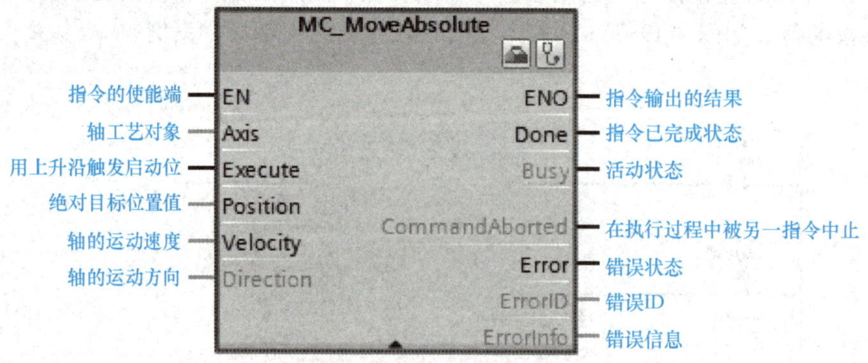

图 3-21 MC_MoveAbsolute 指令

在使用 MC_MoveAbsolute 指令时，需要注意以下几点：

1）Position 和 Velocity 都是 Real 类型，表示绝对目标位置值和轴的运动速度。

2）Direction 为 Int 类型，0 为速度符号定义方向；1 为正向速度运动控制；2 为反向运动控制；3 为距离目标最短的运动控制。

6. MC_MoveRelative 指令

如图 3-22 所示，MC_MoveRelative 指令表示相对位置移动，执行该指令不需要建立参考点，只需要定义运行距离、方向及速度。当上升沿使能 Execute 端后，轴按照设置好的距离与速度运行，其方向根据距离值的符号决定。

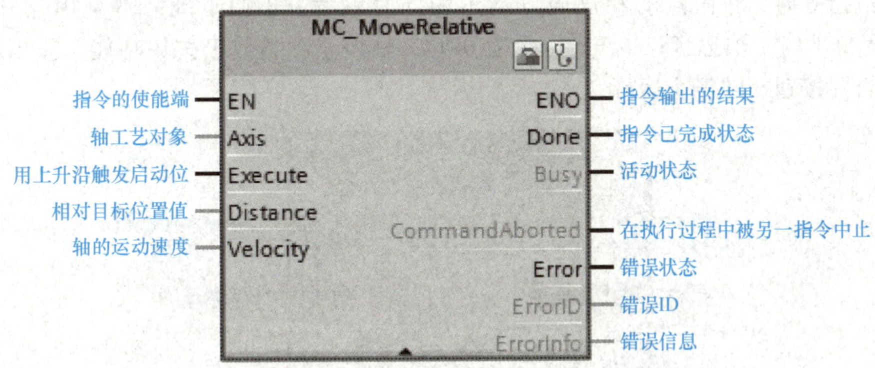

图 3-22　MC_MoveRelative 指令

绝对位置移动指令与相对位置移动指令的主要区别在于是否需要建立起坐标系，即是否需要参考点。绝对位置移动指令需要知道目标位置在坐标系中的坐标，并根据坐标自动决定运动方向而不需要定义参考点；而相对位置移动只需要知道当前点与目标位置的距离（Distance），用符号正/负来表示方向，无须建立坐标系。

7. MC_MoveVelocity 指令

如图 3-23 所示，MC_MoveVelocity 指令为速度运行指令，即使轴以预设的速度运行。当设定 Velocity 数值为 0.0 时，触发 MC_MoveVelocity 指令后，轴会以组态的减速度停止运行，相当于 MC_Halt 指令。

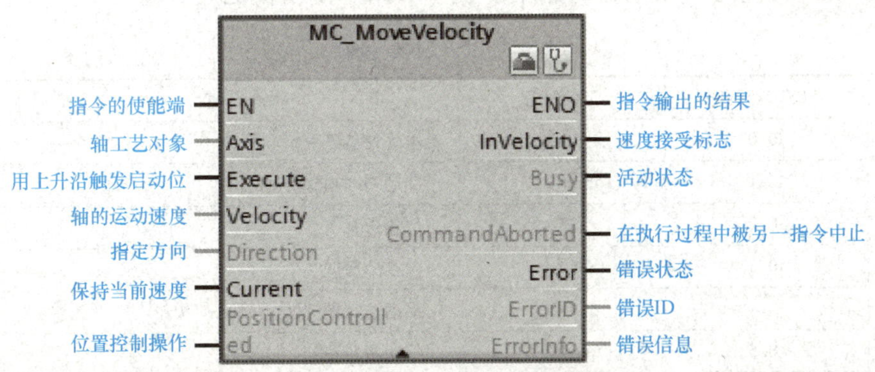

图 3-23　MC_MoveVelocity 指令

在使用 MC_MoveAbsolute 指令时，需要注意以下几点：

1）Direction 为 Int 类型，其中，0 为旋转方向取决于参数 Velocity 值的符号；1 为正方向旋转，忽略参数 Velocity 值的符号；2 为反方向旋转，忽略参数 Velocity 值的符号。

2）Current 为 Bool 类型，其中，FALSE 表示“保持当前速度”已禁用，将使用参数 Velocity 和 Direction 的值；TRUE 表示“保持当前速度”已启用，不考虑参数 Velocity 和 Direction 的值。当轴继续以当前速度运动时，参数 InVelocity 返回值为 TRUE。

3）Busy 的值在减速过程中为 TRUE，并且随 InVelocity 一起变为 FALSE。如果将参数 Execute 设置为 TRUE，则 InVelocity 和 Busy 处于锁定状态。

8. MC_MoveJog 指令

如图 3-24 所示，MC_MoveJog 指令为点动指令，即在点动模式下以指定的速度连续移动轴。使用该指令时，正向点动和反向点动不能同时触发。正向点动，不是用上升沿触发，JogForward 为 1 时，轴运行；JogForward 为 0 时，轴停止。类似于按钮功能，按下按钮，轴就运行；松开按钮，轴停止运行。

图 3-24　MC_MoveJog 指令

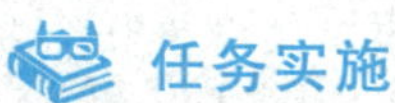

任务实施

3.1.7　PLC I/O 分配与步进控制电路设计

本任务中 PLC 选型为西门子 CPU1215C DC/DC/DC，输入接 4 个选择开关、4 个按钮和 3 个限位开关，输出接步进驱动器的脉冲和方向。PLC I/O 分配见表 3-3。

表 3-3　PLC I/O 分配

I/O	PLC 软元件	元件符号	名　称
输入	I0.0	SA1	步进使能开关
	I0.1	SA2	手动 OFF/自动 ON
	I0.2	SA3	位置选择 1
	I0.3	SA4	位置选择 2
	I0.4	SB1	手动左行按钮 & 自动启动按钮
	I0.5	SB2	手动右行按钮
	I0.6	SB3	回零按钮
	I0.7	SB4	复位按钮
	I1.0	LS1	右限位(NO)
	I1.1	LS2	原点(NO)
	I1.2	LS3	左限位(NO)
输出	Q0.0		脉冲输出(PTO)
	Q0.1		方向

如图 3-25 所示为步进电动机控制系统电气接线，其中步进驱动器采用国产通用驱动器、步进电动机采用 57 两相系列。需要注意的是，步进驱动器如果不能接收 24V 脉冲信号，而

只能接收 5V 脉冲信号，此时要考虑串接电阻（如 2kΩ）。

国产步进驱动器的端子说明如下：

1）步进脉冲 PUL。该端子是将控制系统发出的脉冲信号转化为步进电动机的角位移。驱动器每接收一个脉冲信号，就驱动步进电动机旋转一个步距角，PUL 的频率和步进电动机的转速成正比，PUL 的脉冲个数决定了步进电动机旋转的角度。

2）方向电平 DIR。此端子决定电动机的旋转方向。此信号为高电平时，电动机为顺时针旋转；信号为低电平时，电动机则为反方向逆时针旋转。

3）电动机释放 ENA。此端子为选用信号，并不是必须要用的，只在一些特殊情况下使用，此端子为高电平或悬空不接时，此功能无效，电动机可正常运行，若用户不采用此功能，只需将此端子悬空即可。

步进电动机驱动器采用共阴极接法，即将 PUL-、DIR-连在一起，与 24V 电源的 GND 端相连；PUL+和 DIR+分别与 PLC 的输出相连。

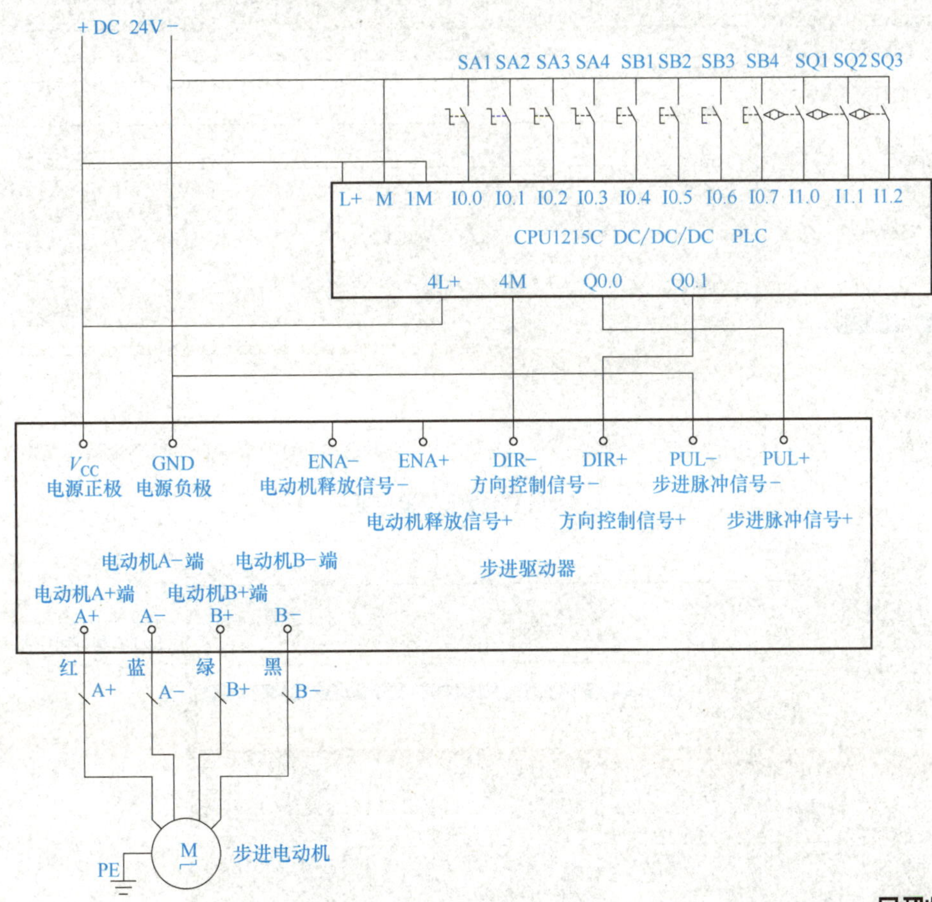

图 3-25　步进电动机控制系统电气接线

14. 工艺对象轴的组态与调试

3.1.8　工艺对象轴的组态与调试

1. 工艺对象轴组态准备工作

工艺对象轴是用户程序与步进驱动器之间的接口，用于接收用户程序中的运动控制指令后执行这些指令并监视运行情况。运动控制指令在用户程序中通过运动控制语句启动。

在进行工艺对象轴组态之前，先要在 PLC 的“属性”选项卡中单击“常规”→“脉冲发生器（PTO/PWM)”进行 PTO 设定，如图 3-26 所示，这里选择 PTO1/PWM1。信号类型选择“PTO（脉冲 A 和方向 B)”，则脉冲输出为“% Q0.0”、方向输出为“% Q0.1”，如图 3-27 所示。

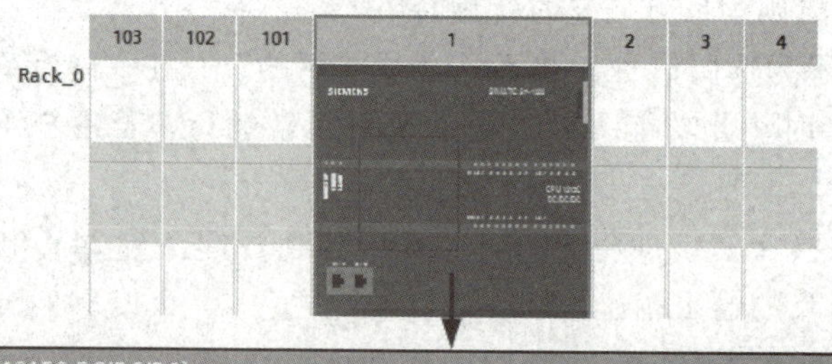

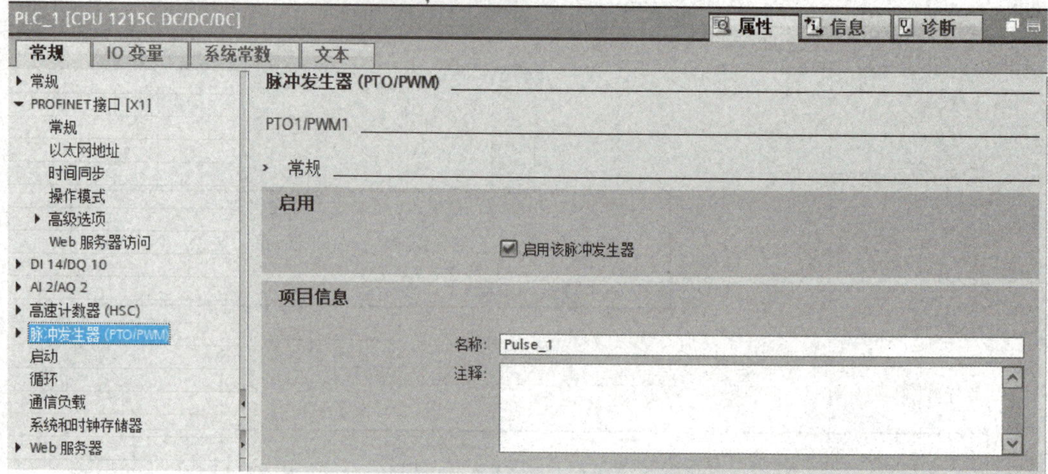

图 3-26　启用脉冲发生器

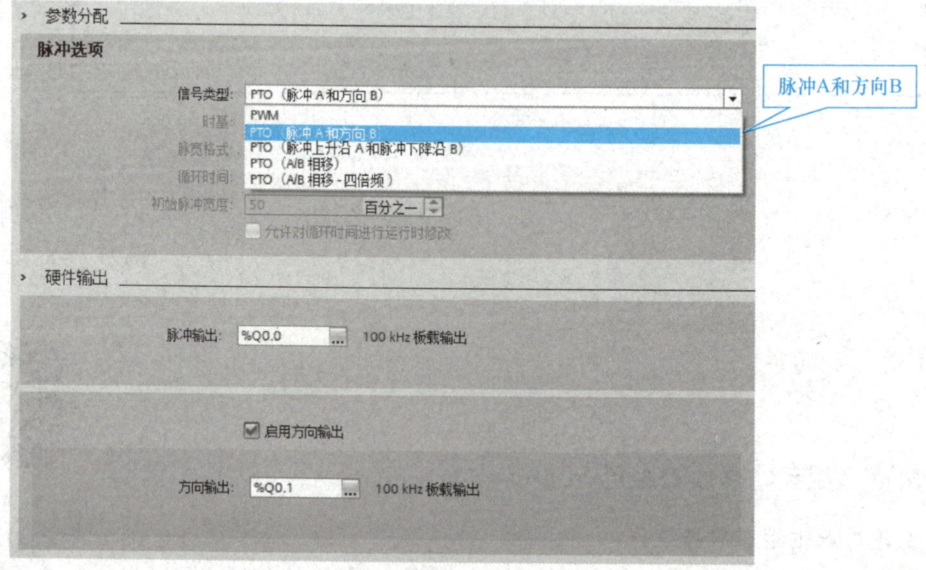

图 3-27　PTO 的脉冲选项

此外，还需要定义输入的限位开关和按钮，如图 3-28 所示。

名称	变量表	数据类型	地址 ▲
SA1步进使能开关	默认变量表	Bool	%I0.0
SA2手动OFF/自动定位ON	默认变量表	Bool	%I0.1
SA3位置开关1	默认变量表	Bool	%I0.2
SA4位置开关2	默认变量表	Bool	%I0.3
SB1手动左行&自动启动按钮	默认变量表	Bool	%I0.4
SB2手动右行按钮	默认变量表	Bool	%I0.5
SB3回零按钮	默认变量表	Bool	%I0.6
SB4复位按钮	默认变量表	Bool	%I0.7
SQ1左限位	默认变量表	Bool	%I1.0
SQ2原点	默认变量表	Bool	%I1.1
SQ3右限位	默认变量表	Bool	%I1.2

图 3-28　定义输入的限位开关和按钮

2. 工艺对象轴 TO_PositioningAxis 组态

如图 3-29 所示，新增对象轴 TO_PositioningAxis，版本为 V6.0，名称为“步进轴”（根据用户自行定义）。工艺对象“定位轴”（TO_PositioningAxis）用于映射控制器中的物理驱动装置，可使用运动控制指令，通过用户程序向驱动装置发出定位命令。

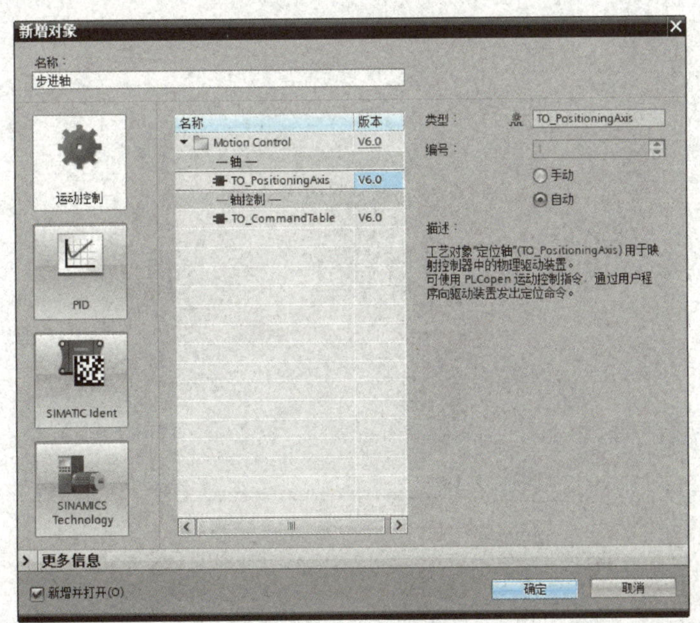

图 3-29　新增对象轴

在创建了轴对象后，即可在项目树的工艺对象中找到步进轴，可以进行组态、调试、诊断，此处首先进行组态，如图 3-30 所示。需要注意的是，⊗符号表示需要重新进行参数设置。本任务是采用 PTO 驱动器，因此在驱动器选项 PTO（Pulse Train Output）、模拟驱动装置接口、PROFIdrive 中选择“PTO（Pulse Train Output）”。

如图 3-31 所示驱动器组态中，应与 CPU 的硬件配置一致，即选择脉冲发生器为“Pulse_1”、脉冲输出为“%Q0.0”、方向输出为“%Q0.1”，不选择轴使能信号，同时将选择就绪输入参数设为“TRUE”。

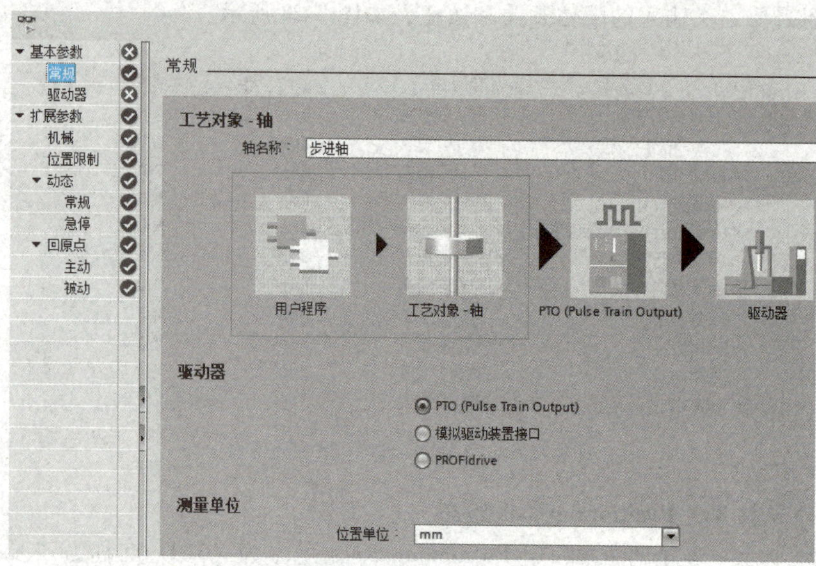

图 3-30　工艺轴组态

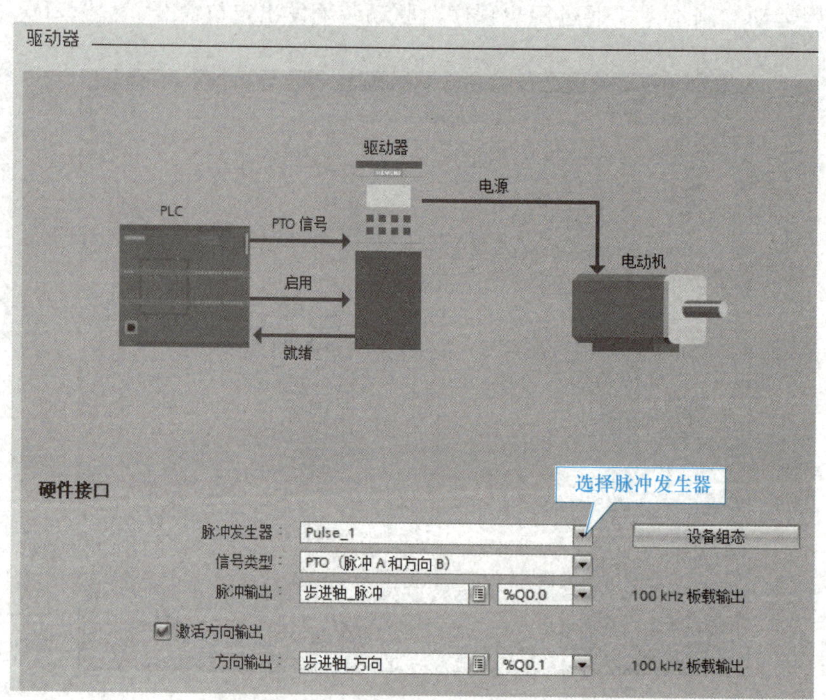

图 3-31　驱动器组态

机械组态如图 3-32 所示，电动机每转的脉冲数为电动机旋转一周所产生的脉冲个数；电动机每转的负载位移为电动机旋转一周后生产机械所产生的位移。这两个值可以根据实际情况进行修改。

如图 3-33 所示为位置限制组态，它可以设置两种限位，即软件限位和硬件限位。本任务启用硬限位开关，正确输入硬件下限位开关输入（这里设置“SQ1 左限位”“%I1.0”）、硬件上限位开关输入（这里设置“SQ3 右限位”“%I1.2”），激活方式选择“高电平”。在达到硬件限位时，轴将使用急停减速斜坡停车，如图 3-34 所示；在达到软件限位时，激活的运

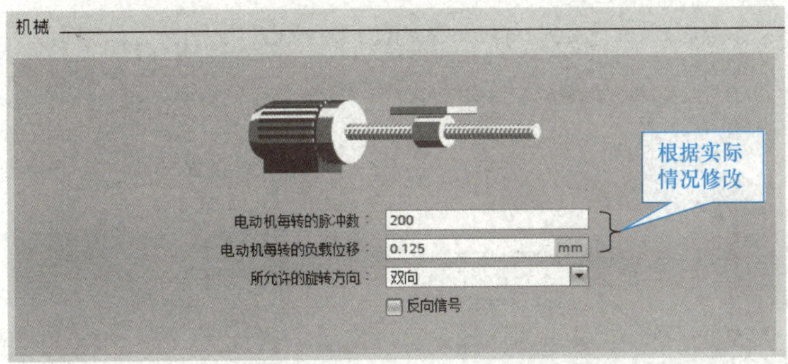

图 3-32　机械组态

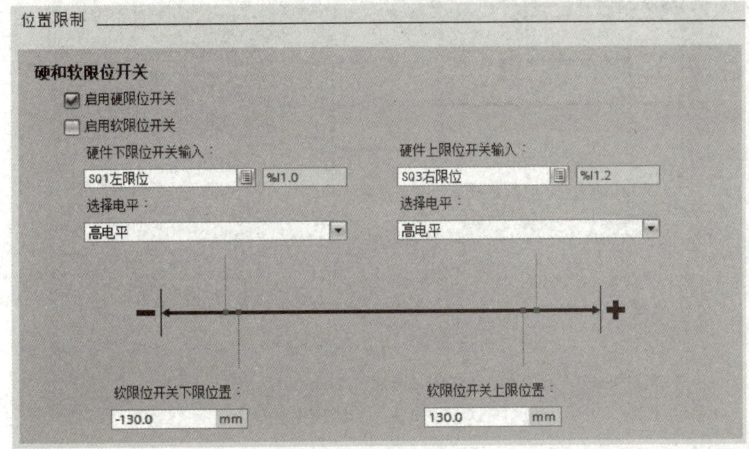

图 3-33　位置限制组态

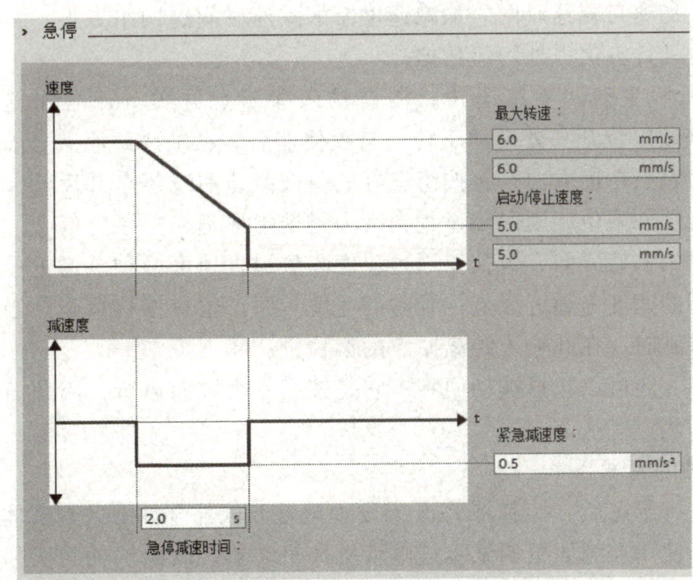

图 3-34　急停减速斜坡停车

动将停止，工艺对象报故障，在故障被确认后，轴可以恢复在原工作范围内运动。

如图 3-35 所示为动态常规参数，它包括速度限值的单位、最大转速、启动和停止速度、

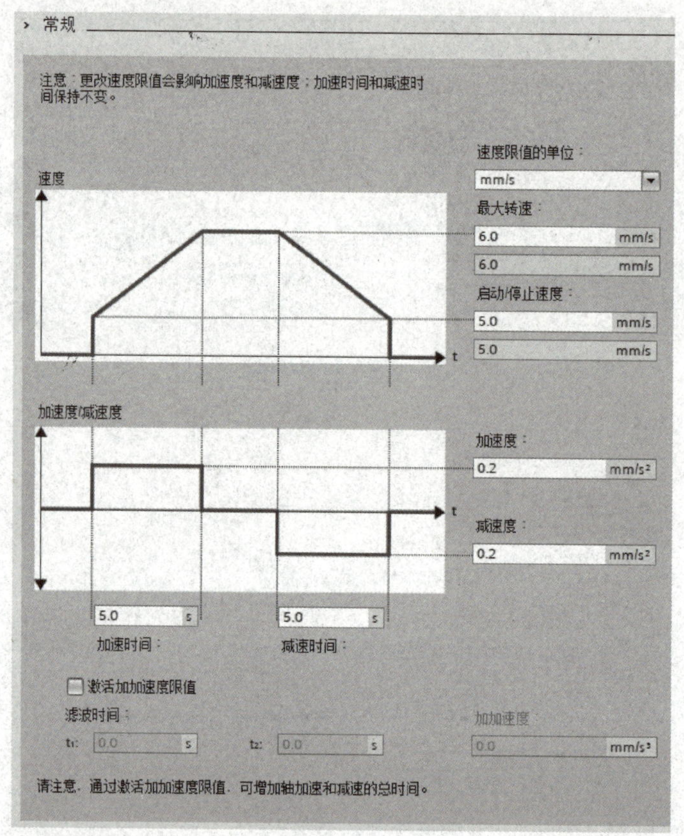

图 3-35　动态常规参数

加速度与减速度、加速与减速时间。加减速度与加减速时间这两组数据，只要定义其中任意一组，系统就会自动计算出另外一组数据。

在如图 3-36 所示主动回零组态中，需要输入参考点开关（本任务选择“SQ2 原点”“%I1.1”）。“允许硬限位开关处自动反转”选项使能后，在轴碰到原点之前碰到了硬件限位点，此时系统认为原点在反方向，将按组态好的斜坡减速曲线停车并反转，若该功能没有被激活切换且轴碰到硬件限位，则回零过程会因为错误被取消，并紧急停止。逼近方向定义了在执行原点过程中的初始方向，包括正逼近速度和负逼近速度两种。逼近速度为进入原点区域时的速度；减小的速度为逼近原点位置时的速度。原点位置偏移量则是当原点开关位置和原点实际位置有差别时，在此输入距离原点的偏移量。

除了主动回零，还可以选择被动回零，它是按照一个方向运行，因此需要设置归位开关一侧是上侧还是下侧。

3. 工艺对象轴的调试

在对工艺轴进行组态后，接着将 PLC 的硬件配置和软件全部下载到实体 PLC，用户就可以选择调试功能，使用控制面板调试步进电动机及驱动器，以测试轴的实际运行功能。如图 3-37 所示为轴控制面板，图中显示了选择调试功能后的控制面板最初状态，主控制按钮中除了“激活”按钮外，其余所有的按钮都是灰色。需要注意的是，为了确保调试正常，建议清除主程序，但需要保留工艺对象轴。单击主控制按钮中的“激活”按钮，此时会跳出提示窗口，如图 3-38 所示，即提醒用户在采用主控制前，先要确认是否已经采取了适当的安全预防

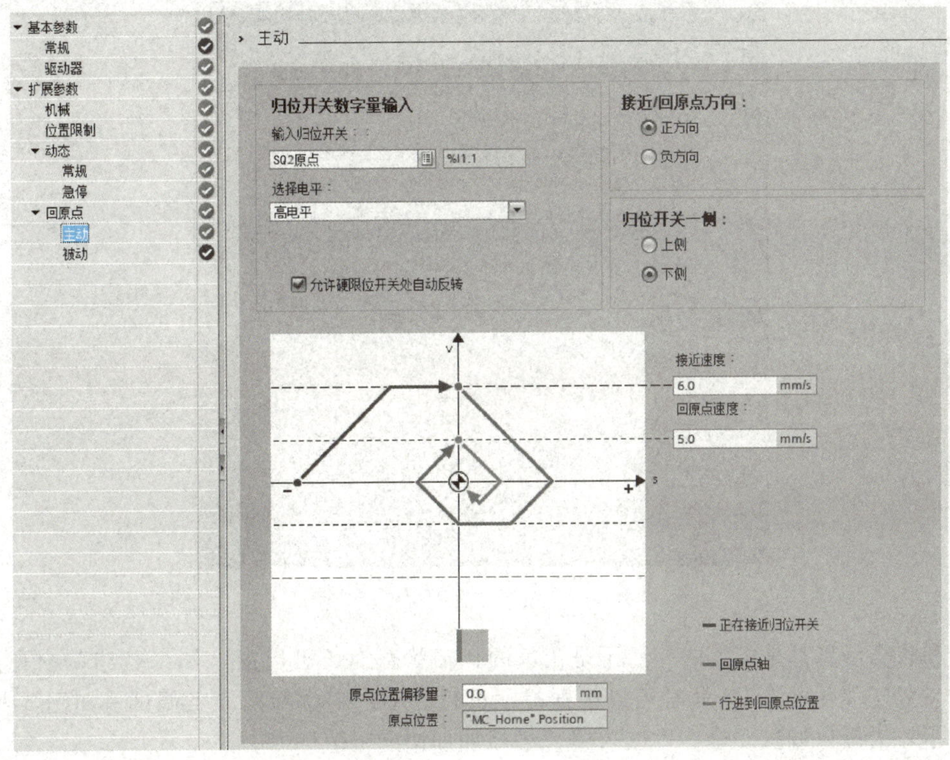

图 3-36　主动回零组态

措施，同时设置一定的监视时间，如 3000ms，单击“是”按钮，如果未动作，则轴处于未启用状态，需重新启用。

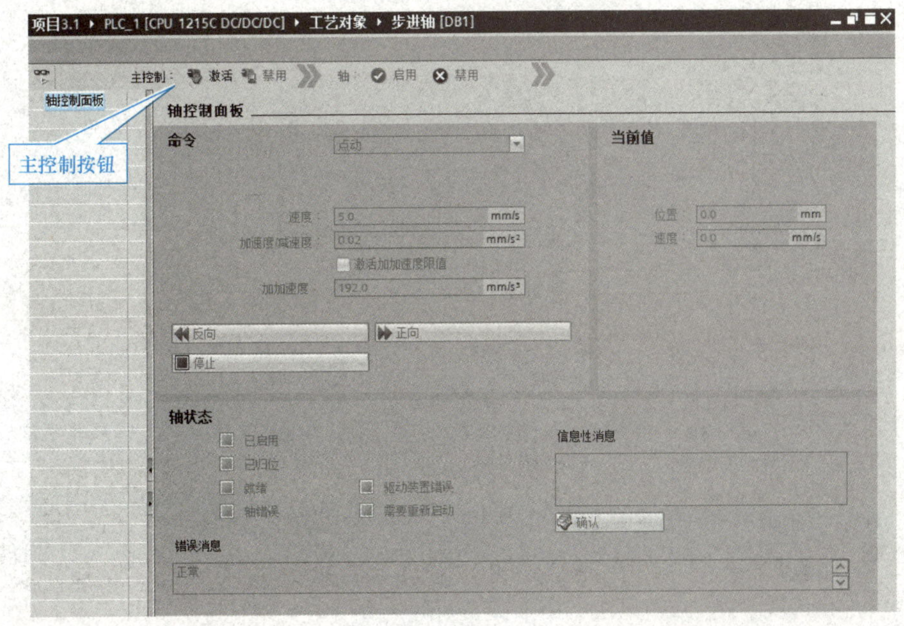

图 3-37　轴控制面板

在激活主控制提示后，在轴控制面板中单击“启用”按钮，如图 3-39 所示，显示所有

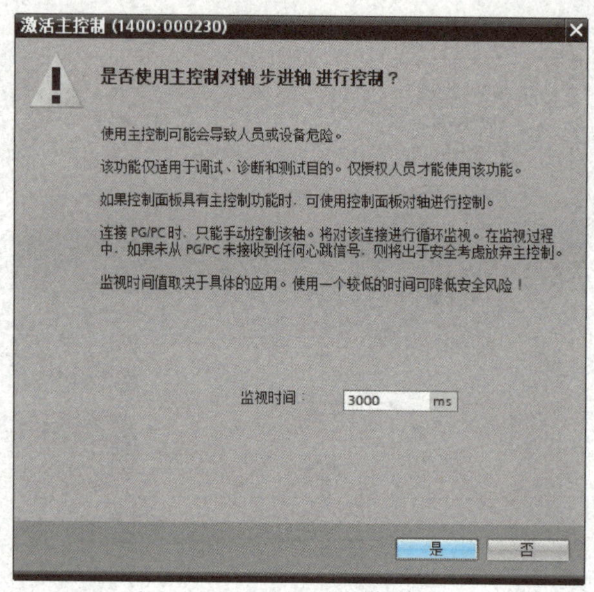

图 3-38　激活主控制提示窗口

的命令和状态信息都是可见的，而不是灰色的，轴状态为“已启用”和“就绪”，信息性消息为“轴处于停止状态”。此时可以根据提示进行点动、定位和回原点调试，如图 3-40～图 3-42 所示。为确保调试安全，可以启用“激活加加速度限值”。

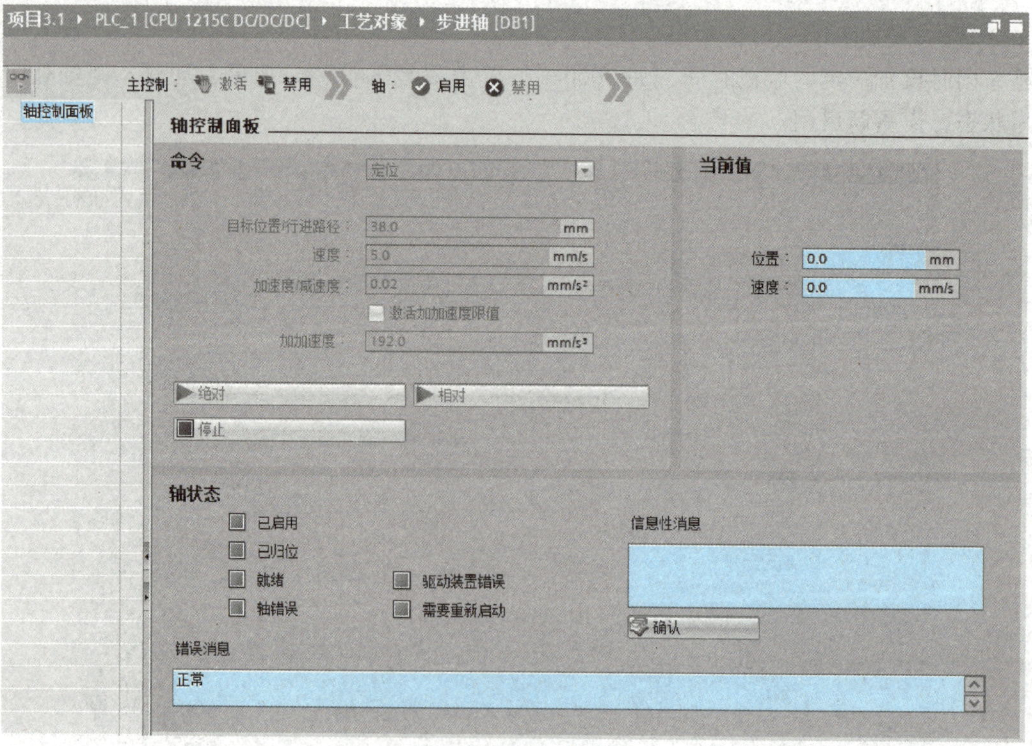

图 3-39　重新启用轴

绝对定位只能在回零执行完成后，才可以进行；而相对定位则可以在任何时候进行。如图 3-43 所示为定位命令参数设置。

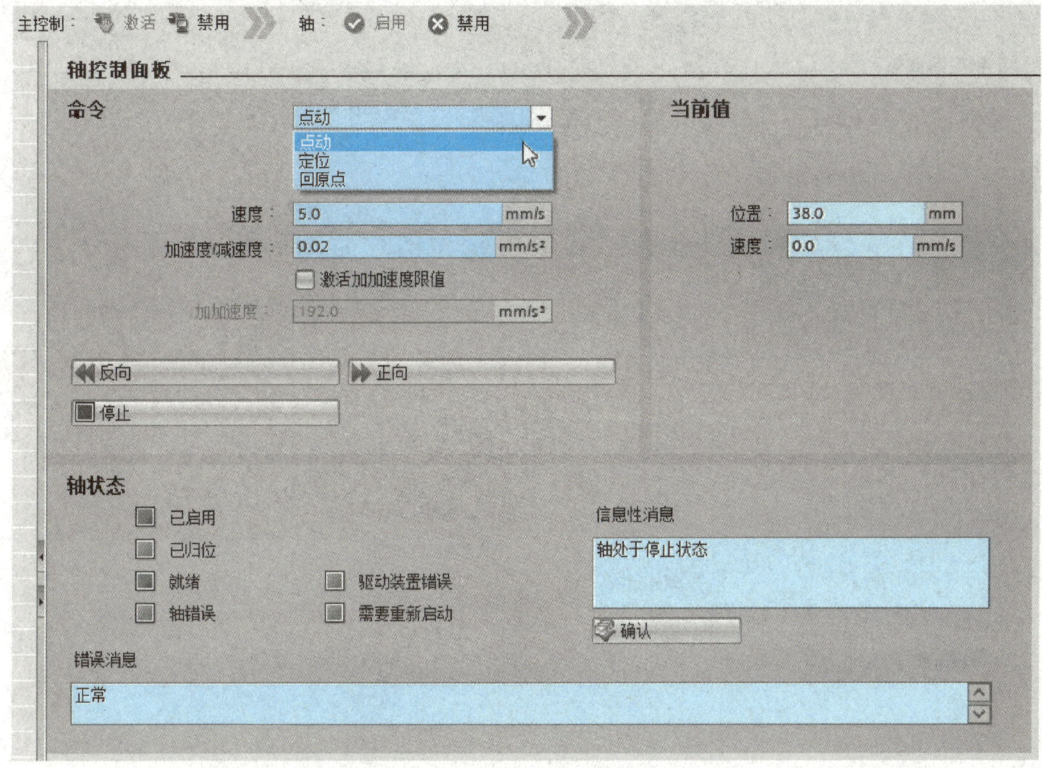

图 3-40　设置命令类型、速度、加速度

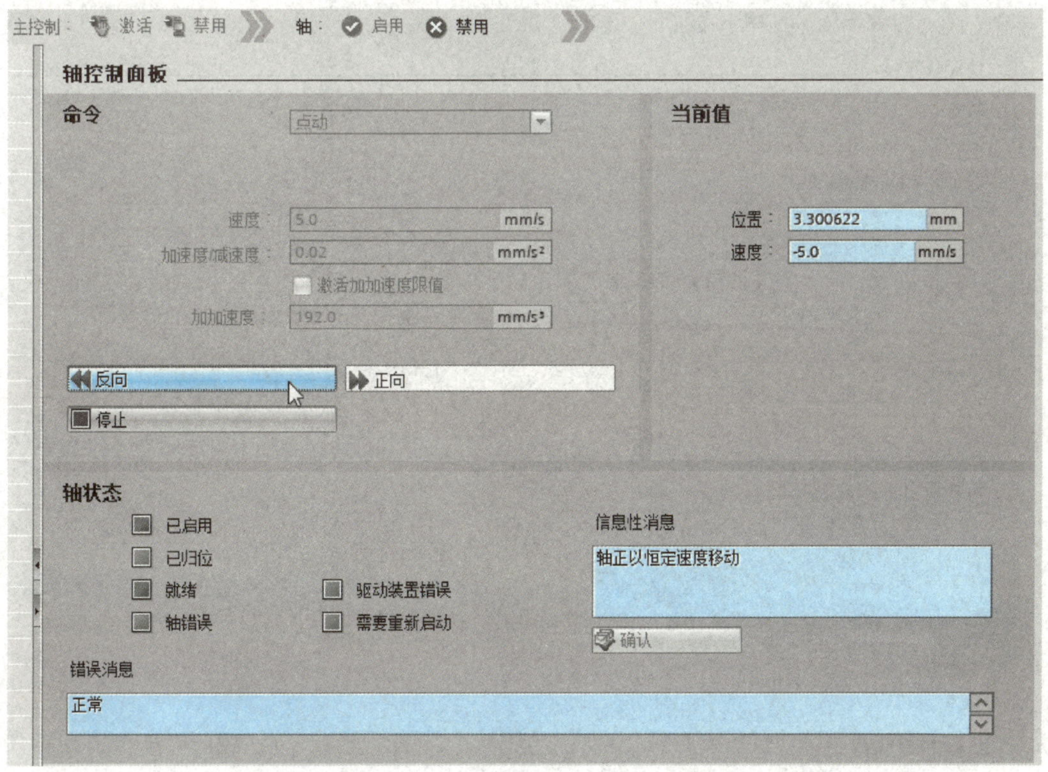

图 3-41　点动命令执行中

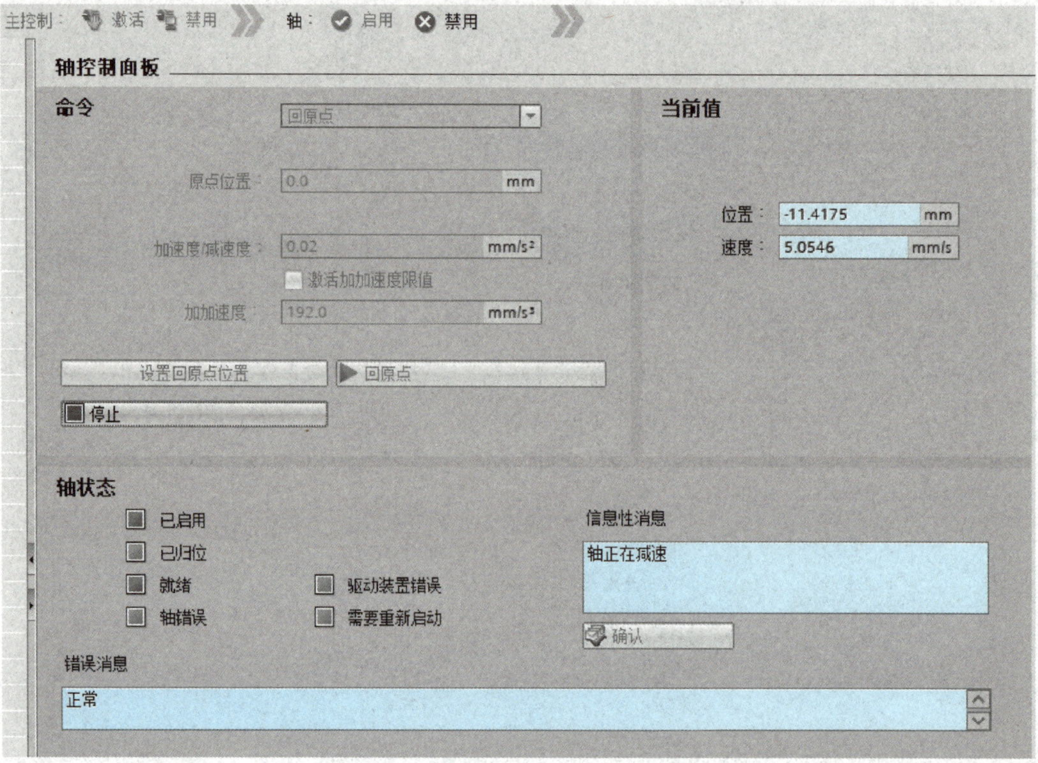

主控制：激活 禁用 轴：启用 禁用

轴控制面板

命令 回原点

原点位置：0.0 mm

加速度/减速度：0.02 mm/s²

激活加加速度限值

加加速度：192.0 mm/s³

设置回原点位置 回原点

停止

当前值

位置：-11.4175 mm

速度：5.0546 mm/s

轴状态

已启用

已归位

就绪 驱动装置错误

轴错误 需要重新启动

信息性消息

轴正在减速

确认

错误消息

正常

图 3-42 回原点（回零）命令参数设置

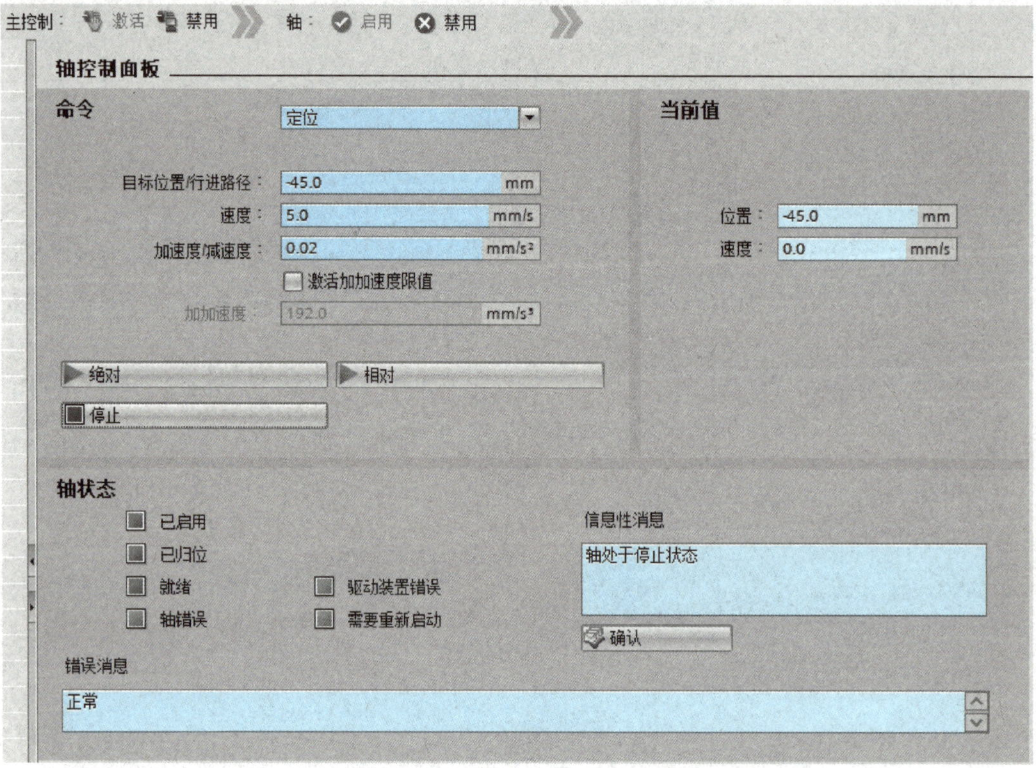

主控制：激活 禁用 轴：启用 禁用

轴控制面板

命令 定位

目标位置/行进路径：-45.0 mm

速度：5.0 mm/s

加速度/减速度：0.02 mm/s²

激活加加速度限值

加加速度：192.0 mm/s³

绝对 相对

停止

当前值

位置：-45.0 mm

速度：0.0 mm/s

轴状态

已启用

已归位

就绪 驱动装置错误

轴错误 需要重新启动

信息性消息

轴处于停止状态

确认

错误消息

正常

图 3-43 定位命令参数设置

3.1.9　PLC 控制步进电动机的编程

如图 3-44 所示为 PLC 控制步进电动机的梯形图程序。

程序段 1：通过 SA1 步进使能开关启用轴，采用运动控制指令 MC_Power 启用步进轴。

程序段 2：SA2 = OFF 时，手动情况下可以左行、右行点动，调用运动控制指令 MC_MovJog。需要注意的是，当达到左、右限位时会出现报错，此时需要进行复位才能动作。

程序段 3：采用 SB4 复位按钮进行故障复位，调用运动控制指令 MC_Reset。

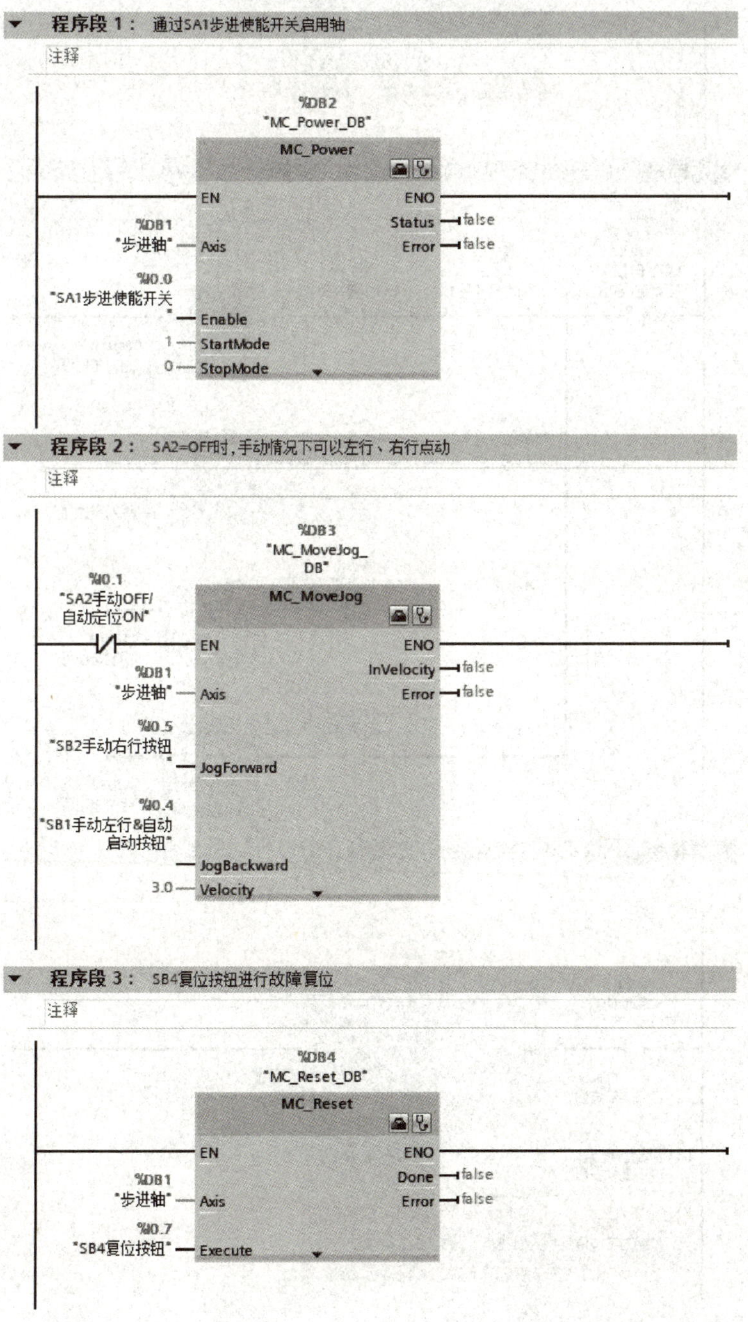

图 3-44　PLC 控制步进电动机的梯形图程序

程序段 4： SA2=OFF时，手动情况下可以执行轴回零命令（Mode=3主动回零）

注释

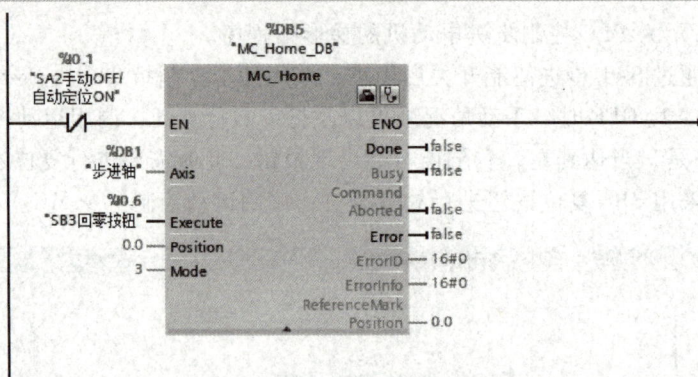

%DB5
"MC_Home_DB"
MC_Home
%I0.1
"SA2手动OFF/自动定位ON"
EN
ENO
Done — false
%DB1
"步进轴" — Axis
Busy — false
%I0.6
"SB3回零按钮" — Execute
CommandAborted — false
0.0 — Position
Error — false
3 — Mode
ErrorID — 16#0
ErrorInfo — 16#0
ReferenceMark
Position — 0.0

程序段 5： 根据SA3和SA4的状态对绝对定位值进行相应赋值

注释

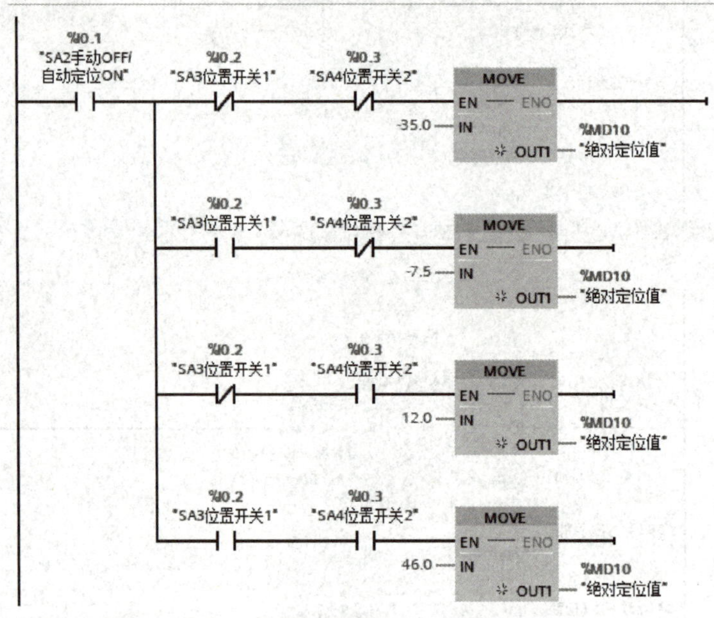

程序段 6： SA2=ON时进行绝对定位（共4个位置）

注释

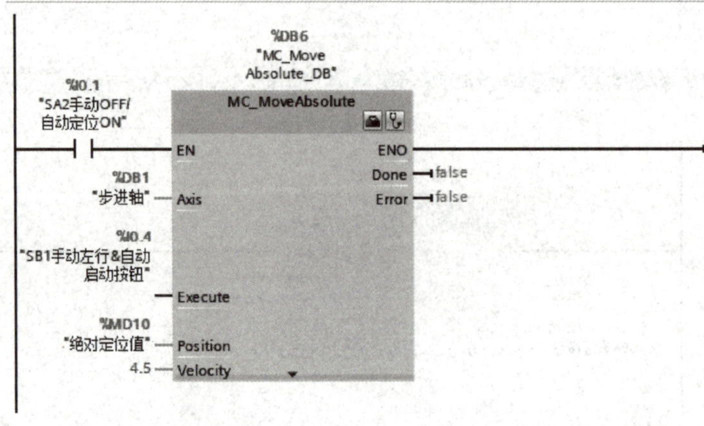

图 3-44　PLC 控制步进电动机的梯形图程序（续）

程序段 4：SA2＝OFF 时，手动情况下可以采用 SB3 进行回零动作，调用运动控制指令 MC_Home，这里选择主动回零，即 Mode＝3。需要注意的是，本任务也可以选择其他回零方式。

程序段 5：SA2＝ON 时，通过 SA3 和 SA4 的组合开关来实现 4 个绝对位置值。

程序段 6：自动情况下进行 4 个绝对位置定位，调用 MC_MoveAbsolute 指令进行绝对位置移动控制，其中位置值是 MD10，为实数数据类型。

任务记录

根据任务实施的情况，如实填写任务 3.1 实施记录表（表 3-4）。

表 3-4　任务 3.1 实施记录表

任务实施步骤	实际执行情况说明	计划时间/min	实际时间/min
PLC I/O 分配与步进控制电路设计			
工艺对象轴的组态与调试			
PLC 控制步进电动机的编程			

任务评价

按要求完成考核任务 3.1，评分标准见表 3-5，具体配分可以根据实际考评情况进行调整。

表 3-5　评分标准

序号	考核项目	考核内容及要求	配分	得分
1	职业道德与素养	遵守安全操作规程，设置安全措施	15%	
		认真负责，团结合作，对实操任务充满热情		
		正确认识国产驱动器的发展历程		
2	方案制定	步进电动机控制方案合理	15%	
		控制电路图正确		
3	操作能力	根据电气图正确选择元器件	20%	
		根据图样接线，美观且可靠		
4	编程能力	独立完成轴工艺对象的组态与调试	20%	
		独立完成 PLC 梯形图编程并下载		
5	实践效果	系统工作可靠，满足工作要求	20%	
		PLC 运动控制指令调用正确		
		按规定的时间完成任务		
6	创新实践	在本任务中有另辟蹊径、独树一帜的实践内容	10%	
合计			100%	

任务3.2 触摸屏控制步进电动机

任务描述

如图3-45所示，在项目3.1的基础上，用KTP700触摸屏替代PLC外接的所有选择开关和按钮，工作台3个限位开关SQ1、SQ2和SQ3继续接入PLC，要求实现以下功能：

1）触摸屏实现步进控制使能、手动/自动切换、故障指示和复位按钮功能。

2）触摸屏能输入在自动情况下的4个绝对位置值，并能动画显示工作台的实时位置变化，显示绝对定位命令完成后的状态。

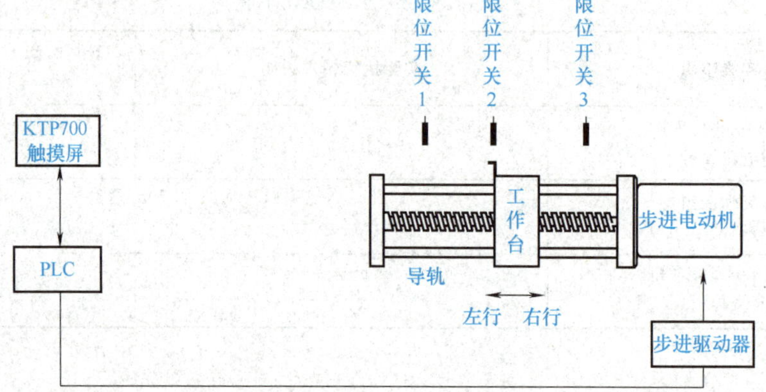

图3-45 任务3.2控制示意图

知识准备

3.2.1 运动控制指令时序图

带有如MC_MoveRelative等指令的Execute输入参数与Done之间的时序图如图3-46所示，具体描述如下：

第①步：输入参数Execute出现上升沿时启动指令。根据编程情况，Execute在指令的执行过程中仍然可能复位为值FALSE，或者保持为值TRUE，直到指令执行完成为止。

第②步：激活指令时，输出参数Busy的值将为TRUE。

第③步：指令执行结束后（如对于运动控制指令MC_Home来说就是回原点已成功），输出参数Busy的值变为FALSE，Done的值变为TRUE。

第④步：如果Execute的值在指令完成之前保持为TRUE，则Done的值也将保持为TRUE，并且其值随Execute一起变为FALSE。

第⑤步：如果Execute在指令执行完成之前设置为FALSE，则Done的值仅在一个执行周期内为TRUE。

如果Execute在指令执行完成之前设置为FALSE，则Done的值仅在一个执行周期内为TRUE。因此，如果用户用 | P | 指令触发带有Execute输入参数的指令，则该指令的Done只在一个扫描周期内为1（即TRUE），因此在监控程序时看不到Done位为1，用户可以通过在

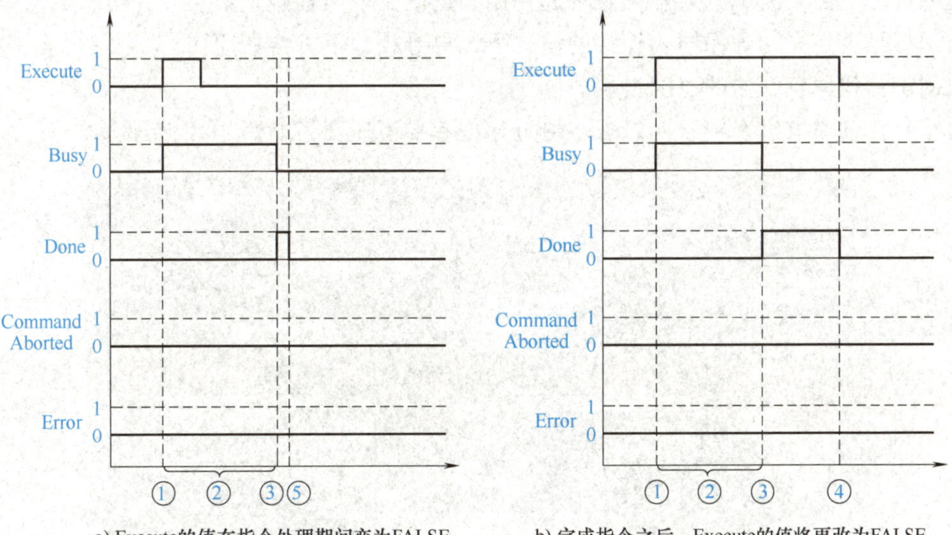

图 3-46　MC_MoveRelative 指令时序图

程序中添加指令用 Done 置位一个位来判断。如图 3-47 所示，以 MC_MoveRelative 为例进行说明，当 M20.2 一旦变成上升沿，就置位 M20.4，因此可用 M20.4 来判断是否 Done 输出参数从 FALSE 变为 TRUE。

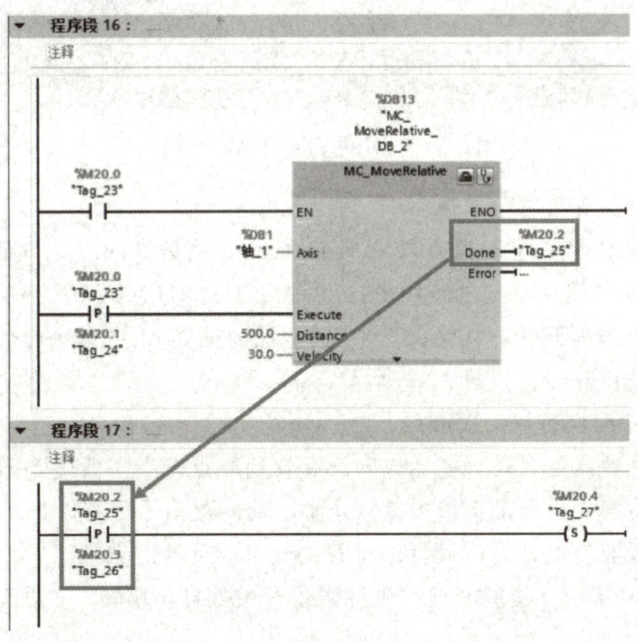

图 3-47　判断 Done 输出参数时序变化

3.2.2　执行回零指令

1. 执行回零指令时报错

在实际执行回原点指令时，轴遇到原点开关没有变化，直到运行到硬件限位开关停止报错。这种情况下需要测试原点开关是否起作用，也就是说当轴碰到原点开关时，原点开关 DI 点的指示灯是否点亮，确保输入正常的情况下，再寻找以下可能的原因。

原因①：找原点开关的速度过快。

对策：在轴对象组态中，可以减小逼近速度和参考速度，如图 3-48 所示。

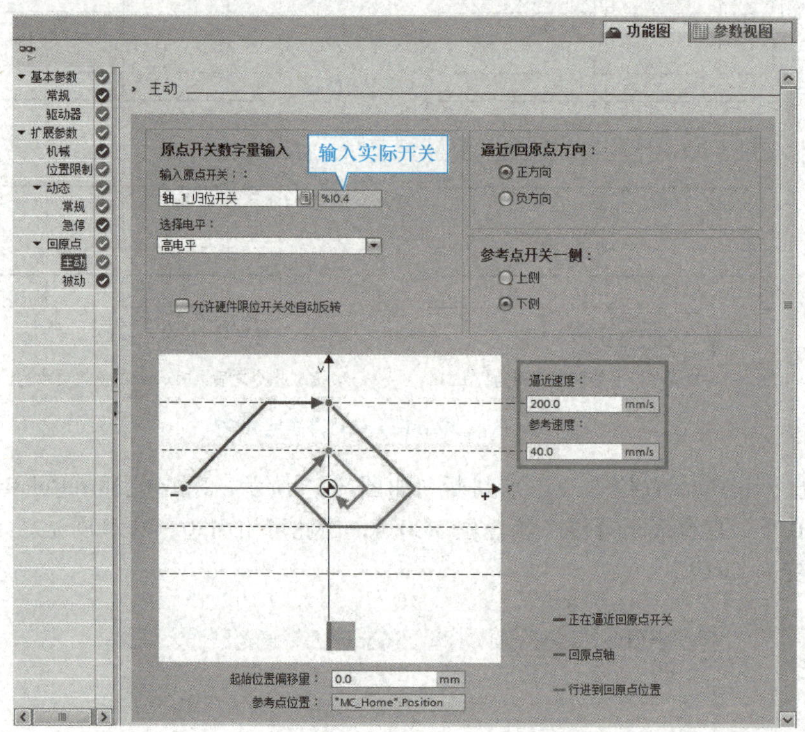

图 3-48 减小逼近速度和参考速度

原因②：原点开关有效时间过短。

对策：可以设置 DI 点滤波时间，如图 3-48 原点开关是 I0.4（以实际开关为准），则可在“设备视图”界面“属性”选项卡中单击“常规”→“DI14/DQ10”→“数字量输入”→“通道 4”减小 I0.4 的滤波时间，默认情况下 DI 的滤波时间是 6.4millisec，用户可根据 DI 点有效时间选择合适的滤波时间，如图 3-49 所示。

2. 执行回零指令时没有掉头找原点

轴在执行主动回原点指令时，初始方向没有找到原点，当需要碰到限位开关掉头继续寻找原点开关时并没有掉头，而是直接报错停止轴。此时报错原因有以下几种可能。

原因①：用户没有使能“允许硬件限位开关处自动反转”选项。

对策：如图 3-50 所示，使能“允许硬件限位开关处自动反转”选项。

原因②：减速度太小。

对策：如图 3-51 所示，增大组态的减速度，因为轴在主动回原点期间到达硬件限位开关，轴将以组态的减速度减速（不是以紧急减速度减速），然后反向运行寻找原点开关。

原因③：硬件限位开关和机械停止块间的距离太小。

对策：增大硬件限位开关和机械停止块间的距离。如图 3-52 所示，正常情况下，轴按照图 3-52 的方式掉头寻找原点开关。

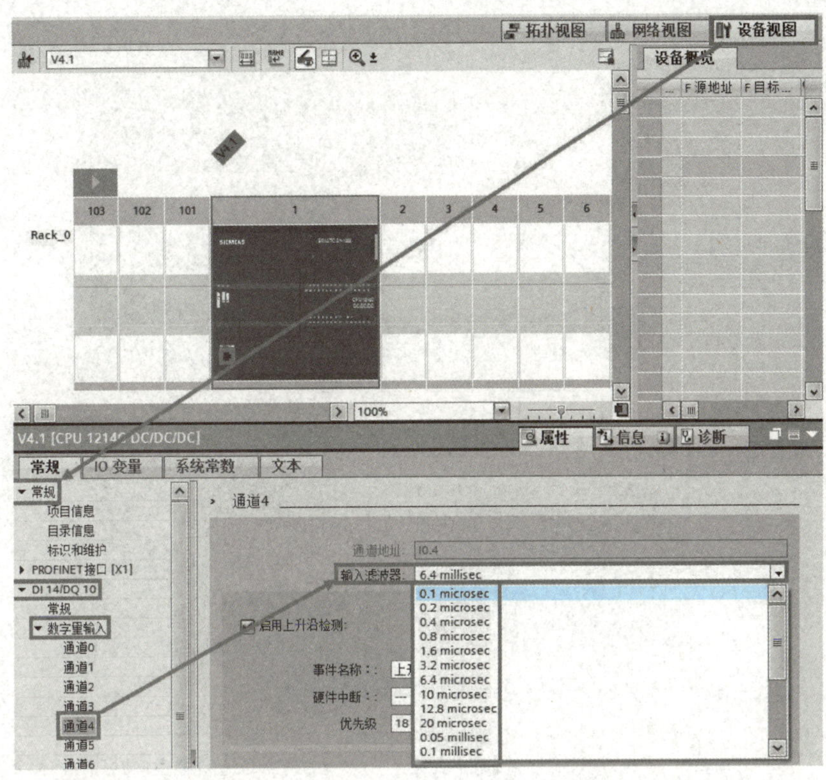

图 3-49　输入滤波器选择

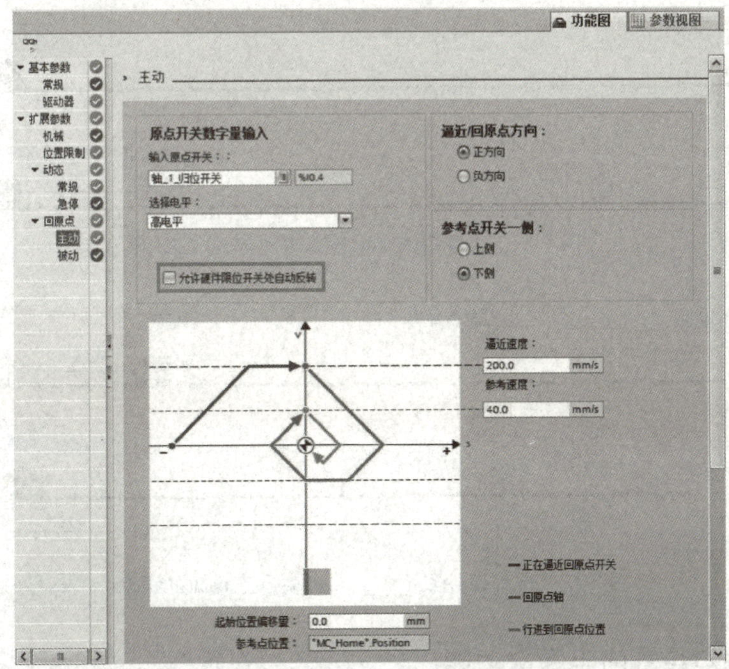

图 3-50　使能“允许硬件限位开关处自动反转”选项

如果硬件限位开关和机械停止块间过近，则无论如何增大减速度，仍旧不能正常掉头，如图 3-53 所示为增大硬件限位开关和机械停止块间的距离（图中 D）。

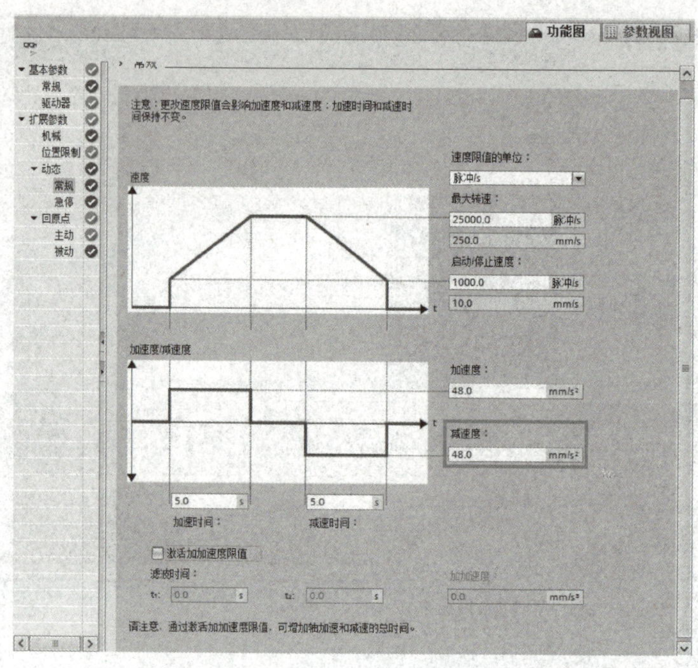

图 3-51 增大组态的减速度

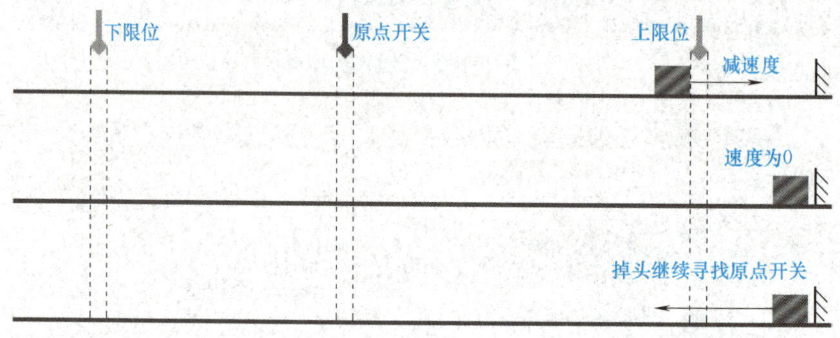

图 3-52 正常情况下的掉头寻找原点开关

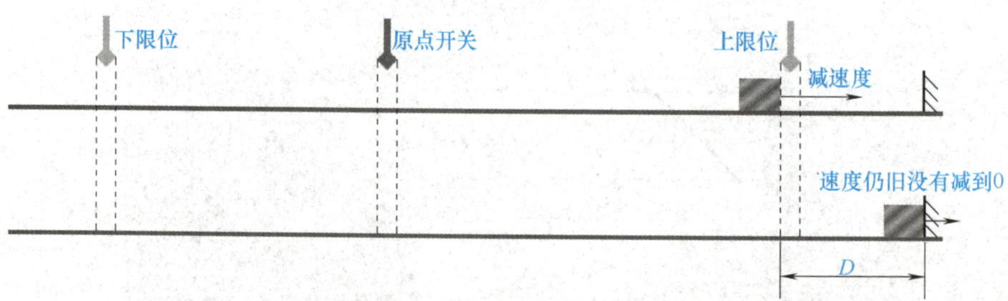

图 3-53 增大硬件限位开关和机械停止块间的距离

3.2.3 绝对位置断电保持功能

使用绝对位置编码器的闭环轴使用 MC_HOME 指令的模式 6、7 可以实现位置的断电保持，但对于 PTO 或者使用增量型编码器的闭环轴是不能断电保持的，CPU 断电重新上电后，轴的绝对位置会重新变成 0，要实现位置保持，可按照下面的步骤操作。

步骤①：在全局 DB 中分别建立一个 Bool 和 Real 数据类型的变量，勾选位置 Real 变量的保持性，如图 3-54 所示。

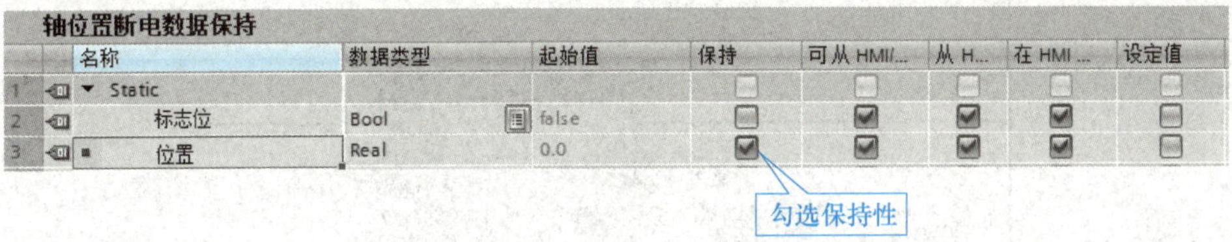

轴位置断电数据保持

	名称	数据类型	起始值	保持	可从 HMI/...	从 H...	在 HMI ...	设定值
1	▼ Static			☐	☐	☐	☐	☐
2	标志位	Bool	false	☐	☑	☑	☑	☐
3	位置	Real	0.0	☑	☑	☑	☑	☐

勾选保持性

图 3-54　位置 Real 变量保持性

步骤②：进入“设备组态”界面，在“属性”选项卡中，单击“常规”→“脉冲发生器(PTO/PWM)”→“系统和时钟存储器”，勾选“启用系统存储器字节”，分配系统存储器参数时，需要指定用作系统存储器字节的 CPU 存储器字节，如图 3-55 所示。首次循环对应的位启动后的第一个程序循环中为 1，否则为 0。

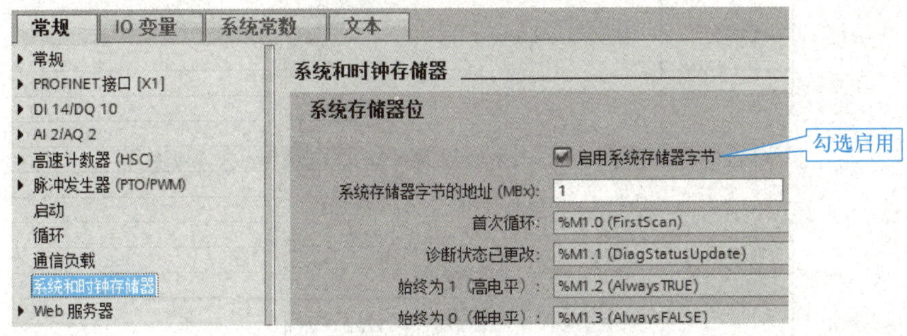

图 3-55　勾选“启用系统存储器字节”

步骤③：在如图 3-56 所示 OB1 程序中先使用 M1.0 置位标志位，然后使用 MC_Power 指令启动轴后调用 MC_Home 指令的 Mode 0，重新装载断电前的绝对位置，然后复位标志位，将当前位置 ActualPosition 传送到步骤①建立的变量中。

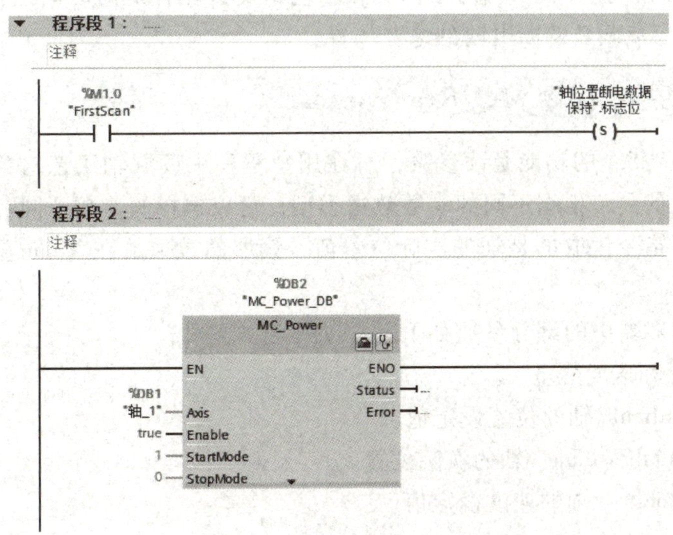

图 3-56　OB1 程序

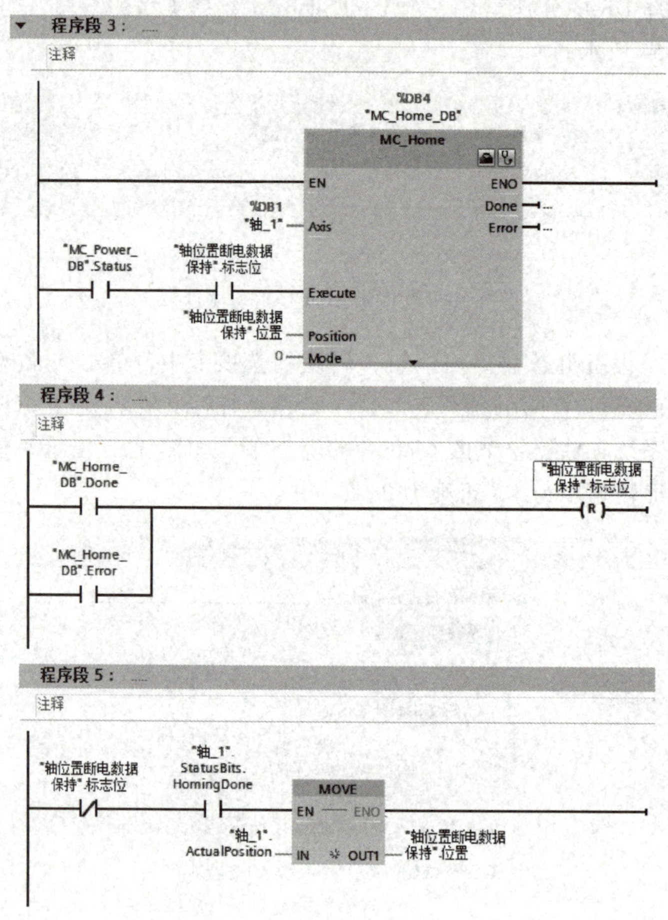

图 3-56　OB1 程序（续）

需要注意的是，如果存在多个运动控制指令，如 MC_Home 指令，每个指令的背景 DB 必须单独创建，以免产生冲突。同时根据实际工艺情况，在合适的时间点执行 MC_Power 指令和 MC_Home 指令装载新的断电前的绝对位置。

3.2.4　运动控制指令 MC_ReadParam

MC_ReadParam 指令的功能是读参数，可在用户程序中读取轴工艺对象和指令表对象中的变量。需要注意的是，根据不同的参数数据类型，可以选择的参数不同。如图 3-57 所示使用 MC_ReadParam 指令读取的是轴的实际位置值，读取的数值放在 Value 参数中，该参数的数据类型为 Real。

常用的轴工艺对象中的部分参数如下。

（1）轴的位置和速度变量

<轴名称>. Position：轴的位置设定值。

<轴名称>. ActualPosition：轴的实际位置。

<轴名称>. Velocity：轴的速度设定值。

<轴名称>. ActualVelocity：轴的实际速度。

（2）回原点变量

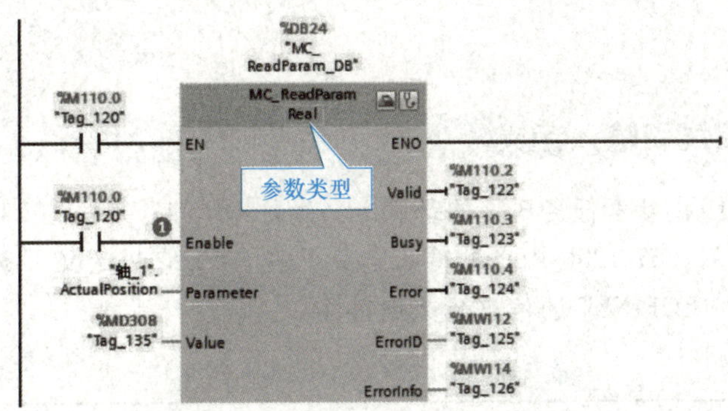

图 3-57　MC_ReadParam 指令的使用

<轴名称>. Homing. AutoReversal：主动归位期间激活硬限位开关处的自动反向。

<轴名称>. Homing. ApproachDirection：主动归位期间的逼近方向和归位方向。

<轴名称>. Homing. ApproachVelocity：主动归位期间轴的逼近速度。

<轴名称>. Homing. ReferencingVelocity：主动归位期间轴的归位速度。

（3）单位变量

<轴名称>. Units. LengthUnit：参数的已组态测量单位。

（4）机械变量

<轴名称>. Mechanics. LeadScrew：每转的距离。

（5）轴的 StatusPositioning 变量。

<轴名称>. StatusPositioning. Distance：轴距目标位置的当前距离。

<轴名称>. StatusPositioning. TargetPosition：轴的目标位置。

（6）轴的 DynamicDefaults 变量

<轴名称>. DynamicDefaults. Acceleration：轴的加速度。

<轴名称>. DynamicDefaults. Deceleration：轴的减速度。

<轴名称>. DynamicDefaults. EmergencyDeceleration：轴的急停减速度。

<轴名称>. DynamicDefaults. Jerk：轴加速斜坡和减速斜坡期间的冲击。

（7）PositionLimitsSW 变量

<轴名称>. PositionLimitsSW. Active：软限位开关激活。

<轴名称>. PositionLimitsSW. MinPosition：软限位开关下限位。

<轴名称>. PositionLimitsSW. MaxPosition：软限位开关上限位。

（8）PositionLimitsHW 变量

<轴名称>. PositionLimitsHW. Active：硬限位开关激活。

<轴名称>. PositionLimitsHW. MinSwitchLevel：选择到达下限硬限位开关时 CPU 输入端存在的信号电平。

<轴名称>. PositionLimitsHW. MinSwitchAddress：下限硬限位开关的符号输入地址（内部参数）。

<轴名称>. PositionLimitsHW. MaxSwitchLevel：选择到达上限硬限位开关时 CPU 输入端存在的信号电平。

<轴名称>. PositionLimitsHW. MaxSwitchAddress：上限硬限位开关的符号输入地址（内部参数）。

任务实施

3.2.5 电气接线和输入定义

本任务的电气接线在参考任务 3.1 的基础上，增加 DC 24V 接线的 KTP700 Basic 触摸屏，减少了按钮和选择开关。S7-1200 PLC 的输入定义见表 3-6，它只定义了 3 个限位开关，其他所有的信号都是通过 PROFINET 通信进行数据传输。

表 3-6 S7-1200 PLC 的输入定义

	PLC 软元件	元件符号/名称
输入	I1.0	SQ1/左限位(NO)
	I1.1	SQ2/原点限位(NO)
	I1.2	SQ3/右限位(NO)

3.2.6 触摸屏画面组态

1. 触摸屏选择与连接

本任务选用触摸屏，需要在博途软件“添加新设备”窗口选择相应的触摸屏订货号和版本，如图 3-58 所示。

图 3-58 添加触摸屏

然后，如图 3-59 所示选择与触摸屏相连的 PLC，完成后的 PLC 连接如图 3-60 所示。

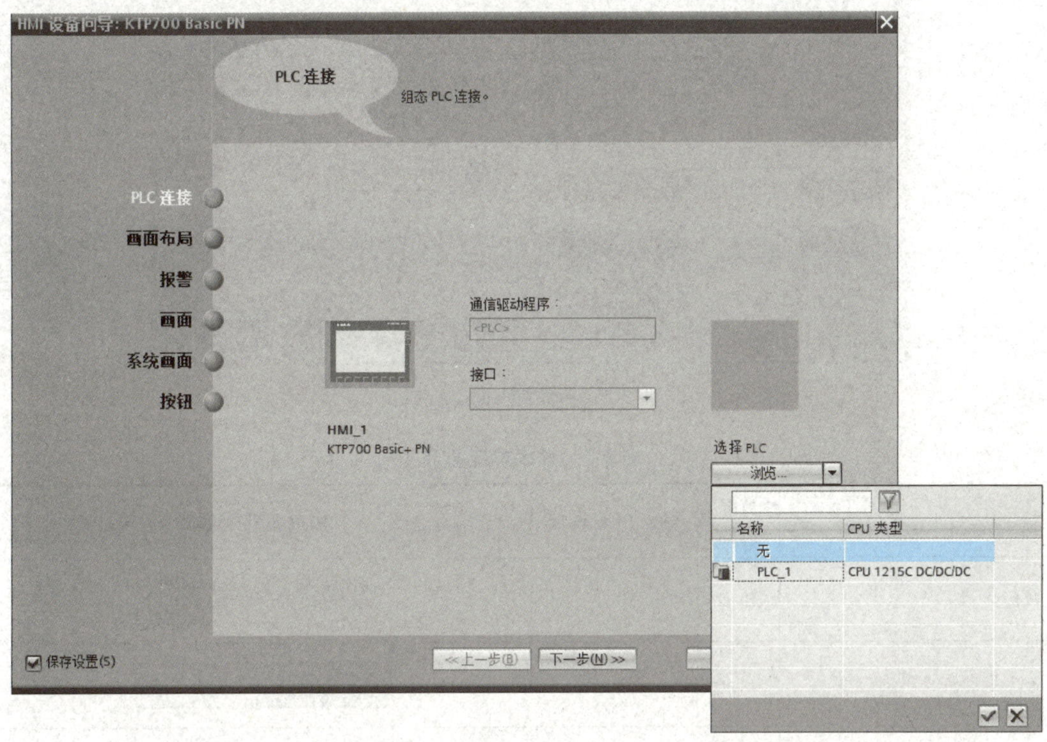

图 3-59　选择 PLC

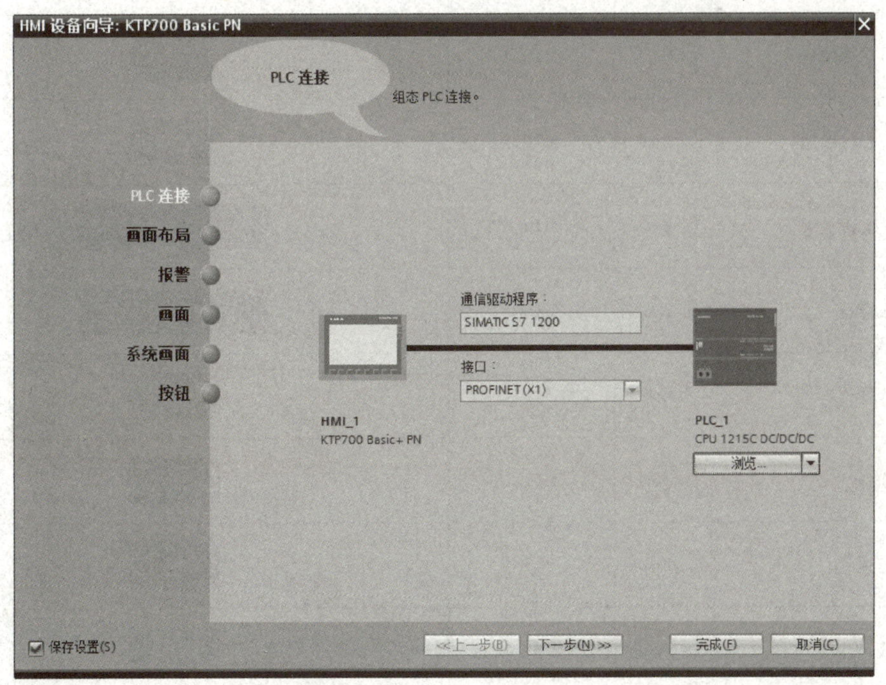

图 3-60　完成后的 PLC 连接

2. 触摸屏画面组态

如图 3-61 所示为触摸屏画面组态，它包括按钮、开关、指示灯、I/O 域、动画等，触摸屏变量具体见表 3-7。

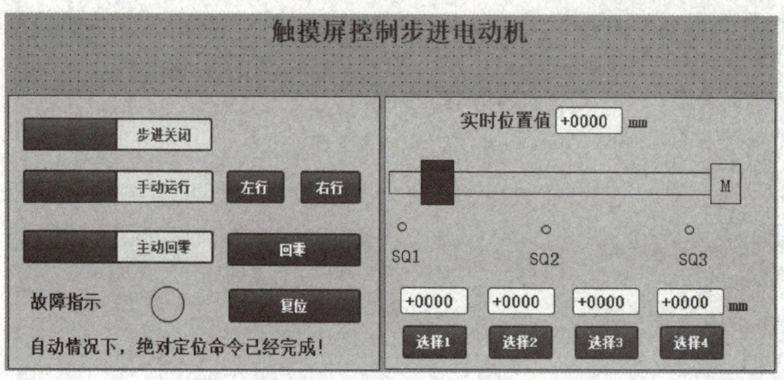

图 3-61 触摸屏画面组态

表 3-7 触摸屏变量表

名 称	数据类型	对应 PLC 地址	触摸屏图符说明
故障显示	Bool	M8.4	故障指示
SA1 步进使能开关	Bool	M10.0	步进关闭
SA2 手动 OFF/自动定位 ON	Bool	M10.1	手动运行
SB1 手动左行按钮	Bool	M10.4	左行
SB2 手动右行按钮	Bool	M10.5	右行
SB3 回零按钮	Bool	M10.6	回零
SB4 复位按钮	Bool	M10.7	复位
位置 1 选择	Bool	M11.1	选择1
位置 2 选择	Bool	M11.2	选择2
位置 3 选择	Bool	M11.3	选择3
位置 4 选择	Bool	M11.4	选择4
SB5 自动运行按钮	Bool	M11.5	自动运行
实时位置值	Real	MD16	实时位置值 +0000 mm

（续）

名　称	数据类型	对应 PLC 地址	触摸屏图符说明
转换后位置值	Int	MW24	M
SQ1 限位指示	Bool	I1. 0	SQ1
SQ2 限位指示	Bool	I1. 1	SQ2
SQ3 限位指示	Bool	I1. 2	SQ3
绝对位置设定值 1	Real	数据块_1. pos1	+0000
绝对位置设定值 2	Real	数据块_1. pos2	+0000
绝对位置设定值 3	Real	数据块_1. pos3	+0000
绝对位置设定值 4	Real	数据块_1. pos4	+0000

触摸屏组态中，为了更形象地表示工作台的实时位置，采用如图 3-62 所示的水平移动动画。

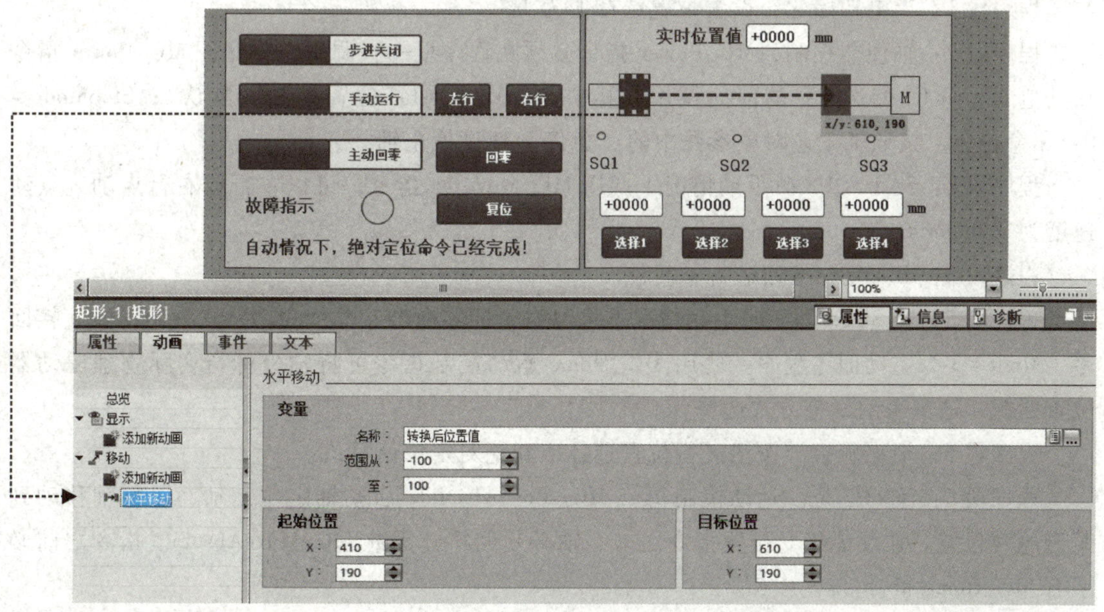

图 3-62　工作台的实时位置动画

3. 2. 7　PLC 梯形图编程

除了在触摸屏上进行显示和动作的变量之外，其余 PLC 变量见表 3-8。

表 3-8 PLC 变量表

名　称	数据类型	地址	备　注
故障位 1	Bool	M8.0	MC_Power 运动控制指令故障
故障位 2	Bool	M8.1	MC_MoveJog 运动控制指令故障
故障位 3	Bool	M8.2	MC_Home 运动控制指令故障
故障位 4	Bool	M8.3	MC_MoveAbsolute 运动控制指令故障
执行完成脉冲	Bool	M8.5	MC_MoveAbsolute 运动控制指令完成
自动运行上升沿 1	Bool	M8.6	中间变量
自动运行上升沿 2	Bool	M8.7	中间变量
执行完成显示	Bool	M9.0	为了控制触摸屏显示“自动情况下，绝对定位命令已经完成！”
选择按钮上升沿 1	Bool	M9.1	中间变量
选择按钮上升沿 2	Bool	M9.2	中间变量
选择按钮上升沿 3	Bool	M9.3	中间变量
选择按钮上升沿 4	Bool	M9.4	中间变量
自动运行下降沿 1	Bool	M9.5	中间变量
主动回零	Bool	M11.0	中间变量
回零值	Int	MW12	回零方式为 0（直接绝对回原点）或 3（主动回原点）
位置选择值	Int	MW14	确定位置选择 1~4 之间
绝对定位值	Real	MD20	与位置选择所对应的数据块_1 中的绝对位置值

OB1 梯形图程序如图 3-63 所示，具体解释如下：

程序段 1：上电初始化，设置位置选择值为 1。

程序段 2：轴使能控制，MC_Power 指令必须在程序里一直调用，并保证 MC_Power 指令在其他 Motion Control 指令的前面调用。其中 StartMode = 1：位置控制（默认）；StopMode = 0：紧急停止，按照轴工艺对象参数中的“急停”速度停止轴。

程序段 3：SA2 = OFF 时手动情况下调用 MC_MoveJog 指令，可以左行或右行点动，点动速度为 3.0mm/s。

程序段 4：SB4 复位按钮进行轴复位。

程序段 5：当 SA2 = OFF 时手动情况下可以执行回零命令，其中 Mode = 0 为绝对式直接回零、Mode = 3 为主动回零程序。使用 MC_Home 运动控制指令可将轴坐标与实际物理驱动器位置匹配。这里采用回零方式选择。

程序段 6：根据触摸屏按钮进行位置选择值和绝对定位值赋值。

程序段 7：绝对定位。运动控制指令 MC_MoveAbsolute 启动轴定位运动，以将轴移动到某个绝对位置。在使能绝对位置指令之前，轴必须回零。因此 MC_MoveAbsolute 指令之前必须有 MC_Home 指令。

程序段 8：自动定位执行完成后显示变量复位。

程序段 9：读取实时位置值，使用 MC_ReadParam 指令读取“步进轴．ActualPosition”值，并保存在 MD16 中，最后将实数转为整数后，用 MW24 来进行动画水平移动位置。

程序段 10：故障显示。

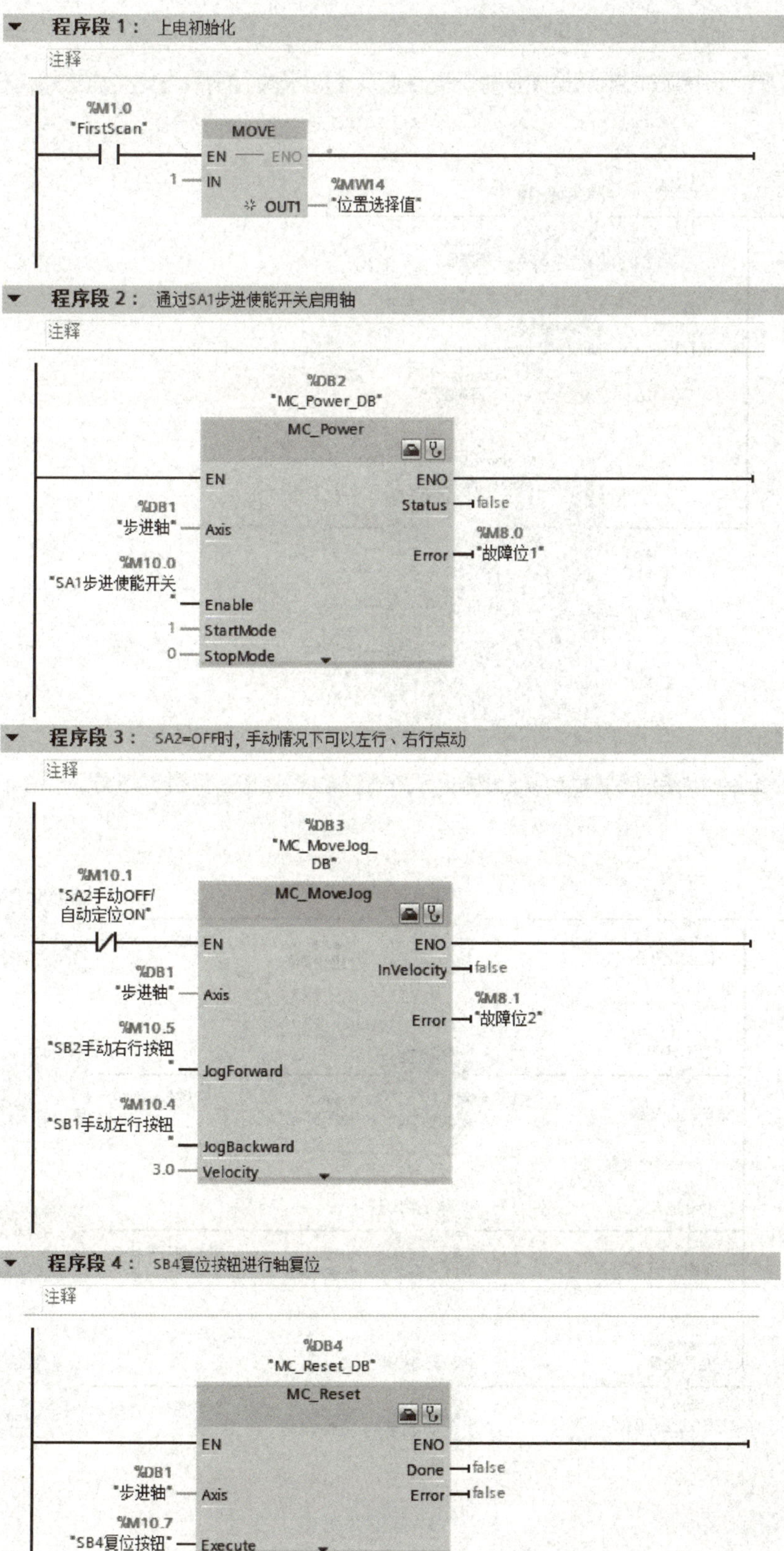

图 3-63　OB1 梯形图程序

程序段 5： SA2=OFF时，手动情况下可以执行轴回零命令（Mode=0或3）

注释

%M10.1
"SA2手动OFF/自动定位ON"
%M11.0
"主动回零"
MOVE
EN ENO
0 IN
OUT1 %MW12 "回零值"
%M11.0
"主动回零"
MOVE
EN ENO
3 IN
OUT1 %MW12 "回零值"
%DB5
"MC_Home_DB"
MC_Home
EN ENO
Done false
%DB1 "步进轴" Axis
Busy false
%M10.6 "SB3回零按钮" Execute
CommandAborted false
0.0 Position
Error %M8.2 "故障位3"
%MW12 "回零值" Mode
ErrorID 16#0
ErrorInfo 16#0
ReferenceMarkPosition 0.0

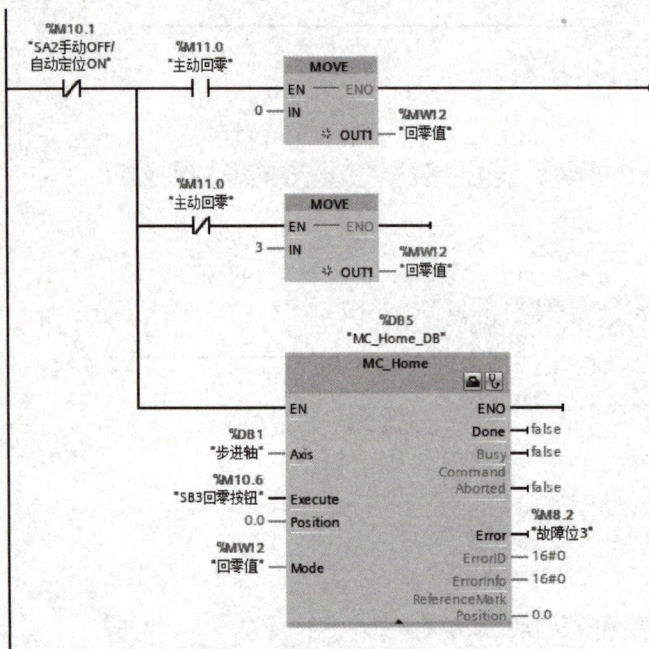

程序段 6： 根据触摸屏按钮进行位置选择值和绝对定位值赋值

注释

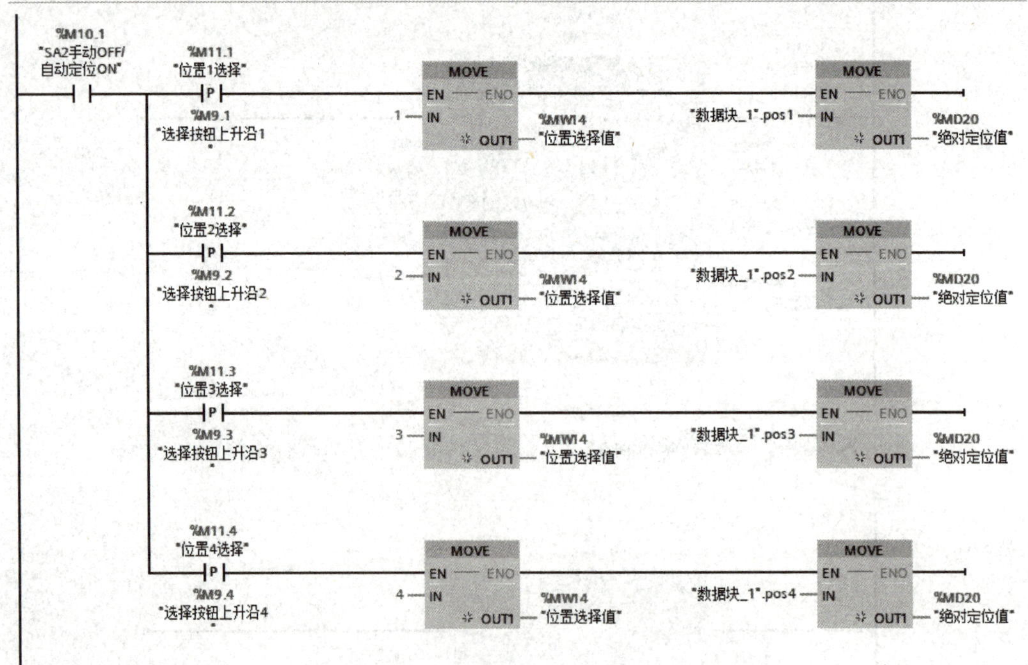

图 3-63 OB1 梯形图程序（续）

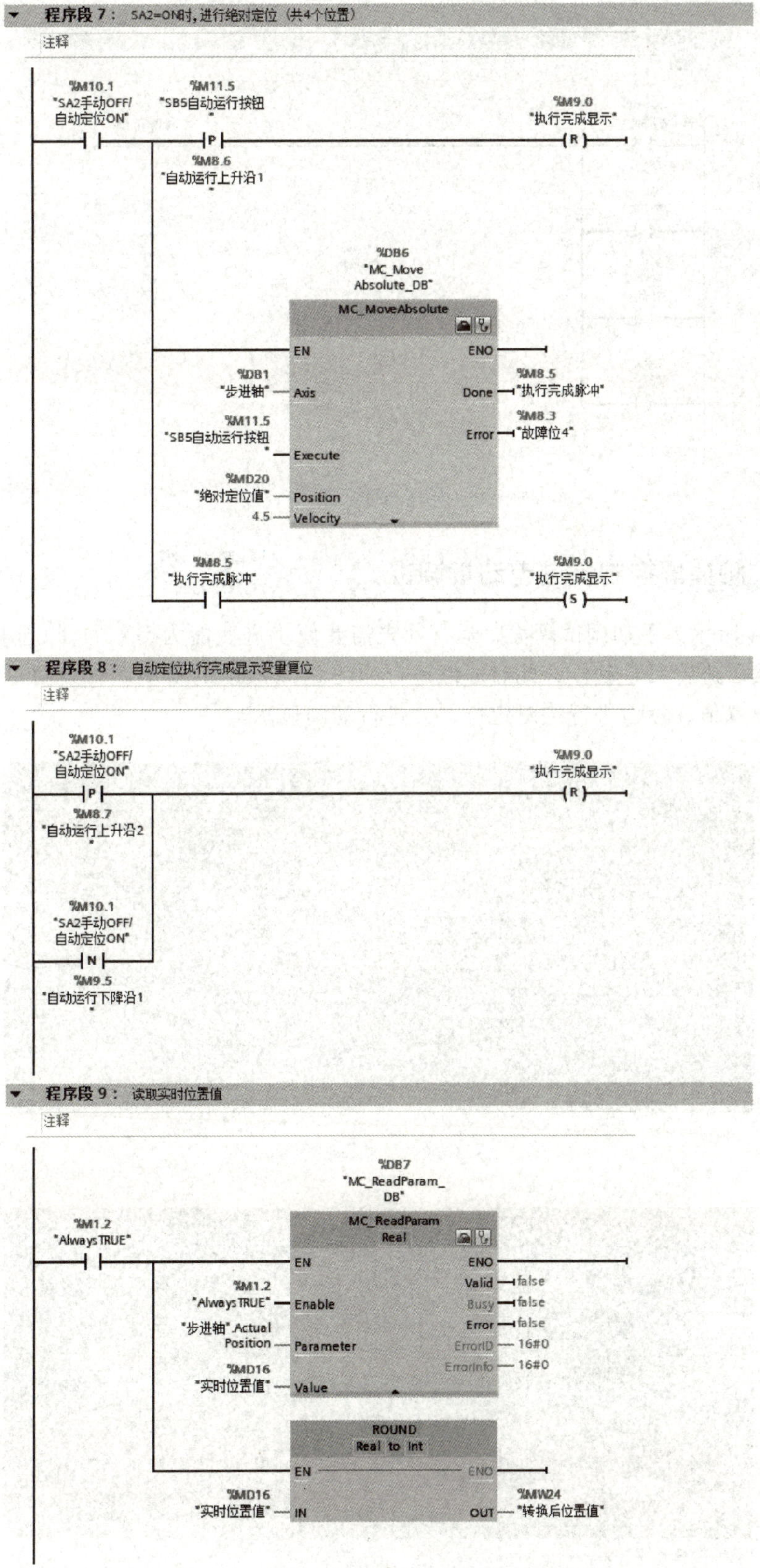

图 3-63　OB1 梯形图程序（续）

▼ 程序段 10： 故障显示

注释

%M8.0 "故障位1"

%M8.1 "故障位2"

%M8.2 "故障位3"

%M8.3 "故障位4"

%M8.4 "故障显示"

图 3-63 OB1 梯形图程序（续）

3.2.8 触摸屏控制步进电动机调试

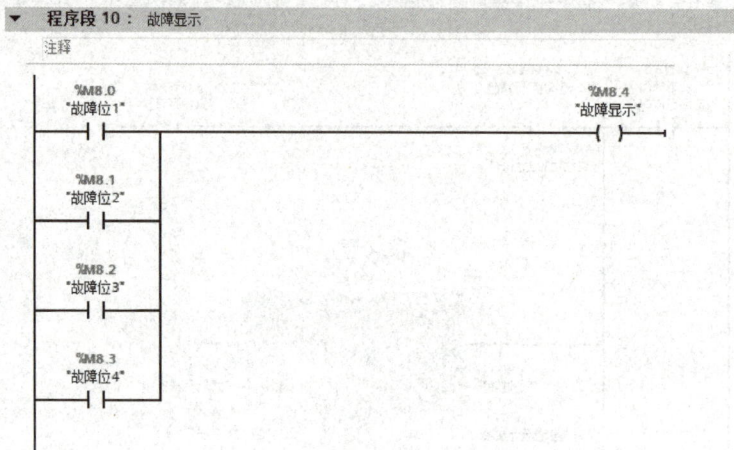

如图 3-64 所示为手动调试画面，运行前先需要使步进使能为 ON，可以进行手动左行和右行点动，然后进行回零动作，此时才能进行如图 3-65 所示的自动调试画面，4 个选择可以输入相应的位置值，然后进行绝对定位，并进行动画显示。

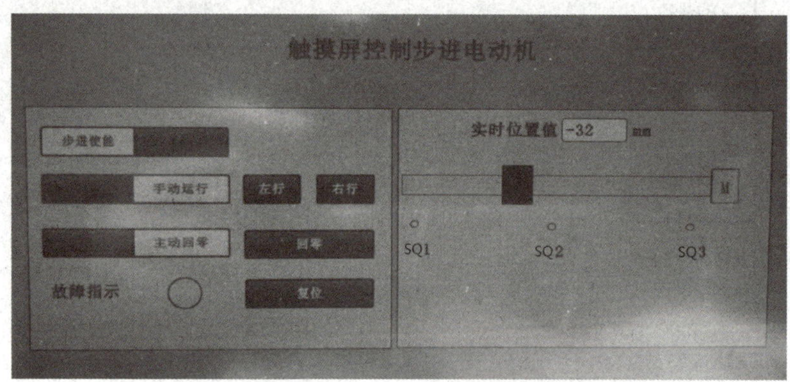

图 3-64 手动调试画面

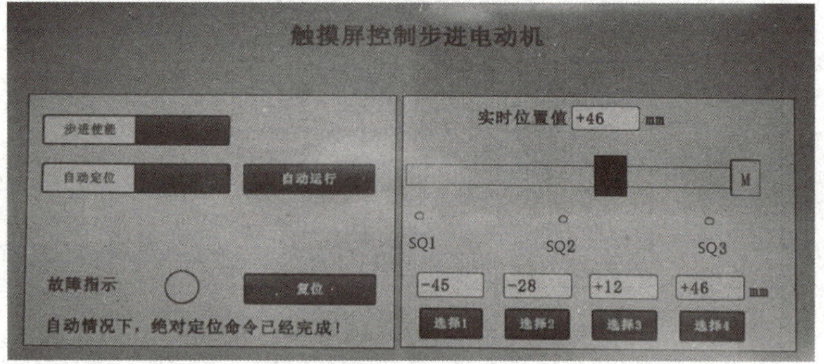

图 3-65 自动调试画面

任务记录

根据任务实施的情况，如实填写任务 3.2 实施记录表（表 3-9）。

表 3-9　任务 3.2 实施记录表

任务实施步骤	实际执行情况说明	计划时间/min	实际时间/min
电气接线和输入定义			
触摸屏画面组态			
PLC 梯形图编程			
触摸屏控制步进电动机调试			

任务评价

按要求完成考核任务 3.2，评分标准见表 3-10，具体配分可以根据实际考评情况进行调整。

表 3-10　评分标准

序号	考核项目	考核内容及要求	配分	得分
1	职业道德与素养	遵守安全操作规程，设置安全措施	15%	
		认真负责，团结合作，对实操任务充满热情		
		领悟空间站多机械臂协调与配合的重要性		
2	方案制定	PLC、触摸屏与步进控制系统方案合理	15%	
		电气控制图绘制正确		
3	编程能力	独立完成 PLC 的运动控制轴工艺	20%	
		独立完成触摸屏编程		
4	操作能力	根据电气图正确接线，美观且可靠	20%	
		正确输入程序并进行程序调试		
		根据系统功能进行正确操作演示		
5	实践效果	系统工作可靠，满足工作要求	20%	
		按规定的时间完成任务		
6	创新实践	在本任务中有另辟蹊径、独树一帜的实践内容	10%	
合计			100%	

拓展阅读

目前，我国空间站的机械臂完成了一项重大试验，机械臂自动抓住天舟二号货运飞船，成功进行了转位试验。在这次试验中，天和核心舱机械臂的一端对接到天舟二号上的目标适配器，完成了捕获。在机械臂自动完成舱段转位试验之后，航天员还手动操控机械臂，进行了舱段转位试验。此次机械臂成功自动转位天舟二号，完成了一系列的精准操控，为之后的空间站建造奠定了坚实的基础。除了转移舱段之外，空间站的机械臂也能用于转移航天员，以便完成一系列复杂而又精准的转移任务，如空间站 T 字形三舱构型建成后，航天员完成了多次出舱任务，实现了小机械臂与大机械臂的组合操作以及双臂间电气、信息的互联互通。“双臂合一”后，整个空间站机械臂系统活动范围更大、操作自由度更多，实现了航天员更大范围的快速转移，进一步提高了航天员的舱外工作效率。

我国空间站的机械臂可谓是集成一系列高精尖技术的高端航天装备，重量轻但“臂力”大，即便问天、梦天每段实验舱都重达20t，机械臂也能轻松地完成空间大挪移。机械臂作为空间站总体系统中必不可少的一部分，在设计之初就已初步确定了其功能，如爬行、舱段转位、载荷操作、巡检、支持航天员出舱和货物转运等。建造中国空间站，建成国家太空实验室是实现载人航天工程“三步走”战略的重要目标，是建设航天强国、科技强国的重要标志。中国航天人正以仰望星空的热情，及脚踏实地的工作，将中国航天事业的每一个梦想一点一点地变为现实。

思考与练习

3.1 判断以下论述是否正确。正确打√，错误打×。

1）步进电动机具有反应快、惯性大和速度高等优点。（　　）

2）假设一个脉冲转动的角度为0.36°，那么100个脉冲就是36°。（　　）

3）旋转式步进电动机又分为反应式、感应式、混合式3种。（　　）

4）步进电动机的角位移量或线位移量与电脉冲数成反比。（　　）

5）控制脉冲频率，可控制步进电动机的转速。（　　）

6）三相单双六拍反应式电动机工作时，每一个通电循环分6拍，其中3个单拍通电，3个双拍通电。（　　）

7）步进细分数越多越好，因为降低振动的效果越明显。（　　）

8）运动控制指令MC_MoveAbsolute表示轴相对定位。（　　）

9）运动控制指令中，ErrorID是Int类型，表示错误ID。（　　）

10）工艺对象轴组态中PLC输出点的属性是PTO。（　　）

3.2 阐述PLC与步进电动机构成步进控制系统的工作原理，并画出典型的电气接线。

3.3 如图3-66所示为CPU1215C DC/DC/DC PLC控制步进电动机带动丝杠滑台来回运行，该步进电动机为两相电动机，步距角为0.75°，丝杠螺距为2.5mm，现在采用3个拨码开关实现7个绝对位置定位，分别为0mm、5mm、10mm、20mm、40mm、80mm、160mm，正确选择驱动器、配置限位开关，并画出控制系统接线图后进行编程。

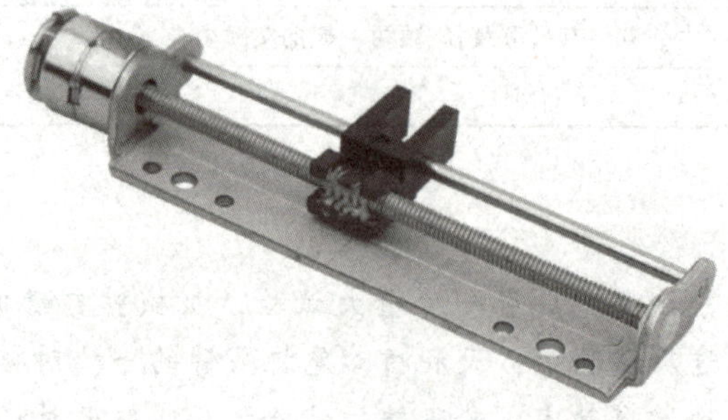

图3-66 题3.3图

3.4 某科普站采用步进电动机控制望远镜仰望角的角度，现采用如图3-67所示PLC步进控制系统，设置手动和自动切换开关，手动时可以点动进行上、下角度调节，自动时可以设置固定的 4 个仰望角度，配置合理的步进电动机、步进驱动器、选择开关和按钮，并通过编程实现这个任务。

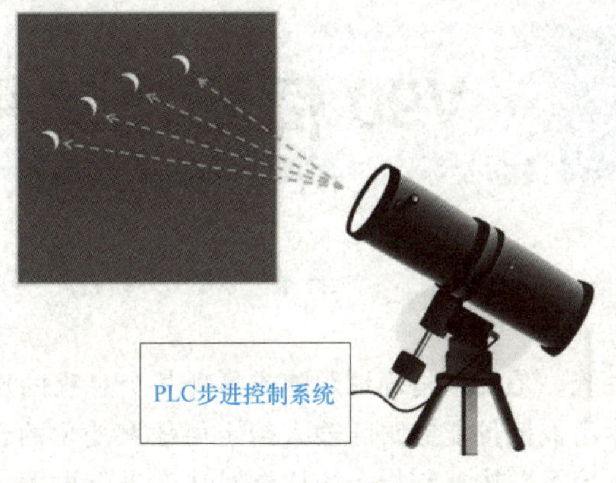

图 3-67　题 3.4 图

3.5　如图 3-68 所示，采用 KTP700 Basic 触摸屏实现某 *XY* 轴工作台的定位来完成 10×10 的物料格自动摆放，其中物料格动作采用气缸+真空吸盘实现 *Z* 向的动作，试用触摸屏控制步进电动机实现自动摆放功能。

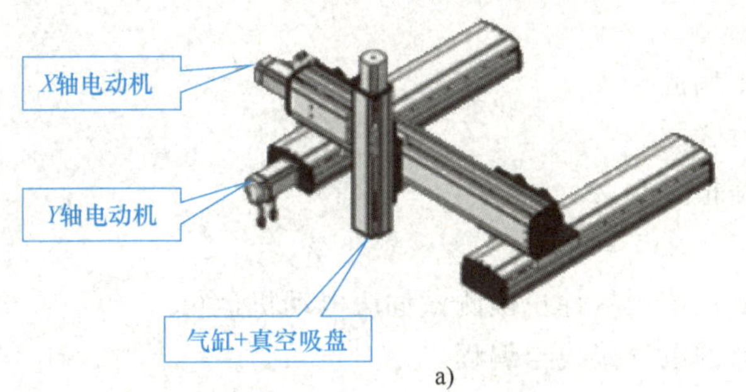

a)

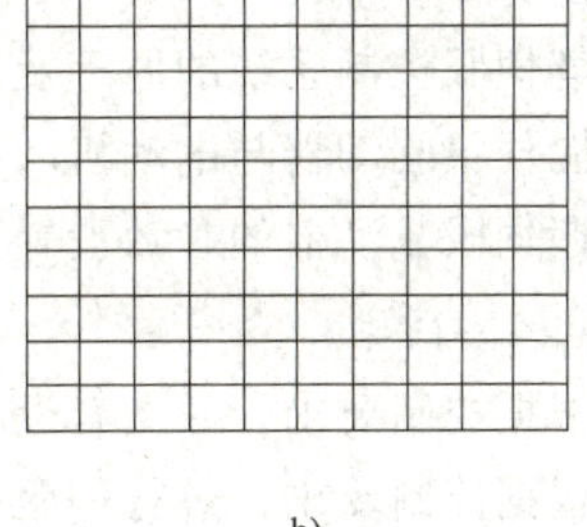

b)

图 3-68　题 3.5 图

项目 4　V90 伺服电动机的控制

项目导读

伺服系统又称随动系统，是用来精确地跟随或复现某个过程的反馈控制系统，是使物体的位置、方位、状态等输出被控量能够跟随输入给定值任意变化的自动控制系统。V90 伺服电动机与驱动器构成的系统可以按控制指令的要求对功率进行放大、变换与调控处理，使驱动装置输出的转矩、速度和位置控制灵活方便。本项目阐述了伺服电动机及其控制基础，以及通过轴工艺对象的配置实现回零、速度控制、相对移动或绝对移动等命令。通过伺服速度控制模式下实现滑台定位运行、伺服 EPOS 模式下实现丝杠工作台运行两个任务来掌握伺服定位功能。

知识目标：

了解伺服控制系统的原理及其基本构成。

掌握伺服驱动器与电动机的接线方式。

掌握伺服驱动器的参数设置和通信报文含义。

能力目标：

会根据控制要求，并结合设备手册，使用软件正确测试伺服电动机运行。

会根据控制要求，进行伺服驱动器的电气接线与编程。

能设计包含触摸屏、PLC 和伺服在内的 PROFINET 控制系统。

素养目标：

培养认识新事物的能力，勇于尝试用新技术解决工艺问题。

在增强学习的主动性和紧迫感的同时，更要懂得由浅入深、循序渐进。

掌握国产运动控制产品的发展历程，进一步增强民族自信心。

任务 4.1　伺服速度控制模式下实现滑台定位运行

任务描述

如图 4-1 所示为 S7-1200 PLC 控制 V90 PN 伺服驱动器，并由伺服驱动器控制的 S-1FL6 伺服电动机通过同步带驱动安装在滚珠丝杠上的螺母滑台，要求能通过操作盒实现以下功能：

1）SA1 使能开关变 ON 后，伺服驱动器处于待机状态；任何情况下将使能开关变为 OFF，伺服驱动器将无法驱动伺服电动机。

2）按下 SB1 回零按钮后，滑台回到原点 SQ2。

3）按下 SB2 绝对定位按钮后，滑台以 10.0mm/s 的速度移动到距离原点 75mm 或 150mm 处（具体取决于 SA2 开关的状态）停止，准备钻待加工件。

4）当伺服驱动器故障时，可以按下 SB3 复位按钮进行复位。

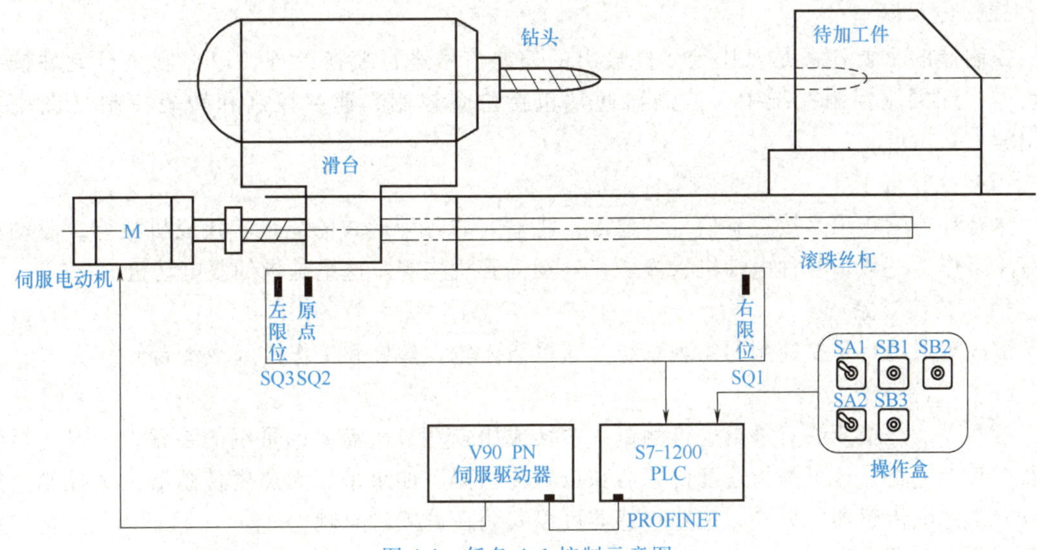

图 4-1　任务 4.1 控制示意图

知识准备

15. 伺服系统的组成与结构

4.1.1　伺服系统的组成与结构

1. 伺服控制系统的组成原理

如图 4-2 所示为伺服控制系统组成原理，它包括控制器、伺服驱动器、伺服电动机和位置/速度传感器。伺服驱动器通过执行控制器的指令来控制伺服电动机，进而驱动机械装备的运动部件（这里指的是丝杠工作台），实现对装备的速度、转矩和位置控制。

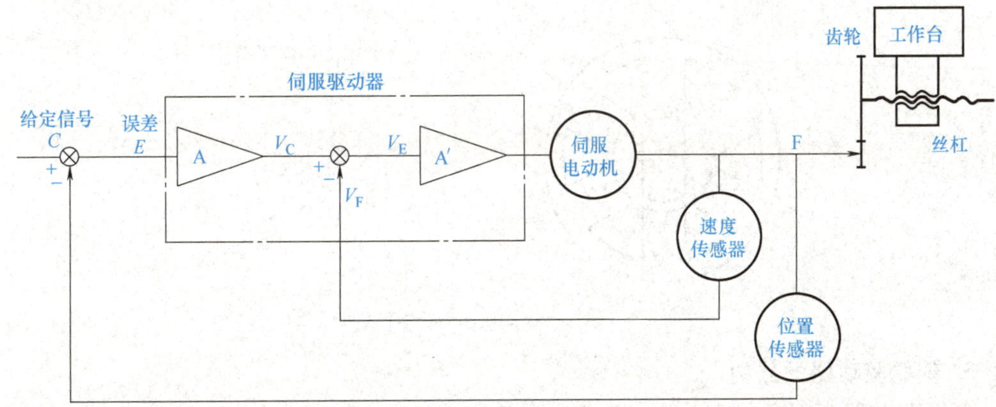

图 4-2　伺服控制系统组成原理

从自动控制理论的角度来分析，伺服控制系统一般包括控制器、被控对象、执行环节、检测环节、比较环节等 5 部分。

（1）比较环节

比较环节是将输入的指令信号与系统的反馈信号进行比较，以获得输出与输入间偏差信号的环节，这里包括位置比较环节、速度比较环节。

（2）控制器

控制器的主要任务是对比较元件输出的偏差信号进行变换处理，以控制执行元件按要求动作。在伺服控制系统中，控制器通常包括位置控制、速度控制和转矩控制（图中未画出）。

（3）执行环节

执行环节的作用是按控制信号的要求，将输入的各种形式的能量转化成机械能，驱动被控对象工作，一般指各种电动机、液压、气动伺服机构等。这里是指伺服电动机。

（4）被控对象

被控对象是指需要控制的物理系统，这里指齿轮、丝杠和工作台（或滑台）。

（5）检测环节

检测环节是指能够对输出进行测量并转换成比较环节所需要的量纲的装置，一般包括传感器和转换电路。这里是指速度传感器和位置传感器。如果采用无速度传感器矢量控制，则可以取消速度传感器。另外，位置传感器可以安装在被控对象侧。

2. 伺服电动机的结构

伺服电动机与步进电动机不同的是，伺服电动机是将输入的电压信号变换成转轴的角位移或角速度输出，其控制速度和位置精度非常准确。

按使用的电源性质不同，可以分为直流伺服电动机和交流伺服电动机两种。直流伺服电动机由于存在如下缺点：电枢绕组在转子上不利于散热；绕组在转子上，转子惯量较大，不利于高速响应；电刷和换向器易磨损需要经常维护、限制电动机速度、换向时会产生电火花等，因此，直流伺服电动机逐步被交流伺服电动机所替代。

交流伺服电动机一般指永磁同步型电动机，它主要由定子、转子及测量转子位置的传感器构成。定子和一般的三相感应电动机类似，采用三相对称绕组结构，它们的轴线在空间彼此相差 120°，如图 4-3 所示；转子上贴有磁性体，一般有两对以上的磁极；位置传感器一般为光电编码器或旋转变压器。

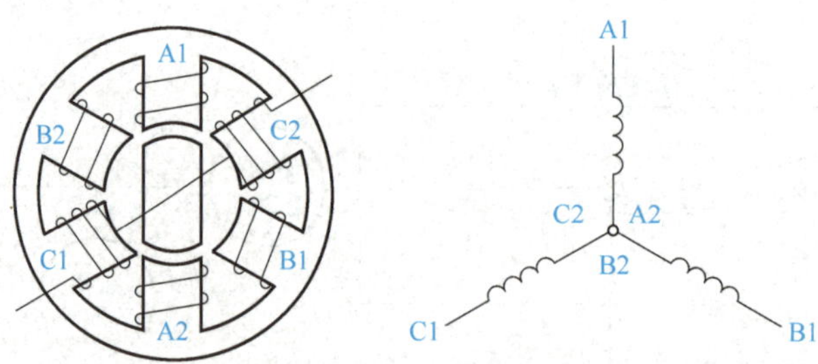

图 4-3 永磁同步型交流伺服电动机的定子结构

3. 伺服驱动器的结构

伺服驱动器又称功率放大器，其作用就是将工频交流电源转换成幅度和频率均可变的交流电源提供给伺服电动机，其内部结构如图 4-4 所示，主要包括主电路和控制电路。

伺服驱动器的主电路包括整流电路、充电保护电路、滤波电路、再生制动电路（能耗制动电路）、逆变电路和动态制动电路，可见比变频器的主电路增加了动态制动电路，即在逆

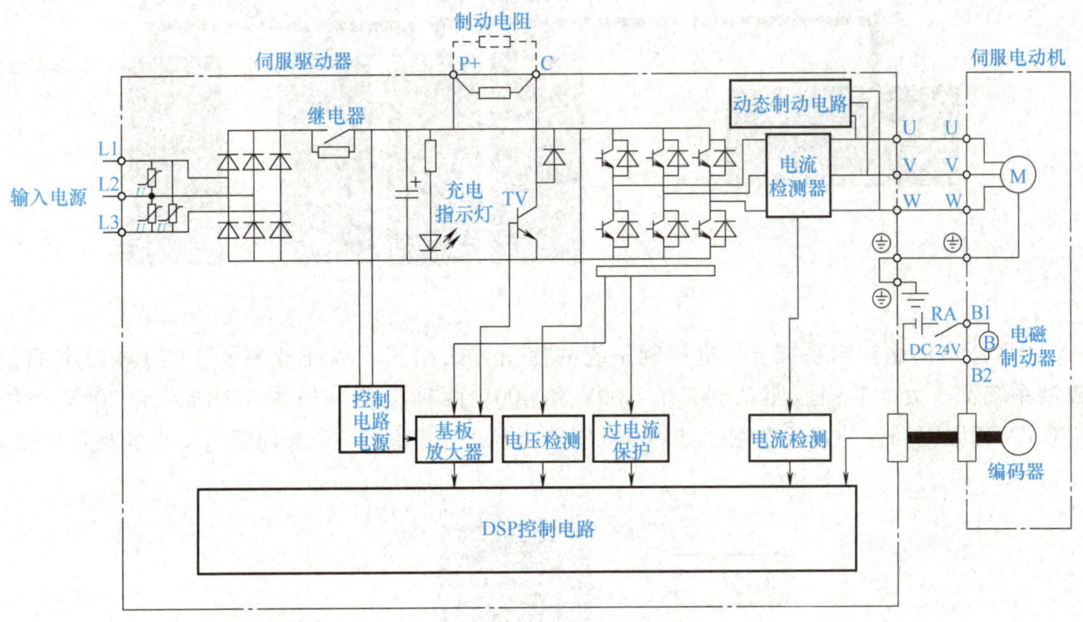

图 4-4　伺服驱动器内部结构

变电路基极断路时，在伺服电动机和端子间加上适当的电阻器进行制动。电流检测器用于检测伺服驱动器输出电流的大小，并通过电流检测电路反馈给 DSP 控制电路。有些伺服电动机除了编码器之外，还带有电磁制动器，在制动线圈未通电时，伺服电动机被抱闸，线圈通电后抱闸松开，电动机方可正常运行。

控制电路有单独的控制电路电源，除了为 DSP 以及检测保护等电路提供电源外，对于大功率伺服驱动器来说，还提供散热风机电源。

4.1.2　V90 伺服控制系统的组成

V90 伺服控制系统共有 2 个版本，一个是脉冲序列（PTI 版本），另外一个是 PN 版本。PTI 版本伺服控制系统集成了外部脉冲位置控制、内部设定值位置控制（通过程序步或 Modbus）、速度控制和转矩控制等模式，如图 4-5 所示。PN 版本伺服控制系统通过内置 PROFINET 接口，只需一根电缆即可实时传输用户/过程数据以及诊断数据，大大降低了系统复杂性，如图 4-6 所示。

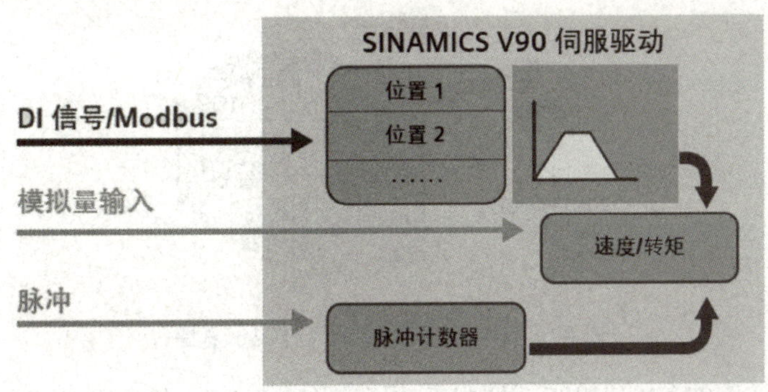

图 4-5　PTI 版本伺服控制系统

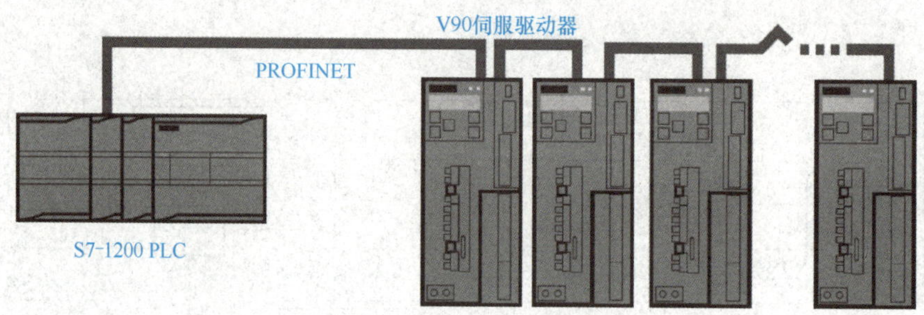

图 4-6　PN 版本伺服控制系统

PTI 版本伺服控制系统与步进控制系统的使用方法相同，本任务主要介绍 PN 版本伺服控制系统，该版本的伺服驱动器具有 200V 和 400V 两种类型，如图 4-7 所示为 200V 级的 V90 PN 伺服驱动器外观示意图，如图 4-8 所示为与之配套的 S-1FL6 伺服电动机外观示意图。

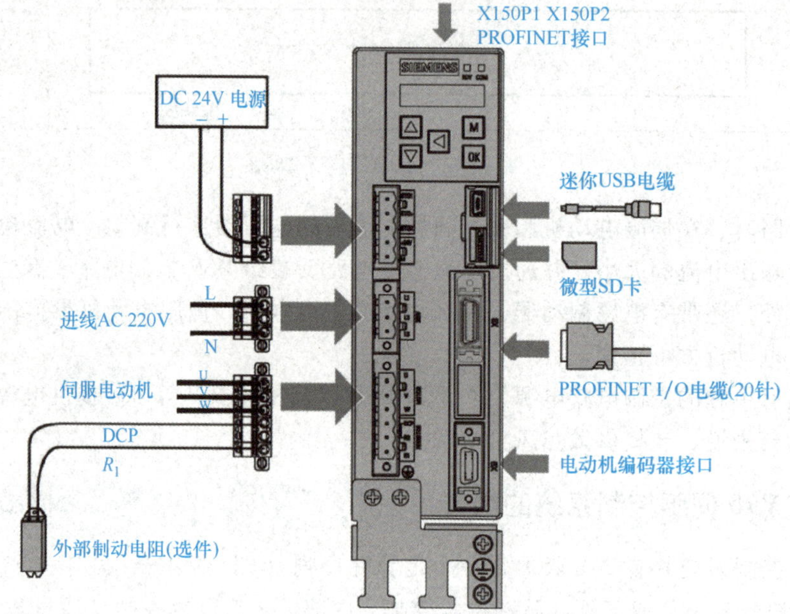

图 4-7　200V 级的 V90 PN 伺服驱动器外观示意图

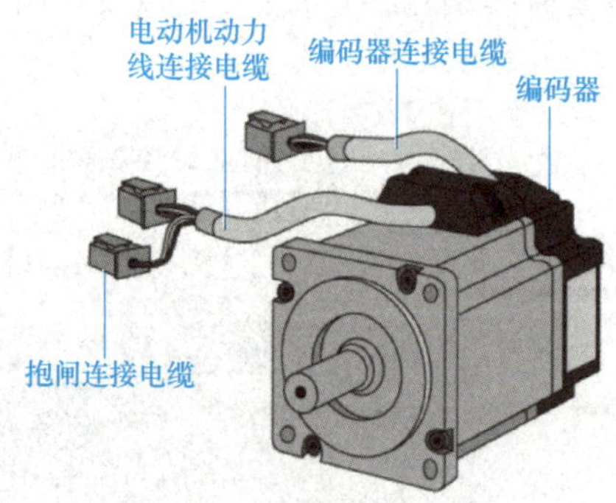

图 4-8　S-1FL6 伺服电动机外观示意图

如图 4-9 所示为 V90 PN 伺服驱动控制系统示意图，S-1FL6 伺服电动机的编码器分辨率高达 21 位，通过 PROFINET 的传输速率为 100Mbit/s，保证了高定位精度和极低的速度波动。

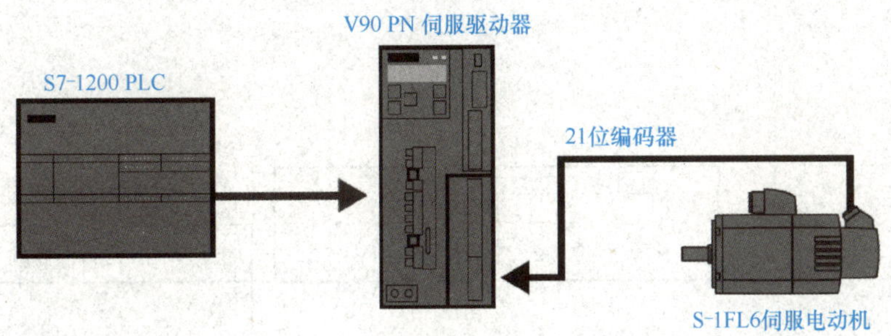

图 4-9　V90 PN 伺服驱动控制系统示意图

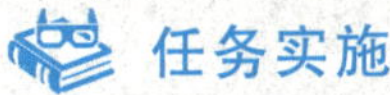

任务实施

4.1.3　伺服控制系统电气接线

本任务选择 AC 220V 电源的 V90 PN 伺服驱动器（订货号 6SL3210-5FE10-8UF0）及 S-1FL6 伺服电动机（订货号 1FL6044-1AF61-2LB1），其中触摸屏、PLC 和伺服驱动器之间采用 PROFINET 相连。如图 4-10 所示为 PLC 电气接线，需要注意的是，SQ1、SQ2 和 SQ3 采用 NPN 型光电开关，需要将 PLC 的 1M 端子与 24V 相连；如果采用 PNP 型光电开关，则需要将 PLC 的 1M 端子与 0V 相连。

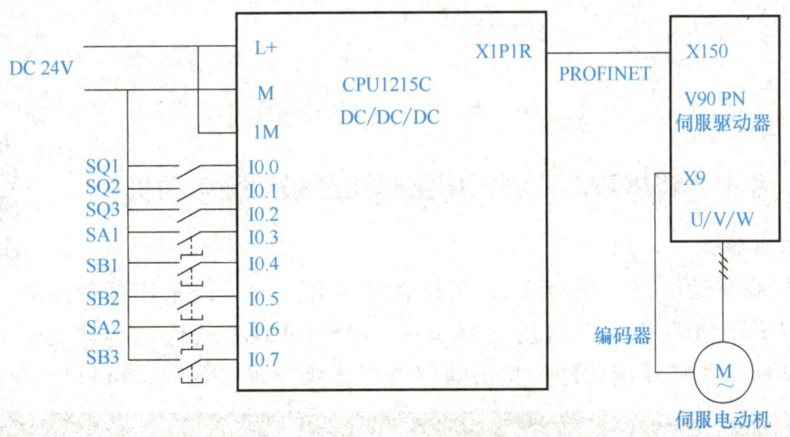

图 4-10　PLC 电气接线

如图 4-11 所示为 V90 PN 伺服驱动器电气接线，只有当 220V 交流进线和 DC 24V 全部上电时，伺服驱动器才会正常工作。

S7-1200 PLC 的输入定义见表 4-1，它只定义了 3 个限位开关，其他所有的信号都是通过 PROFINET 通信进行数据传输。

表 4-1　S7-1200 PLC 的输入定义

	PLC 软元件	元件符号/名称
输入	I0.0	SQ1/原点限位（NO）
	I0.1	SQ2/左限位（NO）
	I0.2	SQ3/右限位（NO）

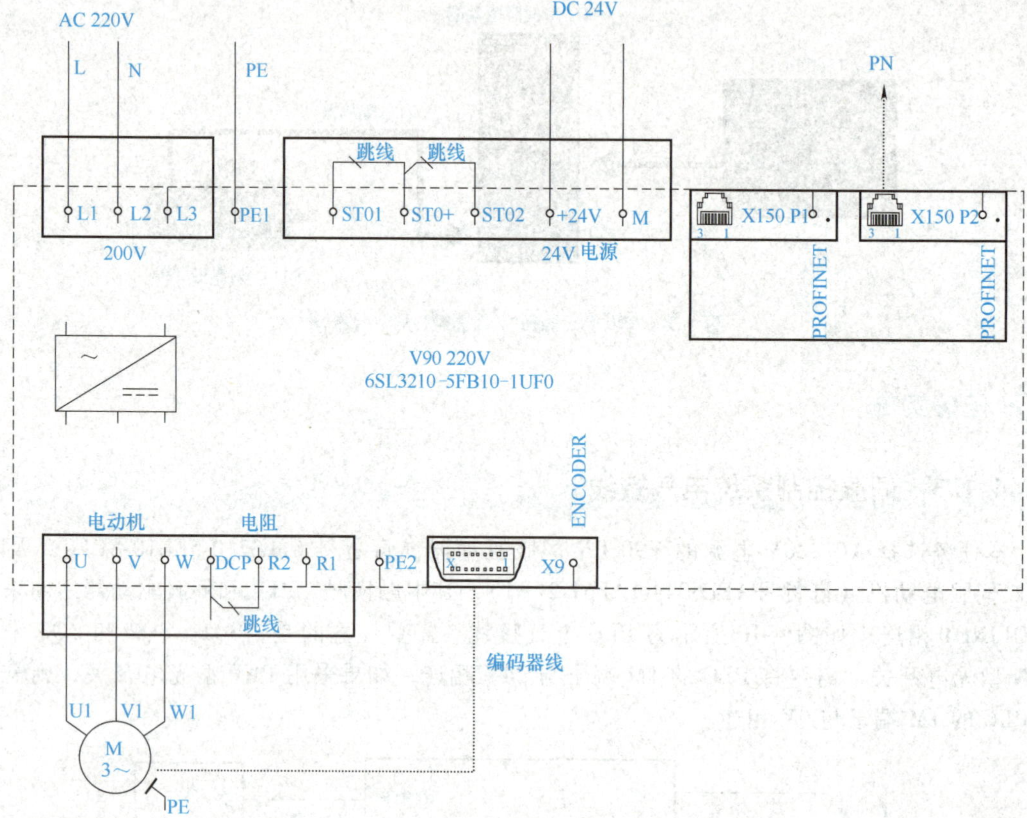

图 4-11 V90 PN 伺服驱动器电气接线

4.1.4 用 V-ASSISTANT 调试伺服驱动器和伺服电动机

16. 用 V-ASSISTANT 调试伺服驱动器和伺服电动机

1. 设备信息修改

V90 PN 伺服驱动器可以进行 BOP 面板直接输入，也可以采用软件 SINAMICS V-ASSISTANT 调试，这里介绍采用 V-ASSISTANT 软件进行调试。如图 4-12 所示为打开该软件后弹出的“选择连接方式”窗口，可以

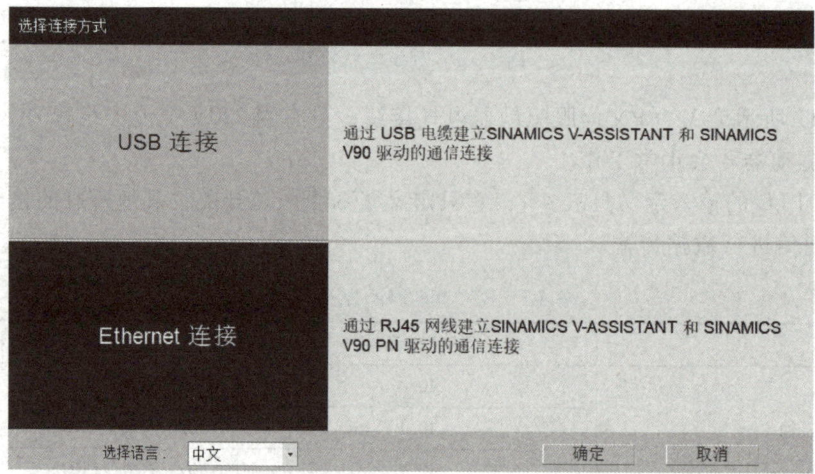

图 4-12 “选择连接方式”窗口

采用 USB 电缆连接，也可以采用 RJ45 网线连接，这里选择后者进行 Ethernet 连接。

如图 4-13 所示为“网络视图”窗口，显示 V90 伺服驱动器与计算机进行连接，单击“设备信息”按钮，弹出如图 4-14 所示的“设备信息”窗口，进行设备名和 IP 地址的更改，这里输入“v90pn”和“192. 168. 0. 10”，其中设备名应与 S7-1200 PLC 程序中的设置一致，否则无法联网。

网络视图

设备信息　设备调试

编号		设备类型	名称	IP 地址	LED 闪烁
1		网络适配器	Network adapter 'Realtek Gaming GbE Family Controller'...	192.168.0.100	
2		SINAMICS V90 PN	v90pn	192.168.0.10	☐

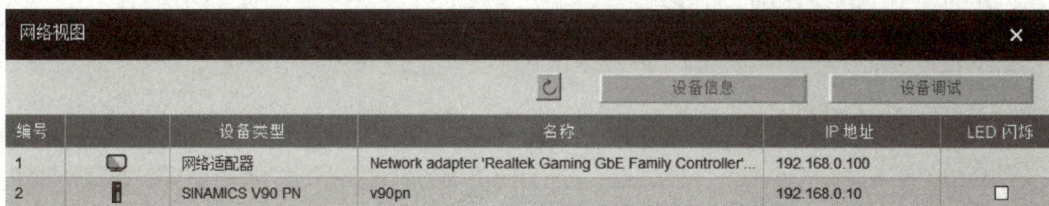

图 4-13 “网络视图”窗口

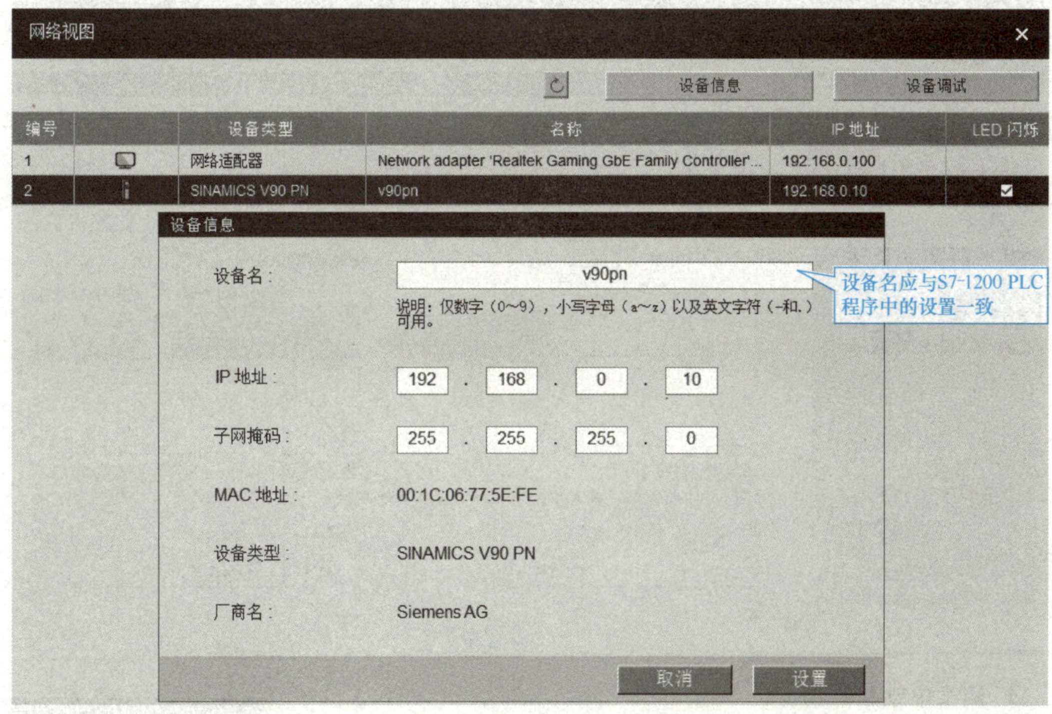

图 4-14 “设备信息”窗口

2. 选择驱动任务

如图 4-15 所示为选择驱动任务，包括驱动选择、电动机选择和控制模式选择，前面两个根据西门子公司的订货号进行选择，而控制模式则必须根据任务要求进行选择，本任务选择的是“速度控制（S）”。

3. 设置参数

如图 4-16 所示为根据任务要求进行参数设置，包括配置斜坡功能、设置极限值、配置输入/输出、查看所有参数。

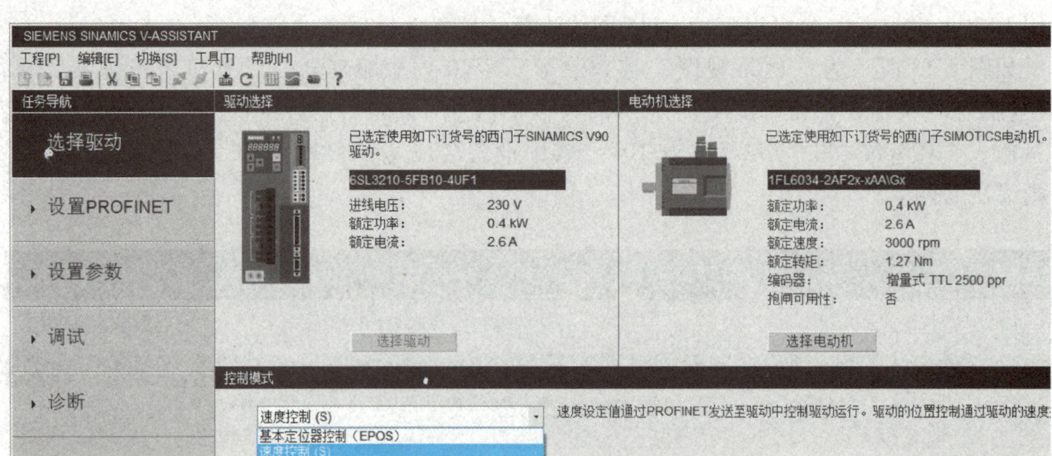

图 4-15 选择驱动任务

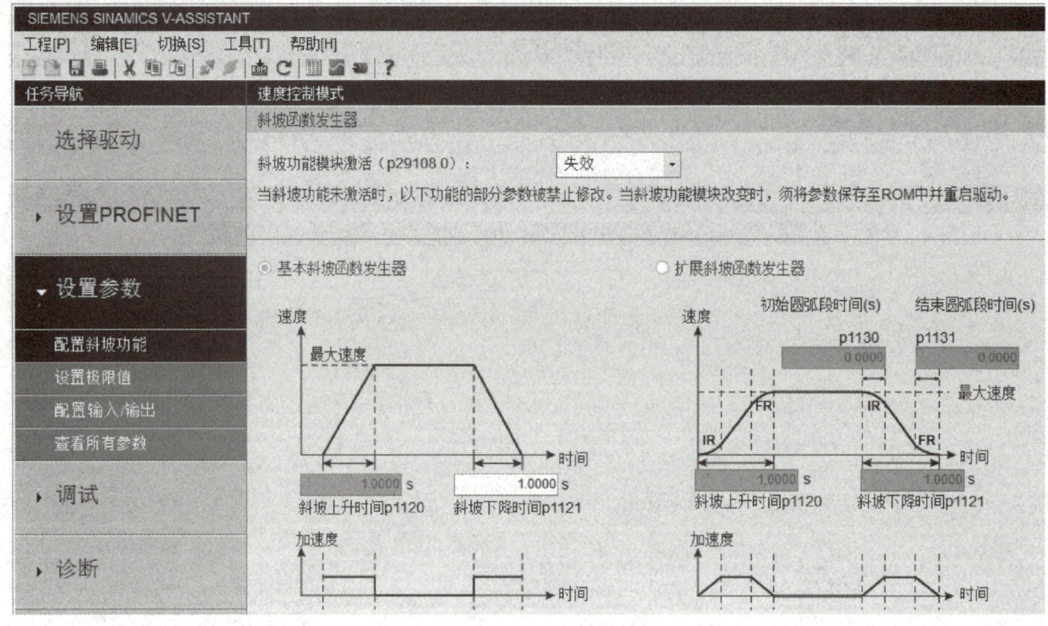

图 4-16 设置参数

4. 测试电动机点动

如图 4-17 所示为调试菜单，包括监控状态、测试电动机和优化驱动。如图 4-18 所示为选择使能选项后进行顺时针点动，其运行转速为 30r/min，测试出来的实际转速为 30.2624r/min、实际转矩 0.0876N · m、实际电流 0.1776A、实际电动机利用率 0.011%，符合实际情况。

调试
监控状态
测试电动机
优化驱动

图 4-17 调试菜单

如果调试中出现 F7900 故障，则首先需要检查相序是否正常，再检查负载是否堵转和参数是否正确设置。

5. 报文选择

如图 4-19 所示为设置 PROFINET 选项中的选择报文，这里当前报文选择“3：标准报文 3，PZD-5/9”。

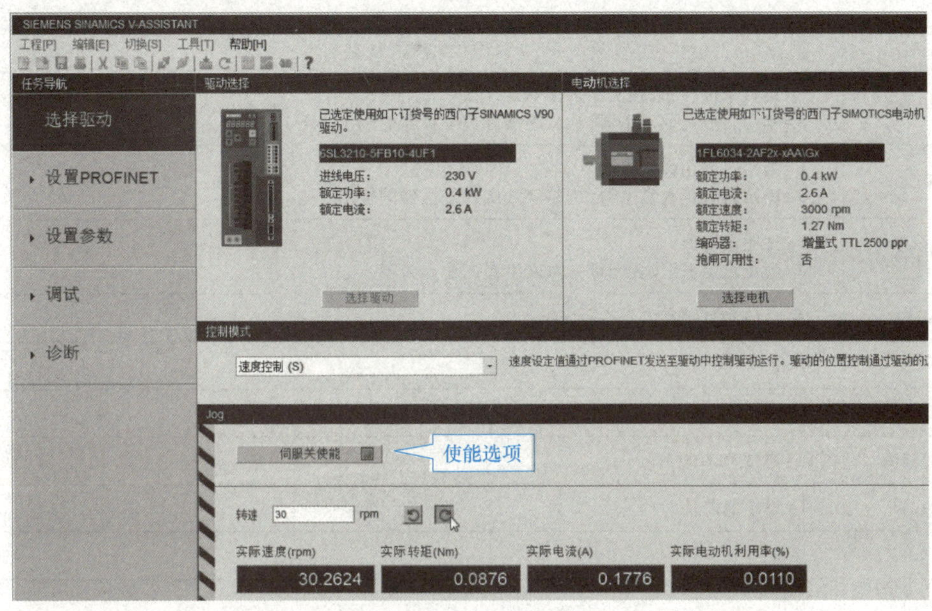

图 4-18　测试电动机点动

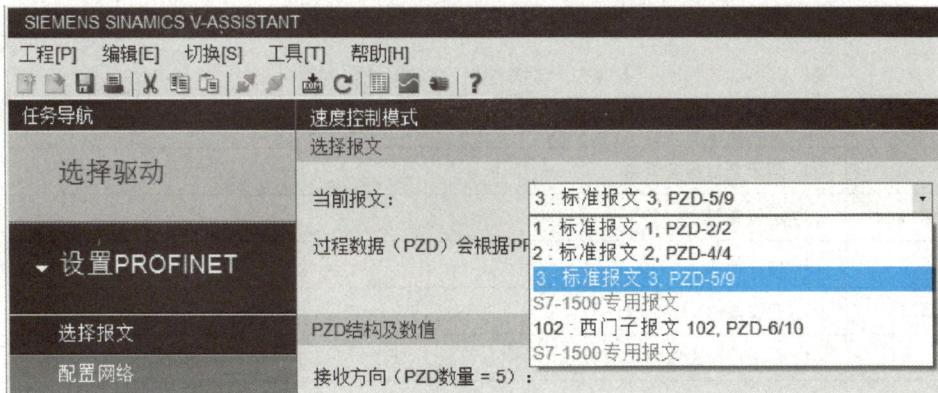

图 4-19　选择报文

控制报文 STW1 的描述见表 4-2，它定义了启动、停止、使能、斜坡函数等数字量输入信号。状态报文 ZSW1 的描述见表 4-3，它定义了伺服开启准备就绪、运行就绪、存在故障等数字量输出信号。

表 4-2　控制报文 STW1 的描述

信号	描　述
STW1.0	↑=ON(可以使能脉冲) 0=OFF1(通过斜坡函数发生器制动，消除脉冲，准备接通就绪)
STW1.1	1=无 OFF2(允许使能) 0=OFF2(立即消除脉冲并禁止接通)
STW1.2	1=无 OFF3(允许使能) 0=OFF3(通过 OFF3 斜坡 p1135 制动，消除脉冲并禁止接通)
STW1.3	1=允许运行(可以使能脉冲) 0=禁止运行(取消脉冲)

（续）

信号	描　　述
STW1.4	1=运行条件(可以使能斜坡函数发生器) 0=禁用斜坡函数发生器(设置斜坡函数发生器的输出为零)
STW1.5	1=继续斜坡函数发生器 0=冻结斜坡函数发生器(冻结斜坡函数发生器的输出)
STW1.6	1=使能设定值 0=禁止设定值(设置斜坡函数发生器的输入为零)
STW1.7	↑=1(应答故障)
STW1.8	保留
STW1.9	保留
STW1.10	1=通过 PLC 控制
STW1.11	1=设定值取反
STW1.12	保留
STW1.13	保留
STW1.14	保留
STW1.15	保留

表 4-3　状态报文 ZSW1 的描述

信号	描　　述
ZSW1.0	1=伺服开启准备就绪
ZSW1.1	1=运行就绪
ZSW1.2	1=运行使能
ZSW1.3	1=存在故障
ZSW1.4	1=自由停车无效(OFF2 无效)
ZSW1.5	1=快速停车无效(OFF3 无效)
ZSW1.6	1=禁止接通生效
ZSW1.7	1=存在报警
ZSW1.8	1=速度设定值与实际值的偏差在 t_off(关闭时间)公差内
ZSW1.9	1=控制请求
ZSW1.10	1=达到或超出 f 或 n 的比较值
ZSW1.11	0=达到 I、M 或 P 的限值
ZSW1.12	1=打开抱闸
ZSW1.13	1=无电动机过温报警
ZSW1.14	1=电动机正向旋转(n_act≥0) 0=电动机反向旋转(n_act<0)
ZSW1.15	1=功率单元无热过载报警

以上步骤设置完成后，需要重启 V90 PN 伺服驱动器才能使参数设置生效。

4.1.5　PLC 配置与运动控制对象组态

17. PLC 配置与运动控制对象组态

1. V90 PN 伺服驱动器的组网与报文选择

新建 PLC_1，选择 CPU1215C DC/DC/DC，设置 IP 地址为 192.168.0.1。

如图 4-20 所示，在硬件目录中单击“其他现场设备”→“PROFINET IO”→“Drives”→“SIEMENS AG”→“SINAMICS”→“SINAMICS V90 PN V1.0”，将 SINAMICS V90 PN V1.0 拖拽入“设备和网络”界面，并选择 PLC_1 为其 IO 控制器，完成连接后的设备和网络如图 4-21 所示。

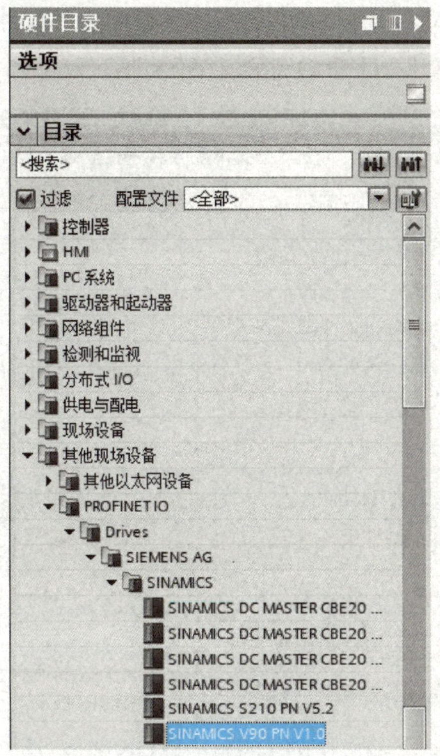

图 4-20　硬件目录

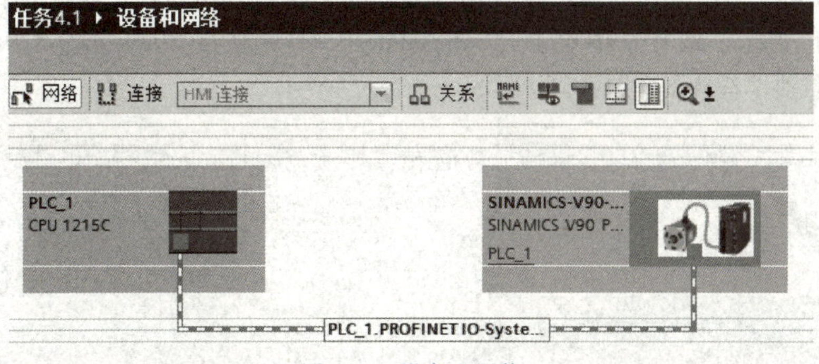

图 4-21　设备和网络

如果没有出现 V90 PN 伺服驱动器的硬件，则需要进行 GSD 文件导入，有以下两种方式：一种是下载 GSD 文件后进行管理通用站描述文件导入，另一种是 HSP（即 Hardware Support Packet）进行支持包导入，如图 4-22 所示。

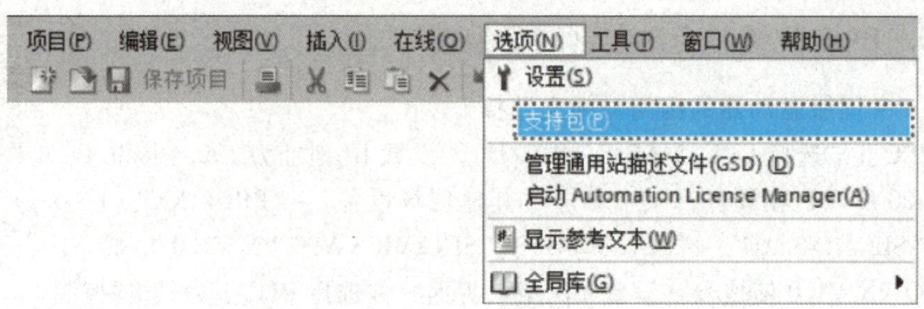

图 4-22　HSP 导入接口

如图 4-23 所示，设置 V90 PN 伺服驱动器的 IP 地址为“192. 168. 0. 10”，并将其 PROFINET 设备名称设置为 V-ASSISTANT 中的名称“v90pn”。

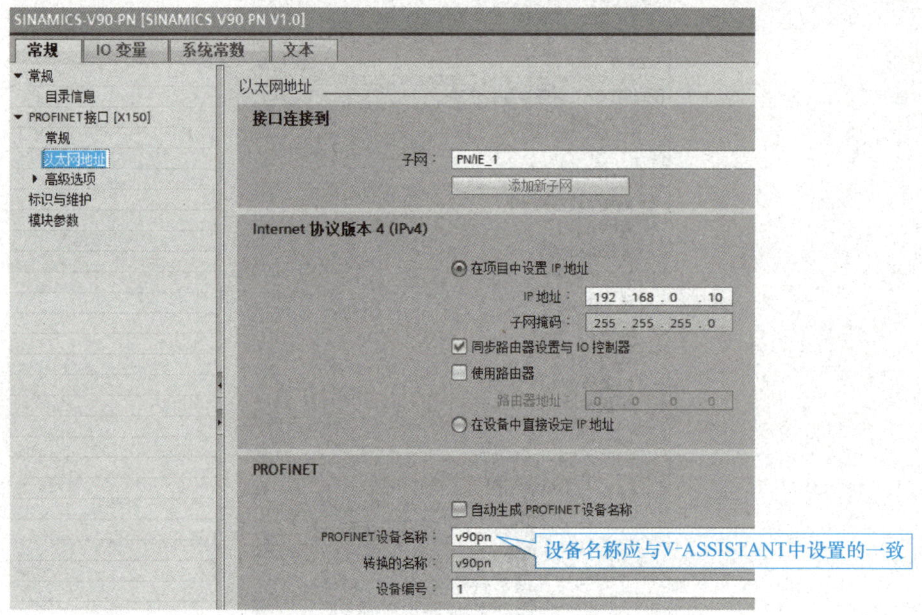

图 4-23　驱动器的以太网地址和 PROFINET 设备名称

如图 4-24 所示，双击 SINAMICS-V90-PN 设备，设备概览中显示的是未选择报文前的情况。如图 4-25a 所示，在目录中单击“Submodules”→“标准报文 3，PZD-5/9”，完成后的 V90 PN 伺服驱动设备概览如图 4-25b 所示。

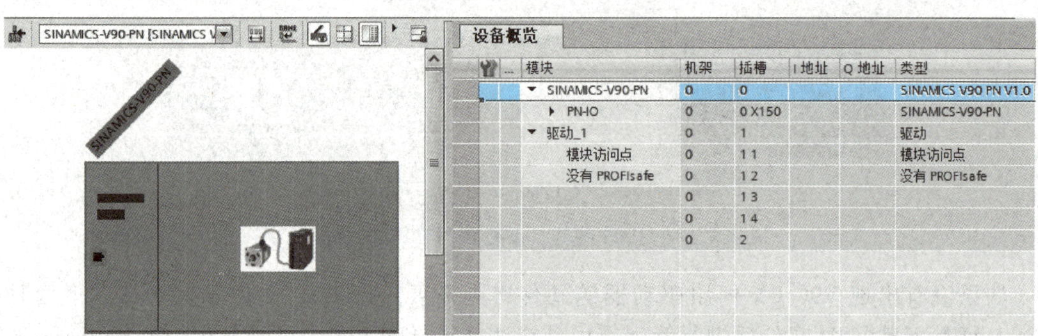

图 4-24　未选择报文前的设备概览

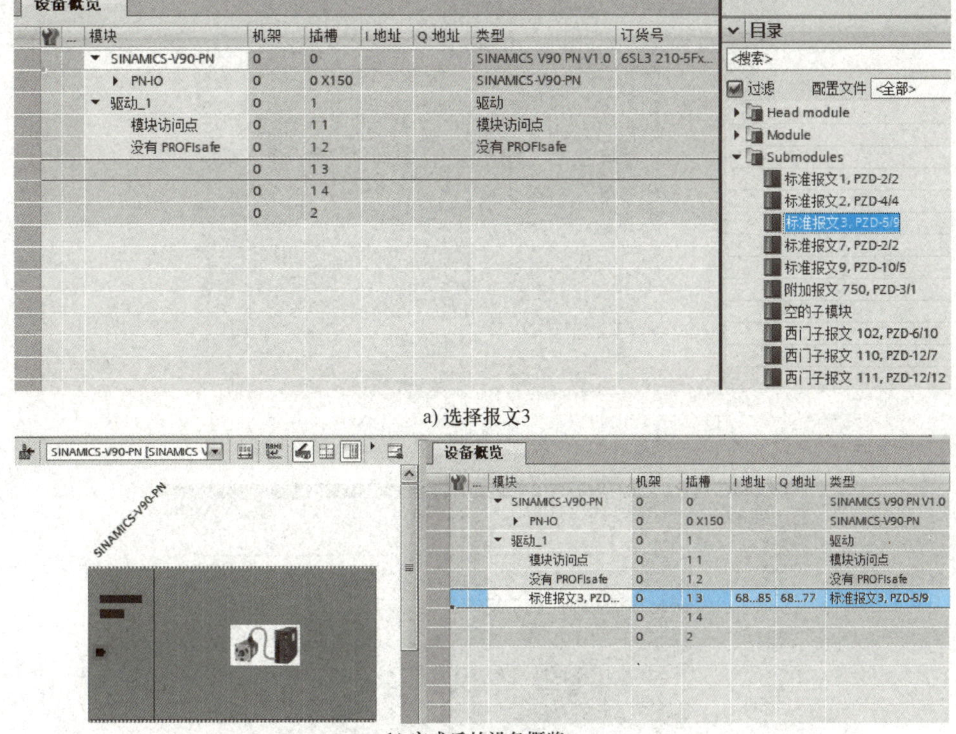

a) 选择报文3

b) 完成后的设备概览

图 4-25　报文选择与设备概览

2. 运动控制工艺对象组态

如图 4-26 所示为运动控制工艺对象组态。与项目 3 不同的是，驱动器选择“PROFIdrive”，如图 4-27 所示，驱动器设置如图 4-28 所示，驱动器报文设置如图 4-29 所示。

图 4-26　运动控制工艺对象组态

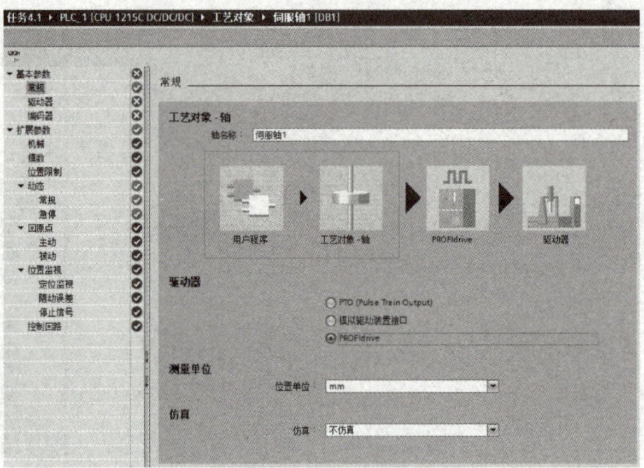

图 4-27　驱动器选择“PROFIdrive”

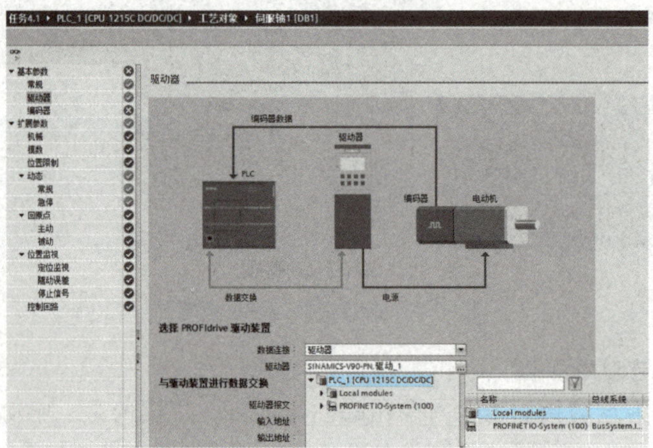

图 4-28　驱动器设置

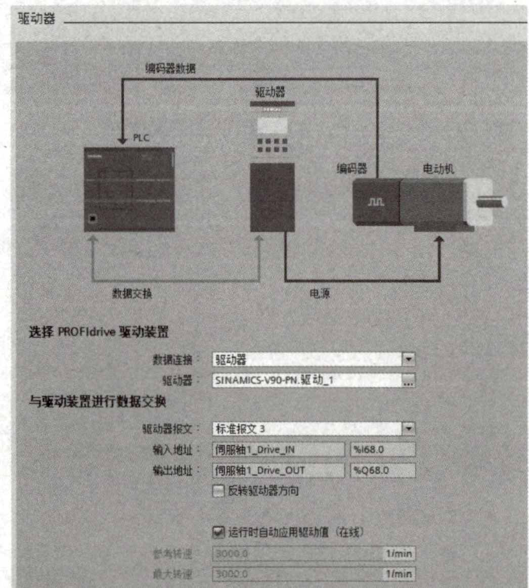

图 4-29　驱动器报文设置

与步进电动机不同，伺服驱动器必须设置编码器，如图 4-30 所示，选择 PROFIdrive 编码器，与编码器之间的数据交换选择编码器报文为“标准报文 3”，如图 4-31 所示。

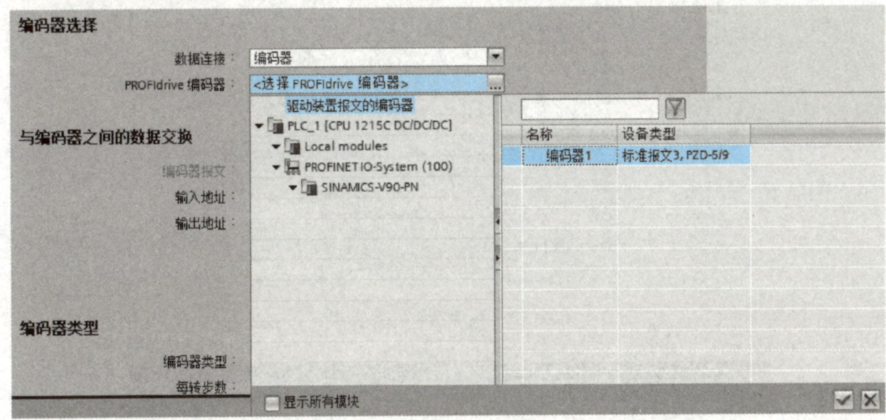

图 4-30　编码器设置

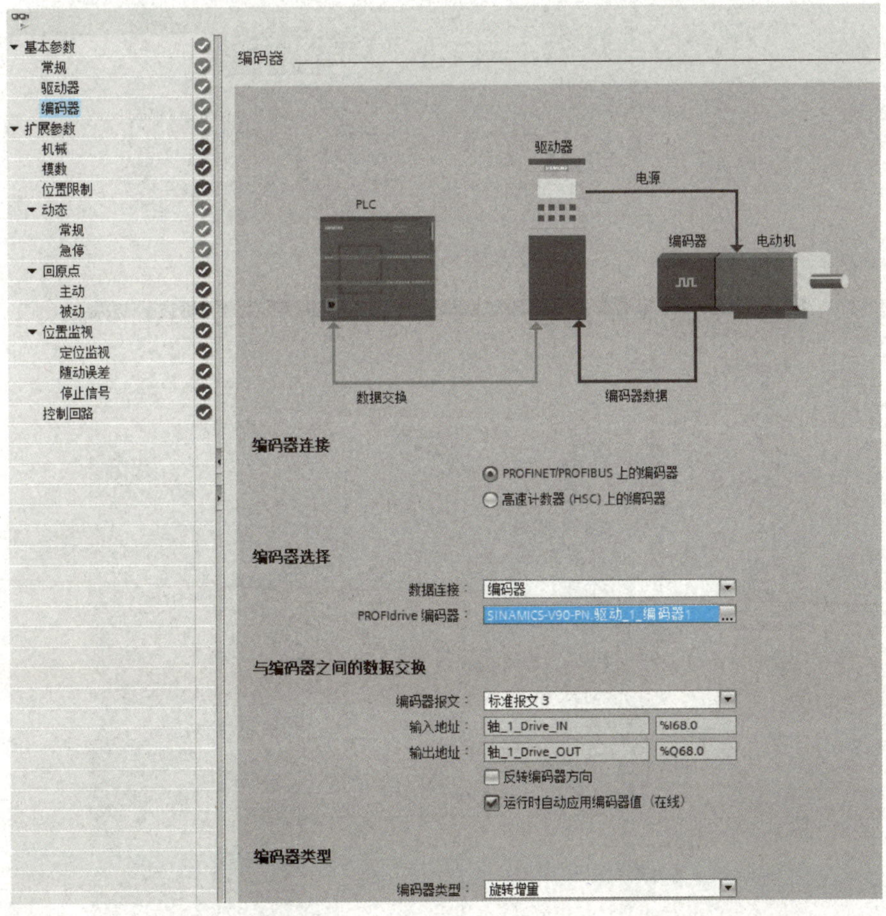

图 4-31　设置完成后的编码器

扩展参数很多，包括编码器安装类型（图 4-32）、位置限制（图 4-33）和主动回零方式（图 4-34）等。在位置限制和主动回零方式选择时，需要添加合适的限位开关类型和输入点。

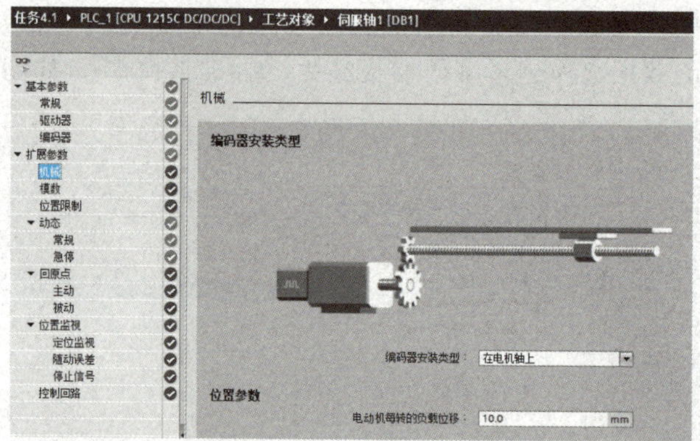

图 4-32　编码器安装类型

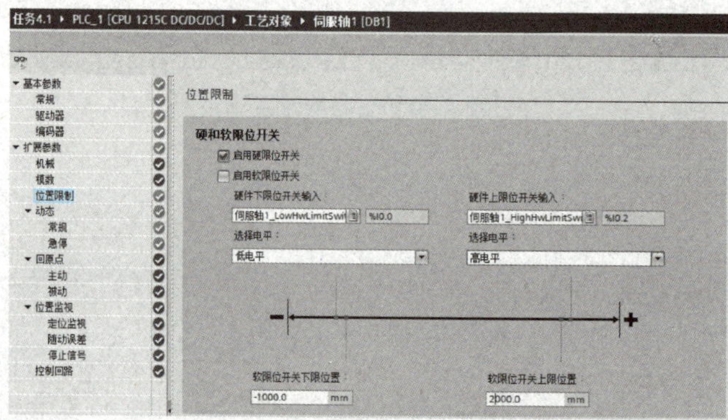

图 4-33　位置限制

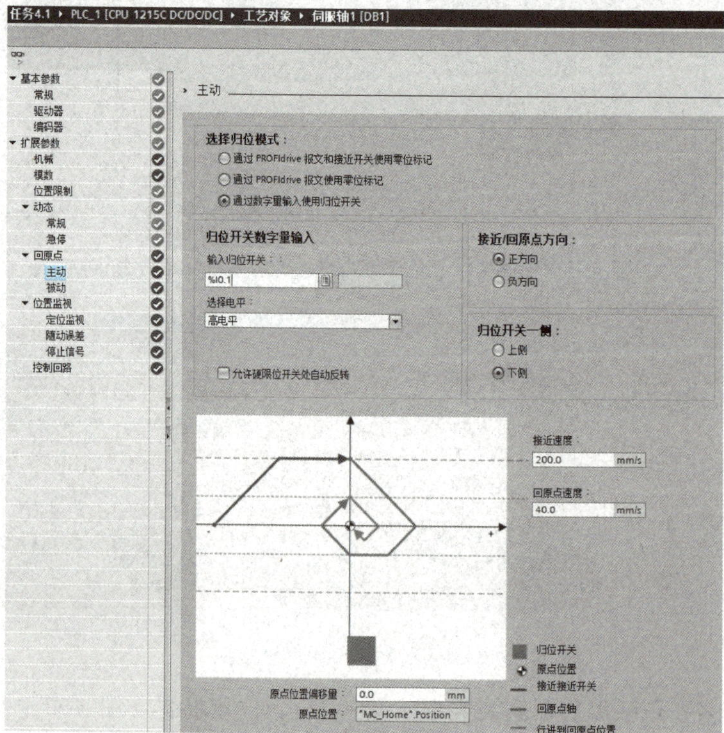

图 4-34　主动回零方式

3. 运动控制工艺对象调试

与项目 3 一样，可以进行如图 4-35 所示的运动控制工艺对象调试。

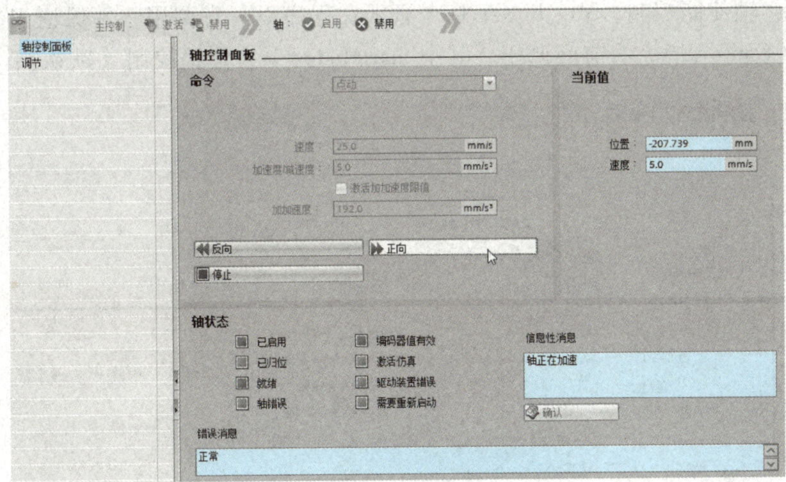

图 4-35　运动控制工艺对象调试

4.1.6　滑台定位控制系统的 PLC 编程

1. 运动控制工艺对象组态和调试后的情况

与步进电动机控制不同，运动控制工艺对象组态和调试完成后，会主动生成 MC-Interpolator［OB92］和 MC-Servo［OB91］，如图 4-36 所示；同时生成如图 4-37 所示的 PLC 变量表，包括 I68.0（伺服轴 1_Drive_IN）和 Q68.0（伺服轴 1_Drive_OUT）等。

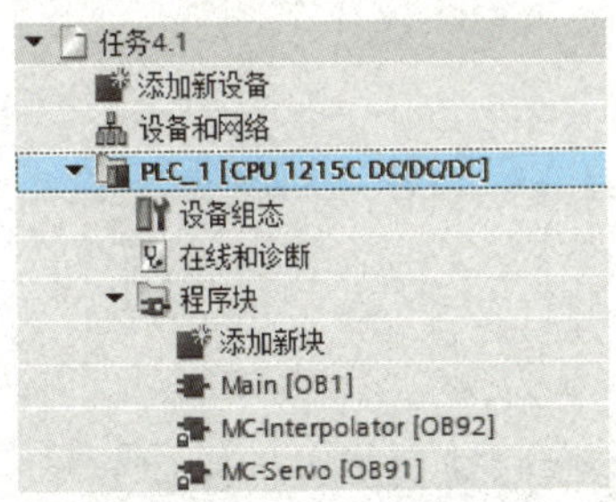

图 4-36　程序块结构

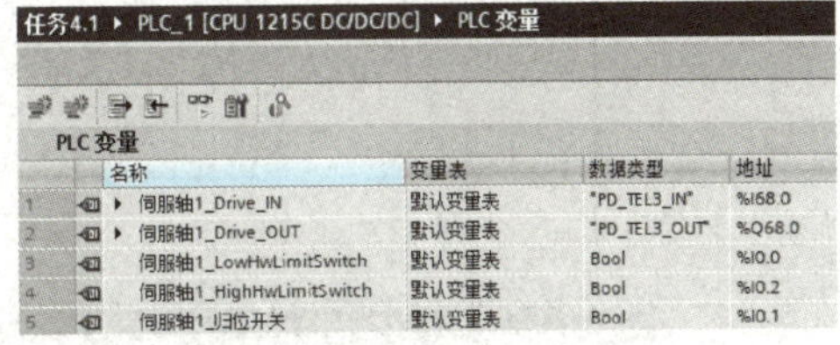

任务4.1 ▸ PLC_1 [CPU 1215C DC/DC/DC] ▸ PLC 变量

PLC 变量

	名称	变量表	数据类型	地址
1	伺服轴1_Drive_IN	默认变量表	"PD_TEL3_IN"	%I68.0
2	伺服轴1_Drive_OUT	默认变量表	"PD_TEL3_OUT"	%Q68.0
3	伺服轴1_LowHwLimitSwitch	默认变量表	Bool	%I0.0
4	伺服轴1_HighHwLimitSwitch	默认变量表	Bool	%I0.2
5	伺服轴1_归位开关	默认变量表	Bool	%I0.1

图 4-37　自动生成的 PLC 变量表

2. PLC 变量表

如图 4-38 所示为全部 PLC 变量表。

名称	变量表	数据类型	地址 ▲
伺服轴1_LowHwLimitSwitch	默认变量表	Bool	%I0.0
伺服轴1_归位开关	默认变量表	Bool	%I0.1
伺服轴1_HighHwLimitSwitch	默认变量表	Bool	%I0.2
SA1伺服使能	默认变量表	Bool	%I0.3
SB1伺服回零	默认变量表	Bool	%I0.4
SB2绝对定位	默认变量表	Bool	%I0.5
SA2位置选择状态	默认变量表	Bool	%I0.6
SB3复位伺服	默认变量表	Bool	%I0.7
伺服轴1_Drive_IN	默认变量表	"PD_TEL3_IN"	%I68.0
伺服轴1_Drive_OUT	默认变量表	"PD_TEL3_OUT"	%Q68.0
位置值	默认变量表	Real	%MD10

图 4-38　PLC 变量表

3. PLC 梯形图编程

OB1 梯形图程序如图 4-39 所示，具体解释如下：

程序段 1：轴使能控制，MC_Power 指令必须在程序里一直调用，并保证 MC_Power 指令在其他 Motion Control 指令的前面调用。其中 StartMode = 1 为位置控制（默认）；StopMode = 0

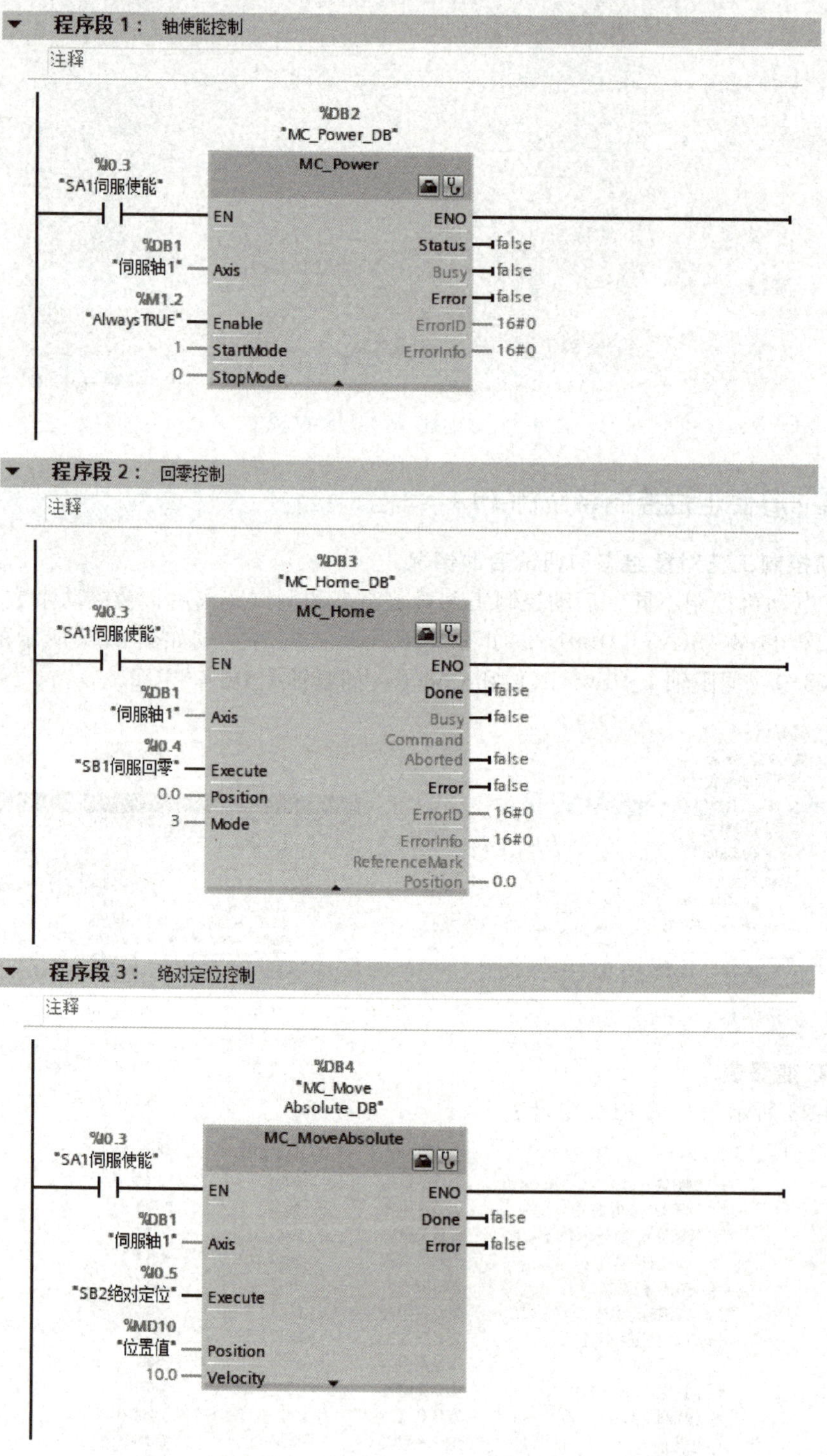

图 4-39　OB1 梯形图程序

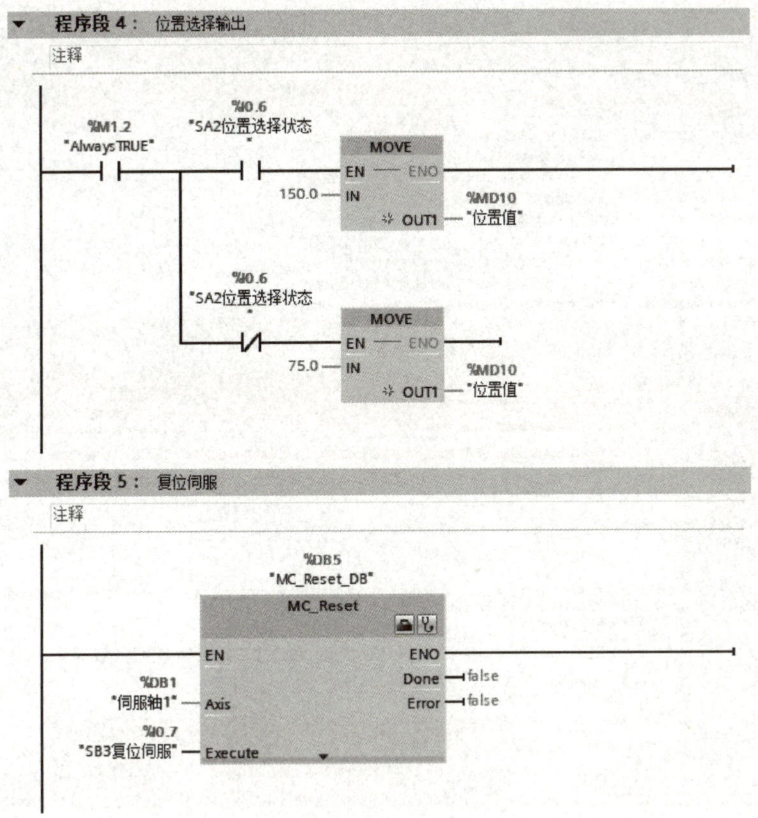

图 4-39　OB1 梯形图程序（续）

为紧急停止，按照轴工艺对象参数中的急停速度停止轴。

程序段 2：回零控制。使用 MC_Home 运动控制指令可将轴坐标与实际物理驱动器位置匹配。轴的绝对定位需要回零。这里采用主动回零（Mode=3），即自动执行回零步骤，轴的位置值为参数 Position 的值。当 Done 引脚为 ON 时，即完成该指令后，即可复位 HMI 回零按钮信号值。在实际应用中，回零时方向可以根据组态情况进行更改。

程序段 3：绝对定位控制。运动控制指令 MC_MoveAbsolute 启动轴定位运动，将轴移动到 MD10 所对应的绝对位置。在使能绝对位置指令之前，轴必须回零。因此，MC_MoveAbsolute 指令前必须有 MC_Home 指令。

程序段 4：位置选择输出。根据 SA2 状态输出两个不同的值给 MD10。

程序段 5：复位伺服。当运动控制指令报警或故障时，可以调用 MC_Reset 指令进行复位。

4.1.7　滑台定位控制系统调试

1. IO 设备故障

在调试中，如果 V90 PN 伺服驱动器的 PROFINET 设备名称与实际设置不一致，则会报“IO 设备故障-找不到 IO 设备”，如图 4-40 所示。除了正确填入在 V90 PN 伺服驱动器设置中的 PROFINET 设备名称之外，还可以右击 V90 PN 伺服驱动器，在弹出的菜单中选择“分配设备名称”，如图 4-41 所示。

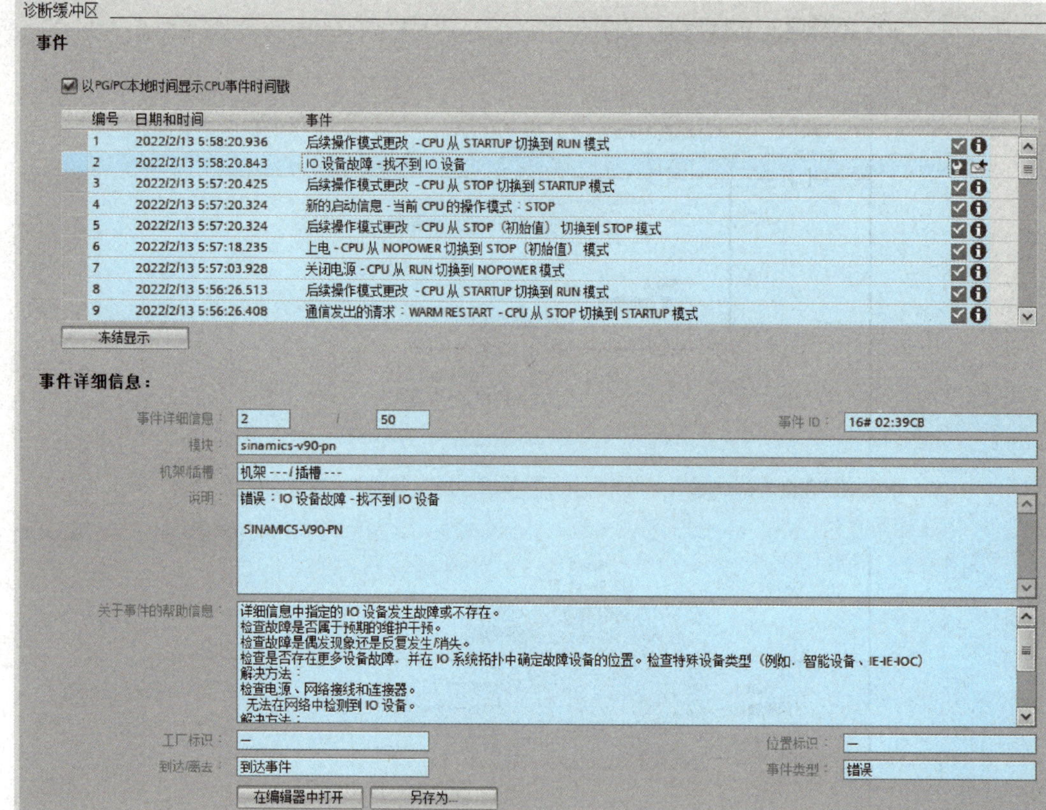

图 4-40 IO 设备故障

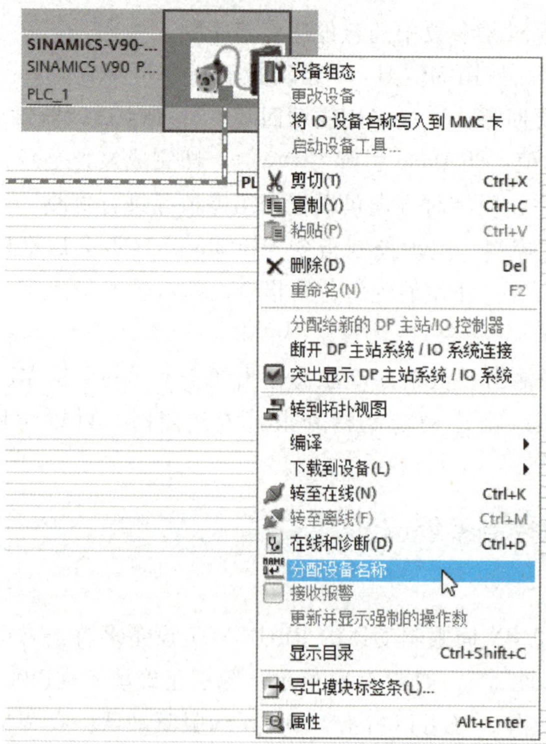

图 4-41 分配设备名称

2. V90 PN 伺服驱动器指示灯含义

V90 PN 伺服驱动器的操作面板上有两个 LED 状态指示灯 RDY 和 COM，可用来显示驱动状态，如图 4-42 所示，两个 LED 灯都为三色（绿色/红色/黄色），具体描述见表 4-4。

图 4-42　LED 状态指示灯

表 4-4　状态指示灯描述

<table>
<tr><th>状态指示灯</th><th>颜色</th><th>状　态</th><th>描　述</th></tr>
<tr><td rowspan="5">RDY</td><td></td><td>灭</td><td>控制板无 24V 直流输入</td></tr>
<tr><td>绿色</td><td>常亮</td><td>驱动处于伺服开启状态</td></tr>
<tr><td rowspan="2">红色</td><td>常亮</td><td>驱动处于伺服关闭状态或启动状态</td></tr>
<tr><td>以 1Hz 频率闪烁</td><td>存在报警或故障</td></tr>
<tr><td>绿色和黄色</td><td>以 2Hz 频率交替闪烁</td><td>驱动识别</td></tr>
<tr><td rowspan="4">COM</td><td rowspan="3">绿色</td><td>常亮</td><td>PROFINET 通信工作在 IRT 状态</td></tr>
<tr><td>以 0.5Hz 频率闪烁</td><td>PROFINET 通信工作在 RT 状态</td></tr>
<tr><td>以 2Hz 频率闪烁</td><td>微型 SD 卡/SD 卡正在工作(读取或写入)</td></tr>
<tr><td>红色</td><td>常亮</td><td>通信故障(优先考虑 PROFINET 通信故障)</td></tr>
</table>

3. 运动控制指令故障

如图 4-43 所示为调试时出现运动控制指令故障，此时需要按照表 4-5 中的 ErrorID 和 ErrorInfo 进行查询和故障排除。当 ErrorID = 16#800E 时，表明为硬限位开关错误，再分为不同的 ErrorInfo 值进行故障排除，如这里出现 ErrorInfo = 16#0043 表示硬限位开关极性反转，无法任意行进，需要检查硬限位开关的机械组态。

表 4-5　运动控制指令故障说明及解决方法

<table>
<tr><th>ErrorID</th><th>ErrorInfo</th><th>说　明</th><th>解决方法</th></tr>
<tr><td rowspan="3">16#800E</td><td>16#0042</td><td>激活硬限位开关的任意行进方向非法</td><td>由于激活了硬限位开关,将禁用编程的运动方向,向相反方向缩回轴</td></tr>
<tr><td>16#0043</td><td>硬限位开关极性反转,无法任意行进</td><td rowspan="2">检查硬限位开关的机械组态</td></tr>
<tr><td>16#0044</td><td>两个硬限位开关均已启用,无法任意行进</td></tr>
</table>

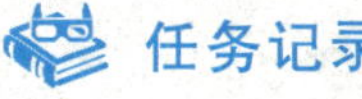

任务记录

根据任务实施的情况，如实填写任务 4.1 实施记录表（表 4-6）。

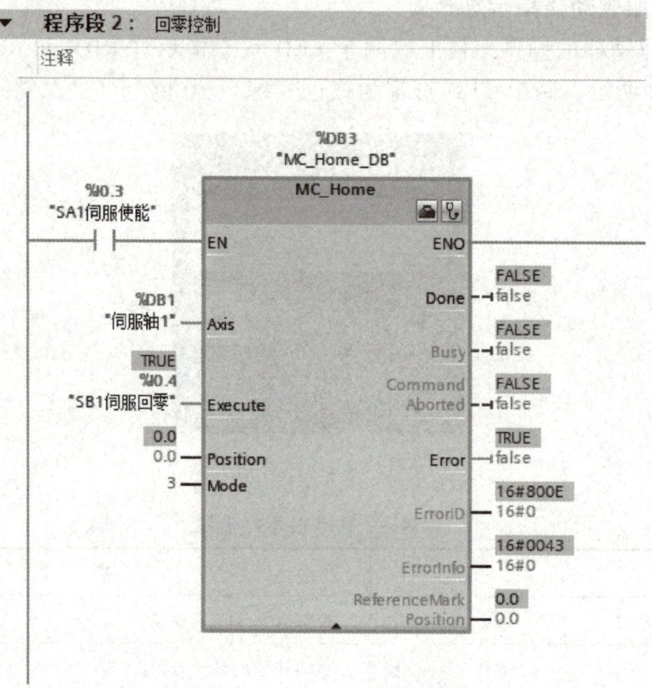

图 4-43 调试时出现运动控制指令故障

表 4-6 任务 4.1 实施记录表

任务实施步骤	实际执行情况说明	计划时间/min	实际时间/min
伺服控制系统电气接线			
用 V-ASSISTANT 调试伺服驱动器和伺服电动机			
PLC 配置与运动控制对象组态			
滑台定位控制系统的 PLC 编程			
滑台定位控制系统调试			

任务评价

按要求完成考核任务 4.1，评分标准见表 4-7，具体配分可以根据实际考评情况进行调整。

表 4-7 评分标准

序号	考核项目	考核内容及要求	配分	得分
1	职业道德与素养	遵守安全操作规程，设置安全措施	15%	
		认真负责，团结合作，对实操任务充满热情		
		正确认识伺服系统在国民经济中的作用		

（续）

序号	考核项目	考核内容及要求	配分	得分
2	系统方案制定	PLC 控制伺服方案合理	15%	
		PLC 控制伺服电路图正确		
3	编程能力	独立完成 V-ASSISTANT 调试伺服	20%	
		独立完成 PLC 梯形图编程		
4	操作能力	根据电气图正确接线，美观且可靠	25%	
		正确输入程序并进行程序调试		
		根据系统功能进行正确操作演示		
5	实践效果	系统工作可靠，满足工作要求	15%	
		按规定的时间完成任务		
6	创新实践	在本任务中有另辟蹊径、独树一帜的实践内容	10%	
合计			100%	

任务 4.2　伺服 EPOS 模式下实现丝杠工作台运行

任务描述

如图 4-44 所示，V90 PN 伺服驱动器在 EPOS 模式下控制丝杠工作台运行。其中 PLC 不外接任何按钮。任务要求如下：

1）将 PLC、触摸屏和变频器完成 PROFINET 连接，并设置在同一个 IP 频段。

2）将 PLC 与变频器的通信方式设置为标准报文 111。

3）在触摸屏上设置绝对位置，并进行定位。

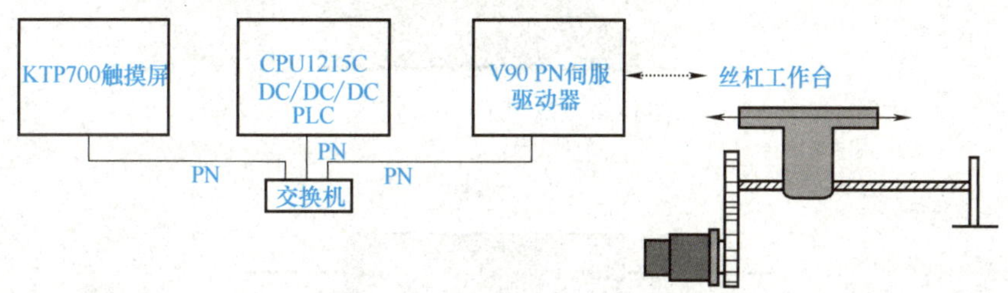

图 4-44　任务 4.2 控制示意图

知识准备

4.2.1　EPOS 控制选件包

当 V90 PN 伺服驱动器通过 PROFINET 与 S7-1200 PLC 相连时，通过西门子提供的驱动库功能块 SinaPos（FB300）或 SINA_ POS（FB284）可实现 V90 PN 伺服驱动器的基本定位控制（即 EPOS），用于直线轴或旋转轴的绝对及相对定位。这里以 SinaPos 功能块为例进行说明，获取该功能块共有两种方法：

1）安装 Startdrive 软件，在 TIA Portal 软件中会自动安装驱动库文件。

2）在 TIA Portal 软件中安装 SINAMICS Blocks DriveLib。

安装完成后的选件包如图 4-45 所示，可以看到包括 SinaPos 在内的多个指令。SinaPos 可在循环组织块 OB1 或循环中断组织块（如 OB32）中进行调用，配合 SINAMICS 驱动中的基本定位功能使用。需要注意的是，在驱动侧必须激活基本定位功能，并使用西门子标准报文 111。

选件包

名称	描述	版本
▸ SIMATIC Ident		V5.5
▾ SINAMICS		V2.2
SinaPos	标准报文111中位置控制轴的指令	V2.1
SinaSpeed	标准报文1中转速控制轴的指令	V1.0
SinaPara	来自/至SINAMICS S/G 变频器的、最多 16 个参数的非循环读/写指令	V1.1
SinaParaS	来自/至SINAMICS S/G 变频器的某个参数的非循环读/写指令	V1.1
SinaInfeed	标准报文370中控制SINAMICS S120的进给单元的指令	V1.0
▸ Energy Suite 扩展		V3.3

图 4-45　驱动库文件的指令

4.2.2　SinaPos 指令的输入输出

如图 4-46 所示，在指令目录中单击“选件包”→“SINAMICS”→“SinaPos”，将 SinaPos 指令拖拽入程序中，就会弹出一个“调用选项”窗口，完成设置后的 SinaPos 指令如图 4-47 所示。

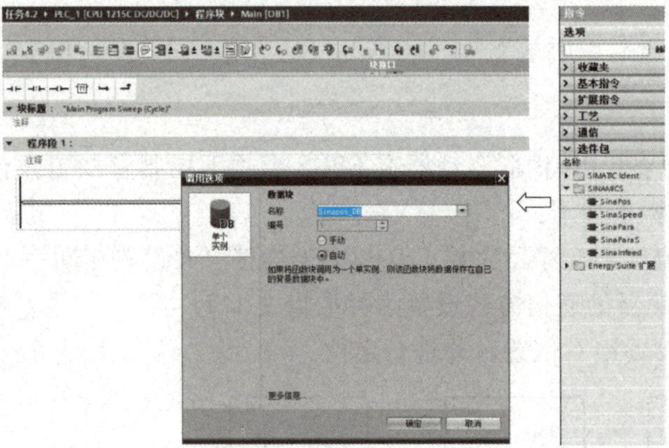

图 4-46　调用 SinaPos 指令

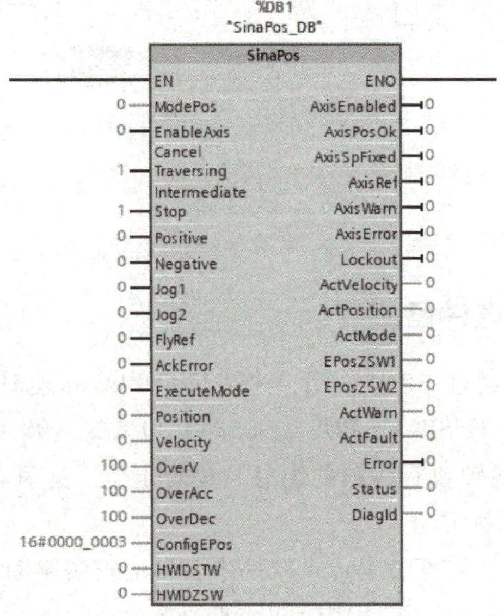

图 4-47　SinaPos 指令示意图

SinaPos 指令的输入和输出参数功能说明见表 4-8 和表 4-9。

表 4-8　SinaPos 指令的输入参数功能说明

<table>
<tr><th>输入参数</th><th>类型</th><th>默认值</th><th>描　述</th></tr>
<tr><td>ModePos</td><td>Int</td><td>0</td><td>运行模式：
1=相对定位
2=绝对定位
3=连续运行模式(按指定速度运行)
4=主动回零
5=直接设置回零位置
6=运行程序段 0~15
7=按指定速度点动
8=按指定距离点动</td></tr>
<tr><td>EnableAxis</td><td>Bool</td><td>0</td><td>伺服运行命令：
0=停止(OFF1)
1=启动</td></tr>
<tr><td>CancelTraversing</td><td>Bool</td><td>1</td><td>0=取消当前的运行任务
1=不取消当前的运行任务</td></tr>
<tr><td>IntermediateStop</td><td>Bool</td><td>1</td><td>暂停任务运行：
0=暂停当前运行任务
1=不暂停当前运行任务</td></tr>
<tr><td>Positive</td><td>Bool</td><td>0</td><td>正方向</td></tr>
<tr><td>Negative</td><td>Bool</td><td>0</td><td>负方向</td></tr>
<tr><td>Jog1</td><td>Bool</td><td>0</td><td>点动信号 1</td></tr>
<tr><td>Jog2</td><td>Bool</td><td>0</td><td>点动信号 2</td></tr>
<tr><td>FlyRef</td><td>Bool</td><td>0</td><td>此输入对 V90 PN 伺服驱动器无效</td></tr>
<tr><td>AckError</td><td>Bool</td><td>0</td><td>故障复位</td></tr>
<tr><td>ExecuteMode</td><td>Bool</td><td>0</td><td>激活请求的模式</td></tr>
<tr><td>Position</td><td>DInt</td><td>0[LU]</td><td>ModePos=1 或 2 时的位置设定值
ModePos=6 时的程序段号</td></tr>
<tr><td>Velocity</td><td>DInt</td><td>0[1000LU/min]</td><td>ModePos=1、2、3 时的速度设定值</td></tr>
<tr><td>OverV</td><td>Int</td><td>100[%]</td><td>设定速度百分比 0~199%</td></tr>
<tr><td>OverAcc</td><td>Int</td><td>100[%]</td><td>ModePos=1、2、3 时的设定加速度百分比，0~100%</td></tr>
<tr><td>OverDec</td><td>Int</td><td>100[%]</td><td>ModePos=1、2、3 时的设定减速度百分比，0~100%</td></tr>
<tr><td>ConfigEPos</td><td>DWord</td><td>0</td><td>可以通过此参数控制基本定位的相关功能，位的对应关系如下：
<table>
<tr><th>ConfigEPos 位</th><th>功能说明</th></tr>
<tr><td>ConfigEPos，%X0：</td><td>OFF2 停止</td></tr>
<tr><td>ConfigEPos，%X1：</td><td>OFF3 停止</td></tr>
<tr><td>ConfigEPos，%X2：</td><td>激活软件限位</td></tr>
<tr><td>ConfigEPos，%X3：</td><td>激活硬件限位</td></tr>
<tr><td>ConfigEPos，%X6：</td><td>零点开关信号</td></tr>
<tr><td>ConfigEPos，%X7：</td><td>外部程序块切换</td></tr>
<tr><td>ConfigEPos，%X8：</td><td>ModePos=2、3 时支持设定值的连续改变并且立即生效</td></tr>
</table>
注意：如果程序里对此进行了变量分配，必须保证初始数值为 3(即 ConfigEPos. %X0 和 ConfigEPos. %X1 等于 1，不激活则 OFF2 和 OFF3 停止始终生效)</td></tr>
</table>

（续）

输入参数	类型	默认值	描　述
HWIDSTW	HW_IO	0	V90 设备视图中报文 111 的硬件标识符
HWIDZSW	HW_IO	0	V90 设备视图中报文 111 的硬件标识符

表 4-9　SinaPos 指令的输出参数功能说明

输出参数	类型	默认值	描　述
AxisEnabled	Bool	0	驱动已使能
AxisPosOk	Bool	0	目标位置到达
AxisSpFixed	Bool	0	设定位置到达
AxisRef	Bool	0	已设置参考点
AxisWarn	Bool	0	驱动报警
AxisError	Bool	0	驱动故障
Lockout	Bool	0	驱动处于禁止接通状态，检查 ConfigEPos 引脚控制位中的第 0 位及第 1 位是否置 1
ActVelocity	DInt	0	实际速度（十六进制的 40000000h 对应 P2000 参数设置的转速）
ActPosition	DInt	0[LU]	当前位置 LU
ActMode	Int	0	当前激活的运行模式
EPosZSW1	Word	0	EPOS ZSW1 的状态
EPosZSW2	Word	0	EPOS ZSW2 的状态
ActWarn	Word	0	驱动器当前的报警代码
ActFault	Word	0	驱动器当前的故障代码
Error	Bool	0	1=存在错误
Status	Word	0	16#7002：没错误，功能块正在执行 16#8401：驱动错误 16#8402：驱动禁止启动 16#8403：运行中回零不能开始 16#8600：DPRD_DAT 错误 16#8601：DPWR_DAT 错误 16#8202：不正确的运行模式选择 16#8203：不正确的设定值参数 16#8204：选择了不正确的程序段号
DiagID	Word	0	通信错误，在执行 SFB 调用时发生错误

4.2.3　SinaPos 指令的主要模式选择

1. 利用 SinaPos 的 EPOS 运行模式选择

一般运行条件下，轴通过设置输入位 EnableAxis=1 开启。值 1 通过输入 ConfigEPos 被预分配给 OFF2 和 OFF3，运行时无须写入。若无激活错误（AxisError=0），也无开启禁止（Lockout=0），轴即可被开启。在切换 EnableAxis 之后，回馈信号 AxisEnabled 转到 1。

ModePos 输入对运行模式选择起决定作用。通过这个输入来选择所需运行模式。因此，不能同时选择多个运行模式。但是可以在多个下层运行模式之间切换。如设置模式（ModePos=3），可主动切换至绝对定位（ModePos=2）。

输入信号 CancelTraversing 和 IntermediateStop 在除 Jog 之外的所有运行模式下均具有相关性，且在运行 EPos 时必须都设为 1。

若将 CancelTraversing 位设置为 0，则会导致 100%地按照设定延迟来执行减速停止。作业数据遭拒，并可在静止时为轴分配一个新作业。在该状态下，可执行模式切换。

若将 IntermediateStop 位设置为 0，则会导致轴以当前使用的加速度值执行减速停止。作业数据不会遭拒，也就是说，设置为 1 时，轴仍可继续运行，可在静止状态下切换模式。

可在除回参考点过程模式之外的任何运行模式中，随时通过 FlyRef 输入选择和取消选择主动回参考点功能。

2. 相对定位运行模式

通过驱动功能 MDI 相对定位执行相对定位运行模式。在该模式下，可以通过 SINAMICS 驱动的集成式位置控制器以位置控制的方式在运行路径上运行。此时要求利用 ModePos=1 选择该运行模式，并通过 EnableAxis 来启动设备。

在相对定位运行模式下，轴不必回零，也不必调节编码器。若选择了高于 3 的模式，则轴会处于静止状态。可以随时在 MDI 相对定位运行模式（1、2、3）中进行切换。

通过输入 Position、Velocity、OverV（速度倍率）、OverAcc（加速度倍率）、OverDec（减速度倍率）参数指定运行路径和动态响应。

在相对定位运行模式下，必须将运行条件 CancelTraversing 和 IntermediateStop 设置为 1，Jog1 和 Jog2 无效，必须设置为 0（非）。在相对定位中，基本上根据运行路径符号来确定运行方向。通过 ExecuteMode 的上升沿启动运行，并以 EPosZSW1/EPosZSW2 监控有效指令的当前状态，通过 Done 确认该功能块成功到达运行路径的终点 AxisPosOk。若在运行期间出现故障，则 Error 输出信号便处于激活状态。如图 4-48 所示，①和②为相对定位运行模式。

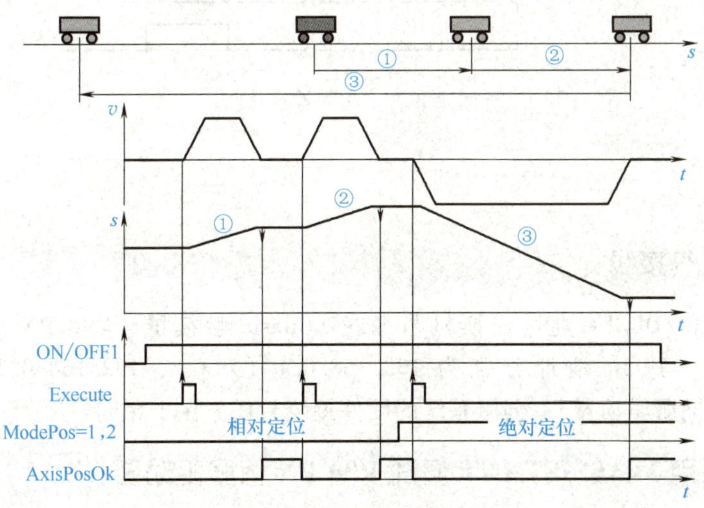

图 4-48　相对定位和绝对定位示意图

3. 绝对定位运行模式

通过驱动功能 MDI 绝对定位执行绝对定位运行模式。在该模式下，可以通过 SINAMICS

驱动的集成式位置控制器以位置控制的方式逼近绝对位置。此时要求利用 ModePos = 2 选择该运行模式，并通过 EnableAxis 来启动设备。

在绝对定位运行模式下，轴必须回到参考点，或者必须调节编码器。若选择了高于 3 的模式，则轴会处于静止状态。

通过输入 Position、Velocity、OverV、OverAcc、OverDec 指定运行路径和动态响应。必须将运行条件 CancelTraversing 和 IntermediateStop 设置为 1，Jog1 和 Jog2 无效，必须设置为 0。

在绝对定位中，基本上根据通向目标位置的最短路径来确定运行方向，如图 4-48 所示③。

如果要为模数轴指定逼近目标位置的首选方向，则可通过 Positive 或 Negative 实现。同时选择 Positive 和 Negative 时，轴会立即停止并输出报警或故障。若为线性轴，则该选择无效，忽略即可。

通过 ExecuteMode 的上升沿启动运行，可通过 EPosZSW1/EPosZSW2 监控有效指令的当前状态。在绝对定位中，用 Busy 指示当前的指令处理情况，并通过 Done 确认成功到达目标位置 AxisPosOk。若在运行期间出现故障，则 Error 输出信号便处于激活状态。

4. 主动回零

在主动回零运行模式下，可以借助预配置的速度和回零模式，在正运行方向或负运行方向上执行轴的回零过程。如图 4-49 所示，利用 ModePos = 4 选择该运行模式，并通过 EnableAxis 启动设备。在发现并相应地评估回零挡块限位后，设置 AxisRef 输出信号。在运行期间出现故障，则输出 Error 输出信号。

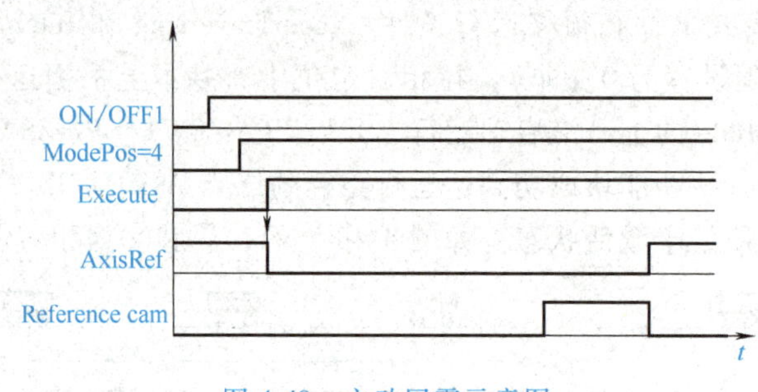

图 4-49 主动回零示意图

任务实施

4.2.4 电气接线

CPU1215C DC/DC/DC 通过交换机与 KTP700Basic 触摸屏、V90 PN 伺服驱动器进行 PROFINET 连接，其 IP 地址分别为 192.168.0.1（PLC）、192.168.0.3（触摸屏）和 192.168.0.10（伺服驱动器）。伺服系统的硬件接线与任务 4.1 相同。

4.2.5 采用 V-ASSISTANT 调试 V90 PN 伺服驱动器

如图 4-50 所示，采用 V-ASSISTANT 调试软件进行 V90 PN 伺服驱动器设置。选择与实际相同型号的驱动器和电动机，并设置控制模式为“基本定位控制器（EPOS）”。一旦控制模式改成 EPOS，将自动存储参数到驱动 ROM。

图 4-50　控制模式更改

如图 4-51 所示为 EPOS 模式下的参数设置，它比速度模式下的参数增加了更多的项目，如设置机械结构，包括丝杠、圆盘、带轮、齿轮齿条、辊式带等。EPOS 模式下的参数设置值与 V90 PN 驱动器参数一一对应，如设置齿轮箱系数 N，也就是伺服驱动器参数 p29248 的值。这里还需要分清楚线性轴和模态轴的区别，前者有限定的运行范围，如直线运动；后者没有限定的运行范围，如旋转运动。

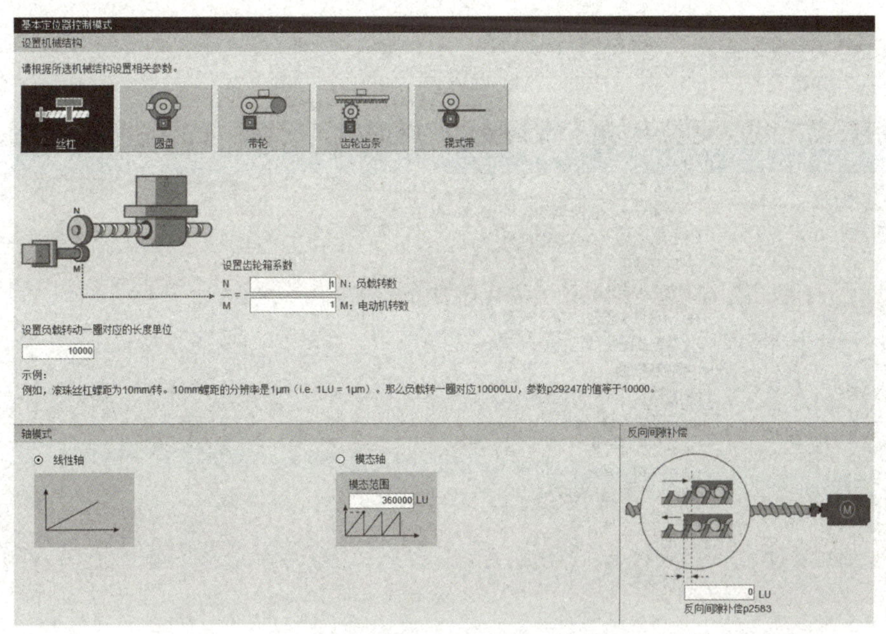

图 4-51　EPOS 模式下的参数设置

如图 4-52 所示，在设置 PROFINET 选项“选择报文”界面中，当前报文选择“111：西门子报文 111，PZD-12/12”，可以看到接收方向 PZD 数据，传输方向 PZD 数据如图 4-53 所示。

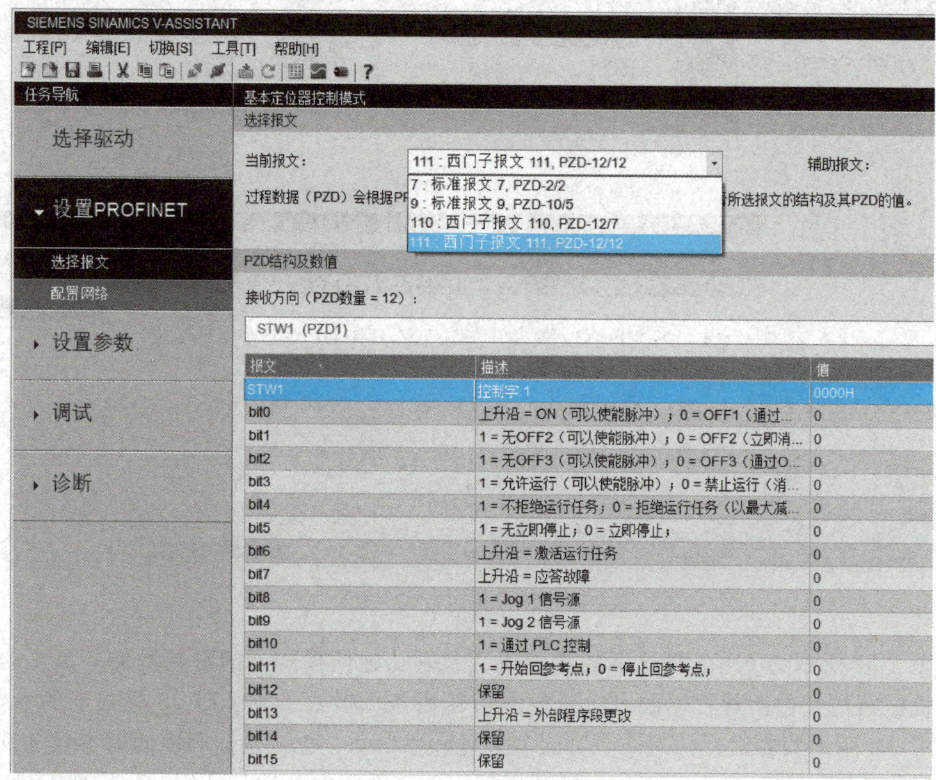

报文	描述	值
STW1	控制字 1	0000H
bit0	上升沿 = ON（可以使能脉冲）；0 = OFF1（通过...	0
bit1	1 = 无OFF2（可以使能脉冲）；0 = OFF2（立即消...	0
bit2	1 = 无OFF3（可以使能脉冲）；0 = OFF3（通过O...	0
bit3	1 = 允许运行（可以使能脉冲）；0 = 禁止运行（消...	0
bit4	1 = 不拒绝运行任务；0 = 拒绝运行任务（以最大减...	0
bit5	1 = 无立即停止；0 = 立即停止；	0
bit6	上升沿 = 激活运行任务	0
bit7	上升沿 = 应答故障	0
bit8	1 = Jog 1 信号源	0
bit9	1 = Jog 2 信号源	0
bit10	1 = 通过 PLC 控制	0
bit11	1 = 开始回参考点；0 = 停止回参考点；	0
bit12	保留	0
bit13	上升沿 = 外部程序段更改	0
bit14	保留	0
bit15	保留	0

图 4-52 选择当前报文

传输方向（PZD数量 = 12）：

ZSW1 (PZD1)

报文	描述	值
ZSW1	位置状态字 1	0000H
bit0	1 = 准备接通	0
bit1	1 = 准备运行（直流母线电压已载入，脉冲抑制）	0
bit2	1 = 运行使能（驱动跟随 n_set）	0
bit3	1 = 存在故障	0
bit4	1 = 自由停车无效（OFF2无效）	0
bit5	1 = 快速停车无效（OFF3无效）	0
bit6	1 = 禁止接通生效	0
bit7	1 = 存在报警	0
bit8	1 = 跟随误差在公差内	0
bit9	1 = 已请求控制	0
bit10	1 = 到达目标位置	0
bit11	1 = 已设置参考点	0
bit12	上升沿 = 运行程序段已激活	0
bit13	1 = 固定设定值	0
bit14	1 = 轴加速	0
bit15	1 = 轴减速	0

图 4-53 传输方向 PZD 数据

完成相关参数设置后，单击“计算机到驱动”按钮进行参数下载，如图 4-54 所示。

参数比较

参数	项目文件中的值	驱动中的值
p2525	0	--
p2533	0.0000	--
p2542	1000	--
p2543	200.0000	--
p2544	40	--
p2545	1000.0000	--
p2546	3000	--
p2571	30000	--
p2572	100	--
p2573	100	--
p2574	2000000	--
p2575	0	--
p2580	-2147482648	--
p2581	2147482647	--
p2582	0	--
p2583	0	--
p2585	-300	--
p2586	300	--

驱动到计算机　　计算机到驱动

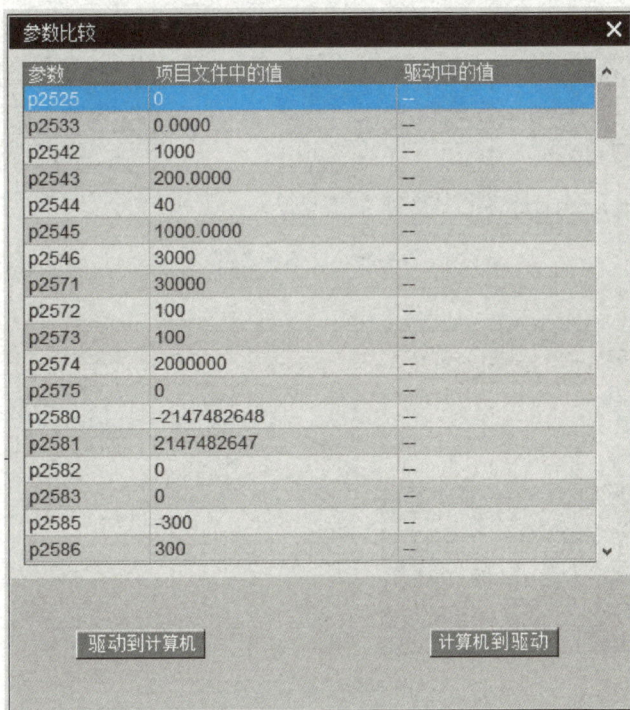

图 4-54　参数下载

如图 4-55 所示为 EPOS 模式下的电动机测试，此时为顺时针方向进行 30r/min 的点动。

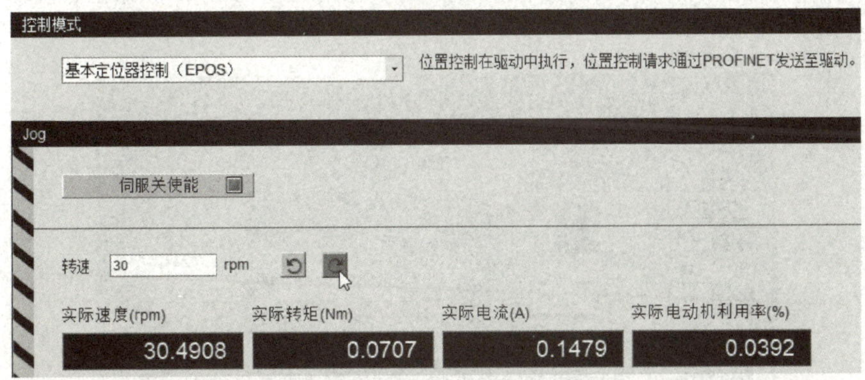

图 4-55　EPOS 模式下的电动机测试

以上步骤设置完成后，需要重启 V90 PN 驱动器才能使参数设置生效。

4.2.6　PLC 配置与编程

1. 网络配置

新建项目中，添加 PLC 和触摸屏，并添加 V90 PN 伺服驱动器，完成后的设备与网络如图 4-56 所示。

双击 SINAMICS V90 PN V1.0 设备后，在“设备概览”界面选择“西门子报文 111，PZD-12/12”，如图 4-57 所示。

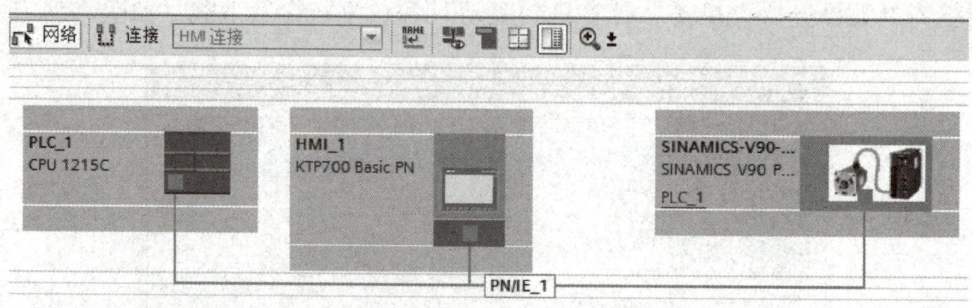

图 4-56　设备与网络

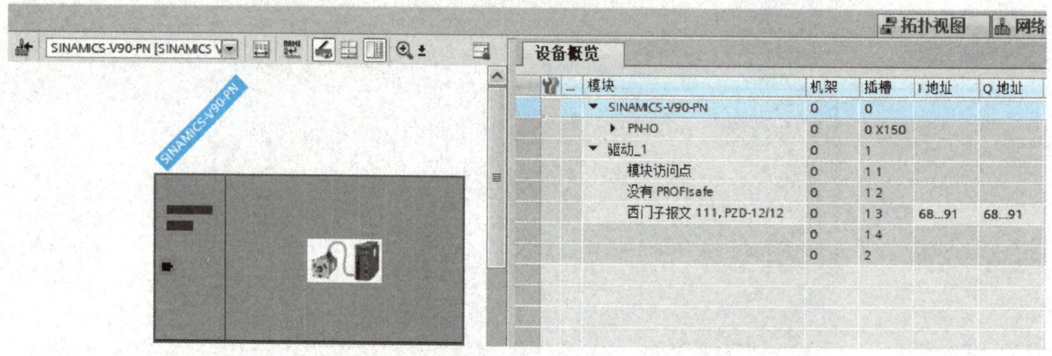

图 4-57　设备概览

2. 触摸屏画面组态与 PLC 变量表

如图 4-58 所示为 KTP700 触摸屏画面组态，包括两部分：伺服使能、绝对位移、回零、位移数量（单位 mm）、故障复位和运行状态；图形化的位置移动和实际位移显示。PLC 变量表见表 4-10。

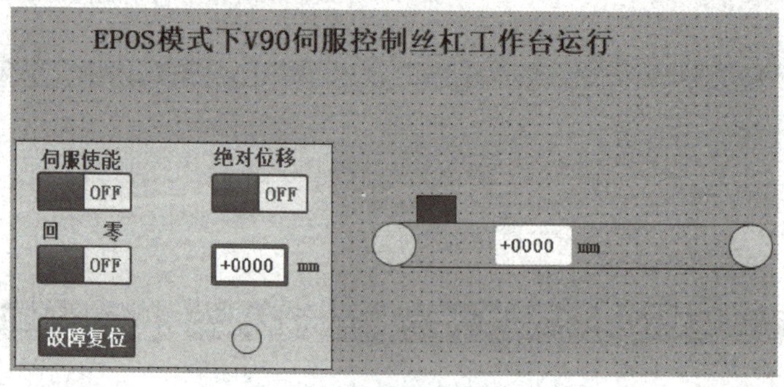

图 4-58　KTP700 触摸屏画面组态

表 4-10　PLC 变量表

名　称	数据类型	地　址
原点	Bool	%I0.0
左限位	Bool	%I0.1
右限位	Bool	%I0.2
运行模式	Int	%MW12
伺服使能	Bool	%M14.0

（续）

名　　称	数据类型	地　　址
急停	Bool	%M14.1
停止	Bool	%M14.2
正向运行	Bool	%M14.3
反向运行	Bool	%M14.4
正向点动	Bool	%M14.5
反向点动	Bool	%M14.6
回零	Bool	%M14.7
故障复位	Bool	%M15.0
运行控制	Bool	%M15.1
回零按钮	Bool	M15.2
绝对位置移动	Bool	%M15.3
上升沿变量 1	Bool	%M16.0
上升沿变量 2	Bool	%M16.1
上升沿变量 3	Bool	%M16.2
下降沿变量 1	Bool	%M16.3
下降沿变量 4	Bool	%M16.4
位置设定	DInt	%MD20
速度设定	DInt	%MD24
伺服状态	Bool	%M30.0
到达目标	Bool	%M30.1
设定值固定	Bool	%M30.2
原点位置	Bool	%M30.3
伺服报警	Bool	%M30.4
伺服故障	Bool	%M30.5
禁止接通	Bool	%M30.6
错误出现	Bool	%M30.7
故障或报警信号	Bool	%M31.0
当前速度	DInt	%MD50
当前位置	DInt	%MD54
当前模式	Int	%MW60
状态 1 值	Word	%MW62
状态 2 值	Word	%MW64
报警编号	Word	%MW66
故障编号	Word	%MW70
当前状态	Word	%MW72
拓展通信错误	Word	%MW74
实际位置设定	Real	%MD120
位置转换值	Real	%MD124
实际位置转换 1	Real	%MD154
实际位置转换 2	Real	%MD158

3. PLC 编程

OB1 梯形图程序如图 4-59 所示，具体说明如下：

程序段1：调用 SinaPos 指令，其中根据变量表定义 HWIDSTW 引脚如图 4-60 所示（HWIDZSW 引脚定义同此）。

程序段2：将限位信号连接到 ConfigEpos。

程序段3：伺服使能，置位急停、停止信号，等待伺服状态 M30.0 输出为 1。

程序段4：设备刚启动时，如果未设置参考点，则设定伺服 ModePos 运行模式 4（主动回零）。切换触摸屏回零按钮动作，且 M30.0 输出为 1 时，激活 M15.1 运行控制。当达到目标原点时，且维持在［-3，3］之间达到 3s 后，认为已经完成回零动作，复位相关变量。

程序段5：如果已设置参考点（即回零已经完成），切换触摸屏绝对位移按钮动作时，设置 ModePos 运行模式 2（绝对定位），激活 M15.1 运行控制。当达到目标位置时，复位相关变量。触摸屏设定的实际位置与 SinaPos 指令的绝对位置进行换算，这里以转换系数 1000.0 为例完成 mm 与编码位置的转换。

程序段6：故障或报警输出。

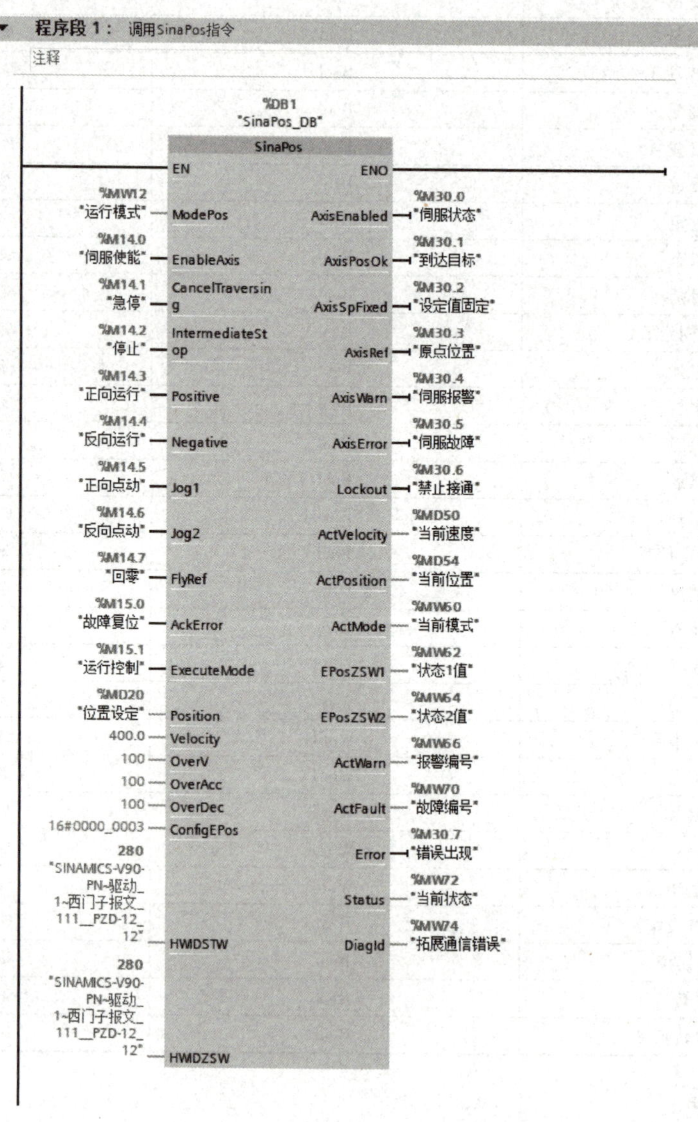

图 4-59 OB1 梯形图程序

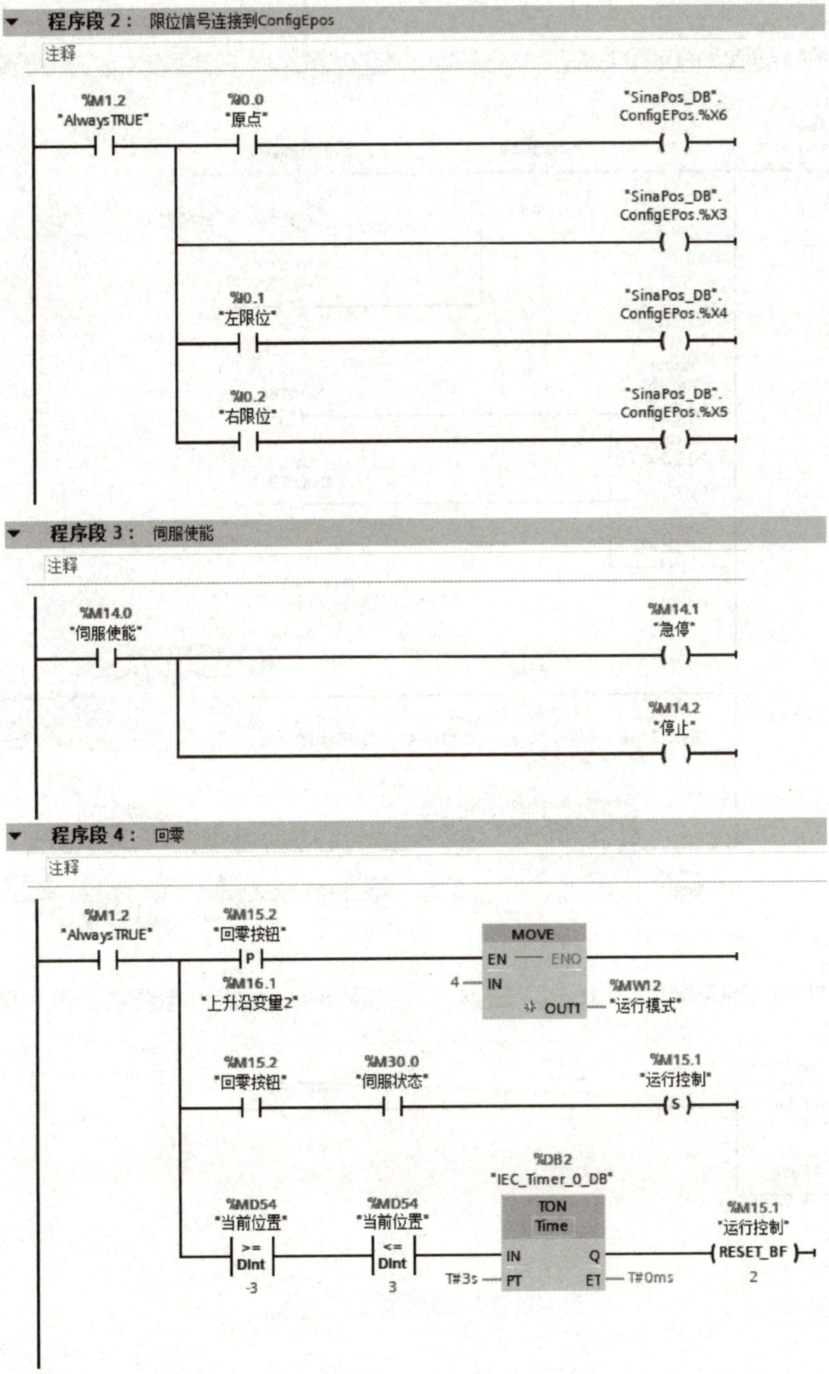

程序段 2： 限位信号连接到ConfigEpos

注释

%M1.2 "AlwaysTRUE"
%I0.0 "原点"
"SinaPos_DB". ConfigEPos.%X6
"SinaPos_DB". ConfigEPos.%X3
%I0.1 "左限位"
"SinaPos_DB". ConfigEPos.%X4
%I0.2 "右限位"
"SinaPos_DB". ConfigEPos.%X5

程序段 3： 伺服使能

注释

%M14.0 "伺服使能"
%M14.1 "急停"
%M14.2 "停止"

程序段 4： 回零

注释

%M1.2 "AlwaysTRUE"
%M15.2 "回零按钮" P
%M16.1 "上升沿变量2"
MOVE EN ENO 4 IN OUT1 %MW12 "运行模式"
%M15.2 "回零按钮"
%M30.0 "伺服状态"
%M15.1 "运行控制" S
%DB2 "IEC_Timer_0_DB"
%MD54 "当前位置" >= DInt -3
%MD54 "当前位置" <= DInt 3
TON Time IN Q PT ET T#3s T#0ms
%M15.1 "运行控制" RESET_BF 2

图 4-59　OB1 梯形图程序（续）

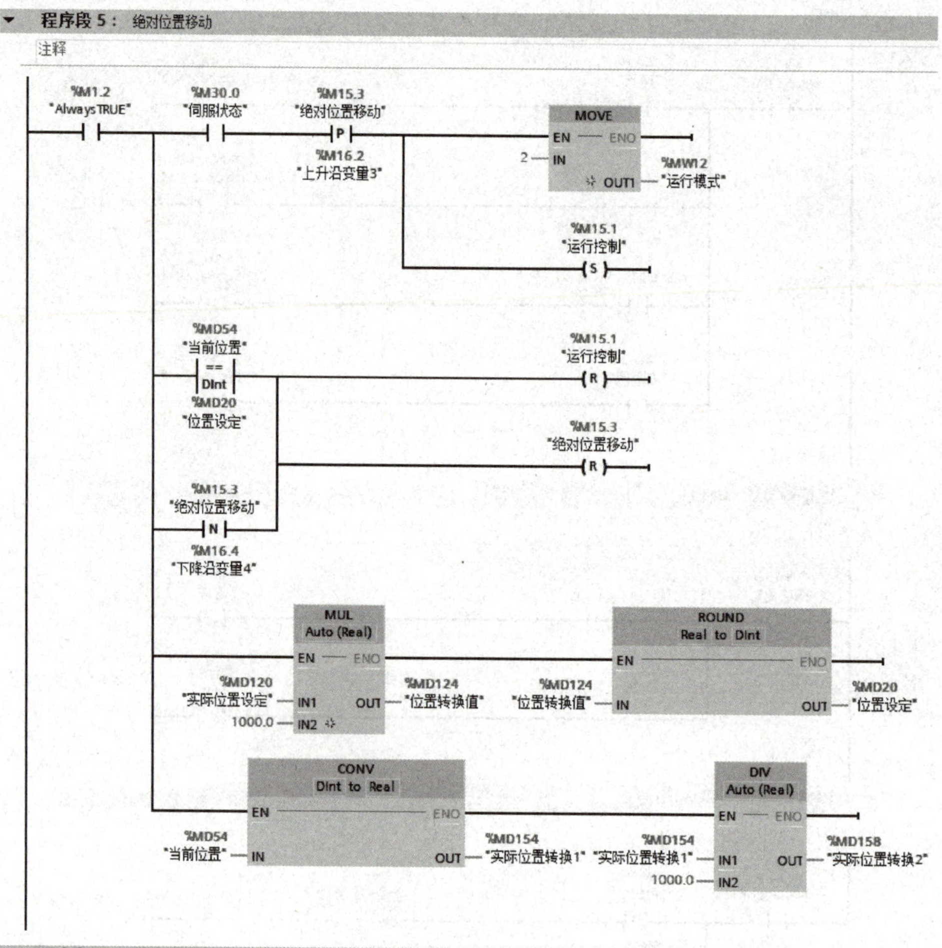

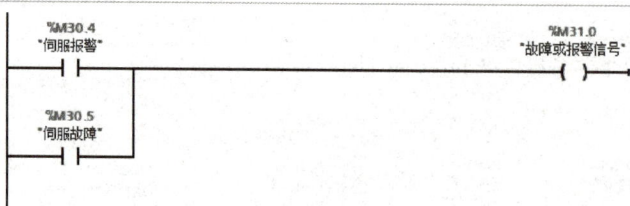

图 4-59 OB1 梯形图程序（续）

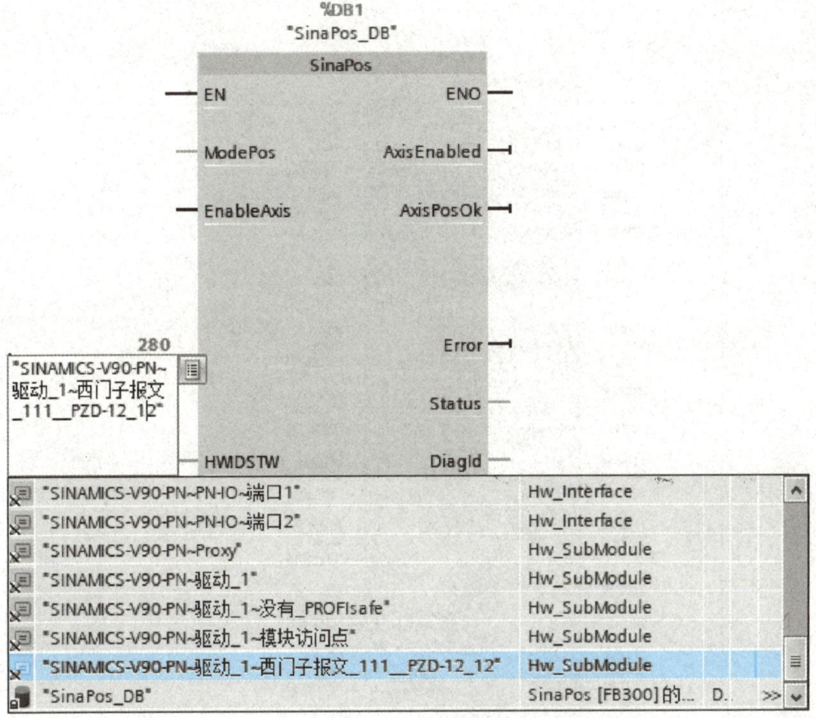

图 4-60　HWIDSTW 引脚定义

4.2.7　EPOS 模式下的伺服控制调试

将 PLC 和触摸屏程序编译后下载，按下启动按钮进行轴使能，在触摸屏上进行回零操作、正向和反向点动以及绝对定位操作，其画面如图 4-61 所示。如图 4-62 所示为 SinaPos 指令监控。

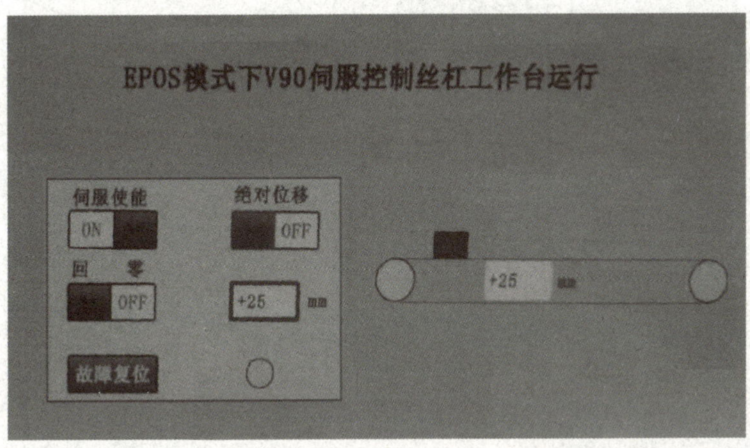

图 4-61　调试画面

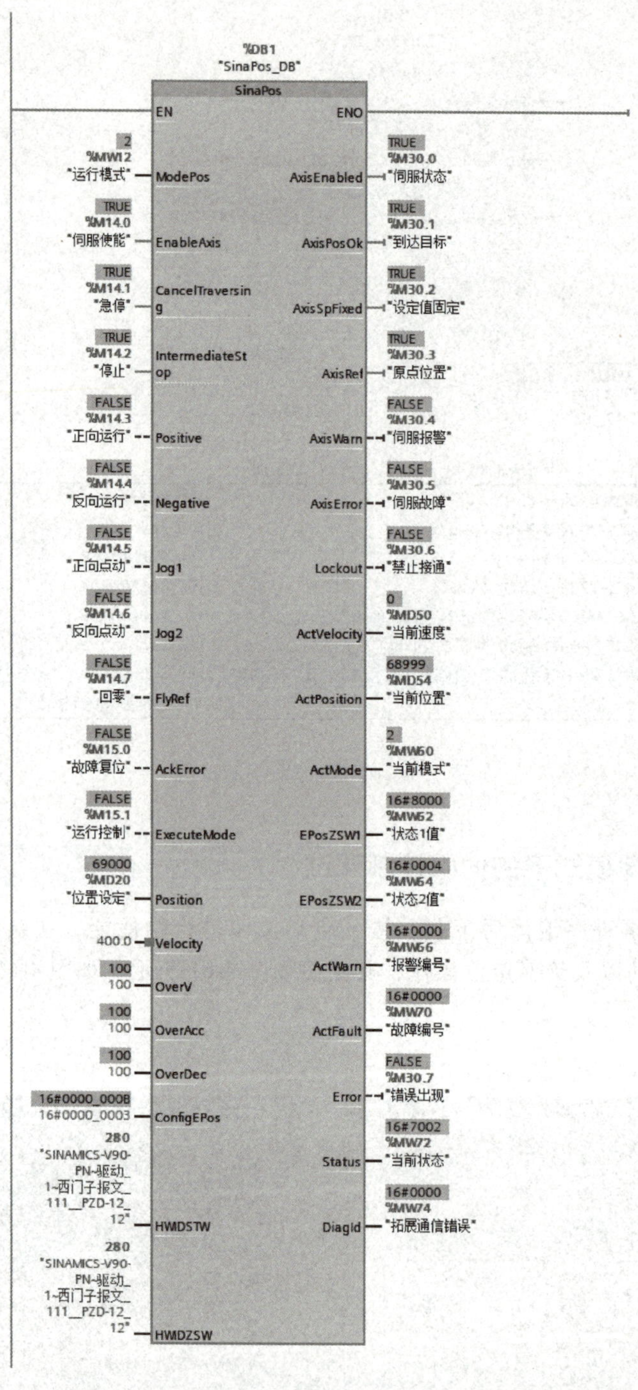

图 4-62 SinaPos 指令监控

任务记录

根据任务实施的情况，如实填写任务 4.2 实施记录表（表 4-11）。

表 4-11　任务 4.2 实施记录表

任务实施步骤	实际执行情况说明	计划时间/min	实际时间/min
电气接线			
采用 V-ASSISTANT 调试 V90 PN 伺服驱动器			
PLC 配置与编程			
EPOS 模式下的伺服控制调试			

任务评价

按要求完成考核任务 4.2，评分标准见表 4-12，具体配分可以根据实际考评情况进行调整。

表 4-12　评分标准

序号	考核项目	考核内容及要求	配分	得分
1	职业道德与素养	遵守安全操作规程，设置安全措施	15%	
		认真负责，团结合作，对实操任务充满热情		
		正确认识伺服系统在国民经济中的作用		
2	系统方案制定	PLC 和伺服控制对象说明与分析合理	15%	
		PLC、伺服控制和触摸屏电路图正确		
3	编程能力	能使用伺服通信组态并采用标准报文 111 进行编程	20%	
		能调用 SinaPos 指令并进行定位控制		
4	操作能力	根据电气图正确接线，美观且可靠	25%	
		使用 V-ASSISTANT 正确设定 V90 参数并调试成功		
		根据系统功能进行正确操作演示		
5	实践效果	系统工作可靠，满足工作要求	15%	
		按规定的时间完成任务		
6	创新实践	在本任务中有另辟蹊径、独树一帜的实践内容	10%	
合计			100%	

拓展阅读

一般来说，运动控制技术是对整个运动系统实现控制，既要兼顾各个系统单元的作用，又要兼顾系统本身的性能。原来的技术发展偏高成本、散片化，而现在则越来越讲究融合，同时具有更高的性价比优势，特别是在需求端。用户要求能够在原先的控制力基础上，具备更高精度的位置控制、轨迹控制、同步控制能力，这一发展趋势已越发明显。

当前，国内实体经济发展正在经历风浪，企业的生存压力增大，技术催生的新动能也需要更多地考虑应用成本，因此，针对需求端，成本显得非常重要。但总体而言，目前在运动控制领域，创新型技术依然偏少，更多的还是在引入国外的先进技术，同时考量实际应用需求，在满足性能要求的情况下，为客户降低应用成本，如控制与驱动结合在一起，形成驱控一体化技术等。随着工业4.0、智能制造时代的来临，未来运动控制技术的发展一定会朝着更加智能化、数字化的方向前进，同时通过各种网络通信标准协议，实现与其他控制设备及系统之间的互联，打造一种新的工业生产模式。

在实际应用中，只有将控制与工艺两者更好地结合在一起，才能真正促进技术被成熟地应用于生产现场，技术从0到1的突破，也是工艺需求端所推动的。这里讲的“工艺”，其实就是产品深加工的整个过程，由于有的生产流程较为复杂，影响因素较多，因而利用控制技术进行有针对性的制造工艺改进，以此来提升生产效率和产品品质，就显得比较重要。为此，一直以来，在国产技术方案开发上会结合大量应用案例的实际使用要求以及应用难点，具体到工艺基础上去做产品开发，宁可追求技术的冗余，也不能让产品存在技术上的不足。尤其是在控制算法的研发上，国产伺服产品会比较多地考虑实际的复杂因素，全力满足先进制造工艺的需求，协助客户提升加工质量。

思考与练习

4.1 判断以下论述是否正确。正确打√，错误打×。

1）伺服控制系统包括控制器、伺服驱动器、伺服电动机和位置检测反馈元件。（ ）

2）伺服控制系统的比较环节包括位置比较环节、速度比较环节。（ ）

3）交流伺服电动机一般由定子、转子及测量定子位置的传感器构成。（ ）

4）直流伺服电动机不会被交流伺服电动机所替代。（ ）

5）伺服驱动器比变频器的主电路增加了静态制动电路。（ ）

6）S-1FL6伺服电动机的编码器分辨率高达12位。（ ）

7）MC_MoveAbsolute指令之前必须有MC_Home指令。（ ）

8）在主动回零中，可以在正运行方向或负运行方向上执行轴的回零过程。（ ）

9）在绝对定位时，必须输入参数Position、Velocity来指定目标位置及速度。（ ）

10）PN版本的伺服控制系统大大降低了系统复杂性。（ ）

4.2 控制某伺服电动机来驱动工作台，如图4-63所示，将固定在该工作台上的待加工件移动至气动压力机下进行作业，已知需要加工的（1）、（2）位置为运行方向上的2个点，间距为15cm。现采用S7-1200 PLC和V90 PN伺服驱动器来实现该工艺，设计电气控制系统并编程。

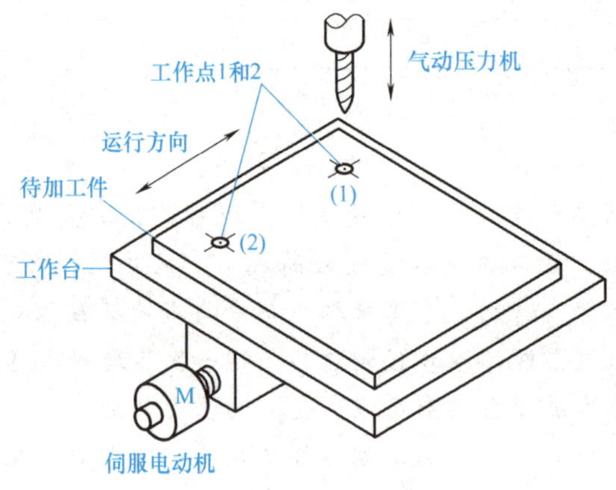

图4-63 题4.2图

4.3　某塑料型材定长切割传动机构采用 S7-1200 PLC 与 V90 伺服驱动器组成的控制系统，其位置控制采用丝杠机构，已知该滚珠丝杠螺距为 10mm，机械减速比为 1∶2，定长设置通过选择开关设置为 50mm、100mm、150mm、200mm 4 档，画出电气接线，并编写 PLC 程序。

4.4　现用 S7-1200 PLC、V90 PN 伺服驱动器和伺服电动机组成角度控制系统，如图 4-64 所示。其中 PLC 不外接任何按钮，具体要求如下：

1）将 PLC、触摸屏和伺服完成 PROFINET 连接，并设置在同一个 IP 频段。

2）将 PLC 与变频器的通信方式设置为标准报文 111。

3）在触摸屏上可以设置角度，并进行定位。

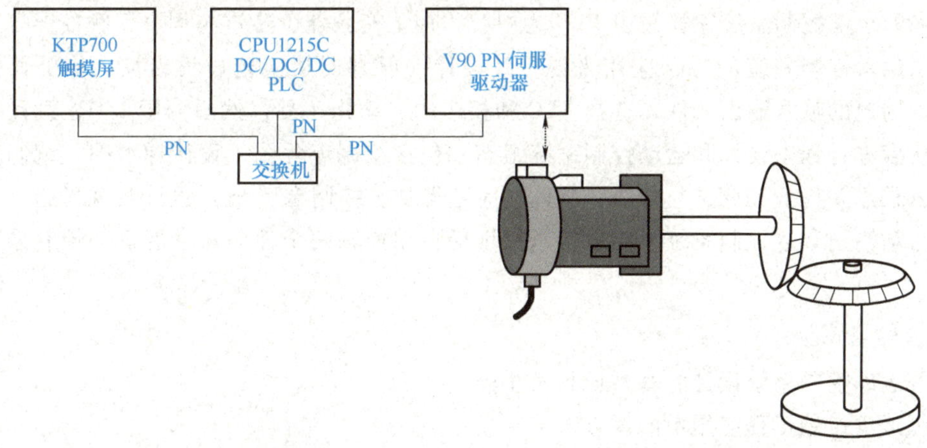

图 4-64　题 4.4 图

项目5 运动控制系统综合应用

项目导读

复杂的运动控制系统往往是以PLC为中心，加上变频器、步进与伺服、触摸屏等工控产品。对于运动控制系统的综合应用来说，其设计一般都要从工艺过程出发，分析其控制要求、确定用户的输入输出元件、选择PLC和相应的自动化产品，然后分配I/O，设计I/O连接图；接着进行程序设计和运动控制系统组态，包括绘制流程图、设计梯形图、编制程序清单、输入程序并检查、调试与修改，与此同时还得加上控制台（柜）设计及现场施工。本项目通过自动输送装置控制系统、物料传送与堆垛自动控制两个任务来掌握运动控制系统的综合应用。

知识目标：

掌握运动控制系统设计的基本原则及步骤。

掌握运动控制工程应用中的要点。

能力目标：

能够对运动控制现场的各类机械设备进行电气控制要求分析。

能提出综合解决方案并进行运动控制系统设计与调试。

素养目标：

弘扬钱学森精神，增强创新图强的精神，培养技术报国的情怀。

深刻把握“两弹一星”精神新的时代内涵。

弘扬大胆假设、严密求证的科学精神，养成求真务实的品质。

任务5.1 自动输送装置控制系统

任务描述

如图5-1a所示为某无人作业的自动输送装置控制示意图。步进电动机由S7-1200 PLC和步进驱动器控制。当物品放置在A处时，由步进电动机带动的输送装置开始启动，待提升至B处时，输送装置停止运行。所有控制都可以通过相距百米远的PLC和触摸屏进行。根据任务要求进行电气接线并编程。任务要求如下：

1）实现两台PLC和触摸屏的PROFINET通信设置。

2）实现自动输送装置的触摸屏手动控制。

3）能用触摸屏自动实现8段曲线设定，如图5-1b所示，如包含绝对位置d_1和停留时间t_1等。

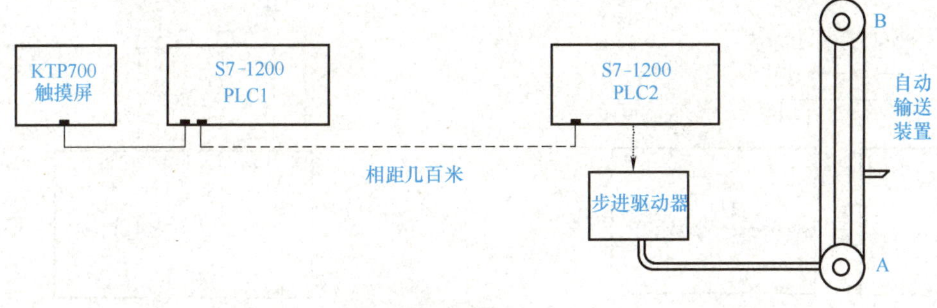

a) 控制示意图

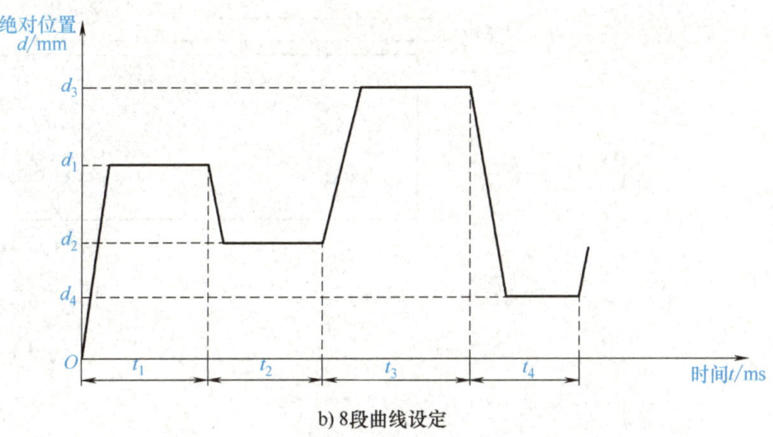

b) 8段曲线设定

图 5-1　任务 5.1 控制示意图

任务实施

5.1.1　输入输出定义和电气接线

根据任务要求，PLC1 和 PLC2 均选用 CPU1215C DC/DC/DC，其中 PLC1 与 KTP700 触摸屏相连，PLC2 与步进控制系统相连，构成自动输送装置控制系统的硬件。PLC2 外接 3 个输入信号，即限位开关 SQ1～SQ3，I/O 分配见表 5-1。

表 5-1　PLC2 的 I/O 分配

I/O	PLC 软元件	元件符号/名称
输入	I0.0	SQ1/下限位(NO)
	I0.1	SQ2/原点(NO)
	I0.2	SQ3/ 上限位(NO)
输出	Q0.0	输出脉冲信号到步进驱动器 PUL+
	Q0.1	输出方向信号到步进驱动器 DIR+

如图 5-2 所示为自动输送装置控制系统电气接线，包括 I/O 连接、PROFINET 连接。

18. PROFINET IO 通信方式设置

5.1.2　PROFINET IO 通信方式设置

根据任务要求，PLC1 和 PLC2 的通信方式采用 PROFINET IO，即 PLC1 作为 IO 控制器，PLC2 作为 IO 设备。

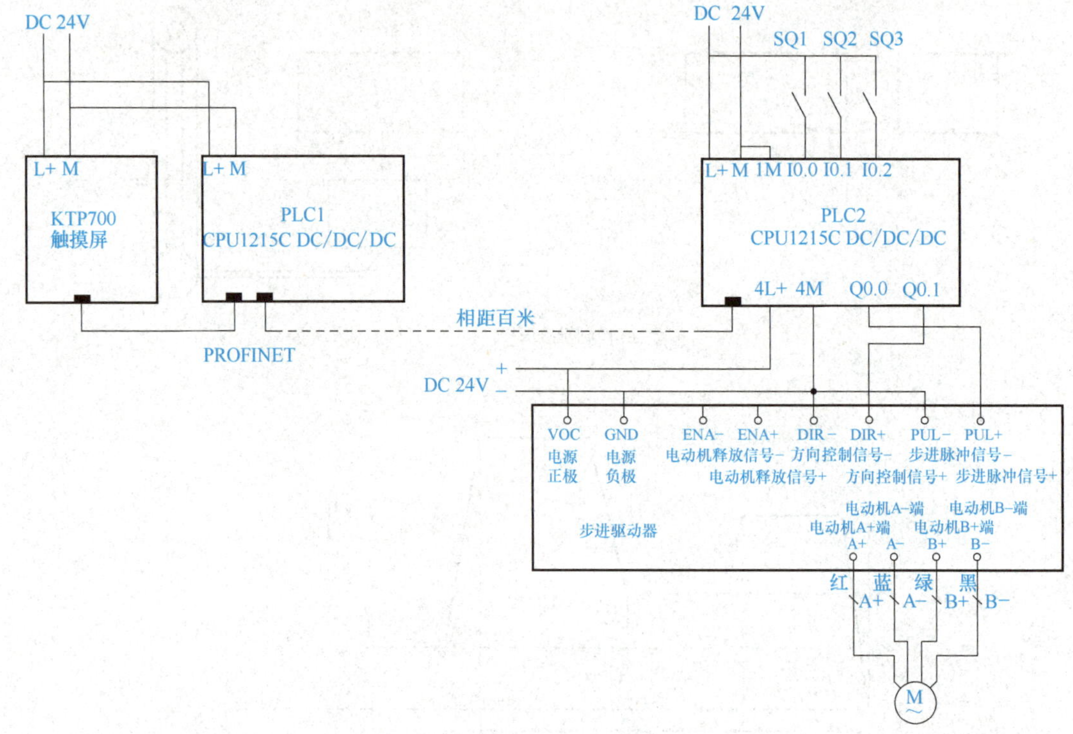

图 5-2 自动输送装置控制系统电气接线

1. IO 控制器的通信设置

设定 PLC1 为 IO 控制器，其 IP 地址为 192.168.0.1。单击“常规”→“PROFINET 接口［X1］”→“操作模式”，打开操作模式设置，会发现默认为“IO 控制器”，如图 5-3 所示。

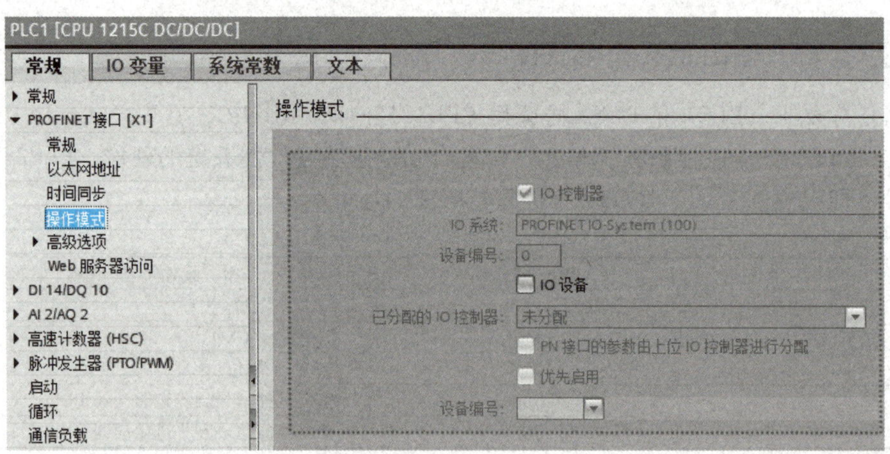

图 5-3 PLC1 操作模式设置

2. IO 设备的通信设置

（1）步骤 1：设定 PROFINET 设备名称

添加新设备 PLC2，其 IP 地址为 192.168.0.2。如图 5-4 所示，单击“常规”→“PROFINET 接口［X1］”→“以太网地址”，在 PROFINET 选项中勾选“自动生成 PROFINET 设备名称”，将自动从设备（CPU、CP 或 IM）组态的名称中获取设备名称。

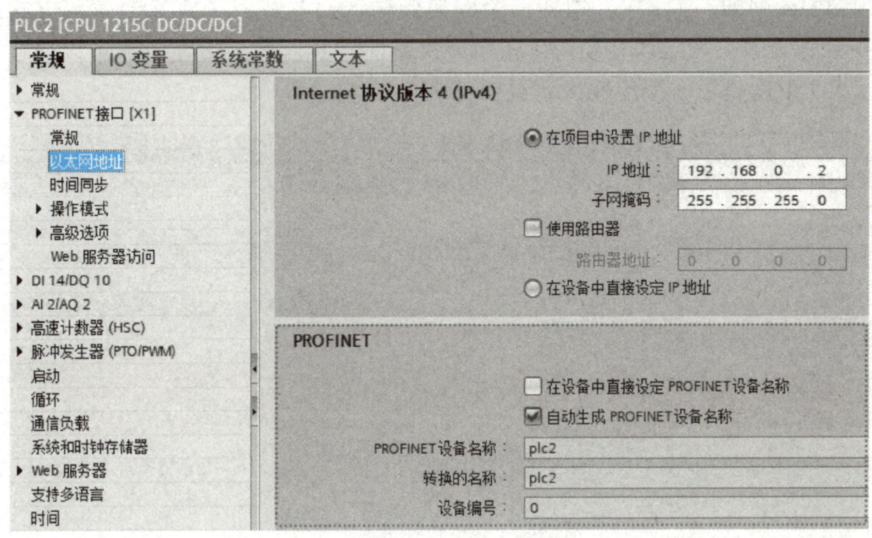

图 5-4 设定 PROFINET 设备名称

PROFINET 设备名称包含设备名称（如 CPU）、接口名称（仅带有多个 PROFINET 接口时），可能还有 IO 系统的名称。可以通过在模块的常规属性中修改相应的 CPU、CP 或 IM 名称，从而间接修改 PROFINET 设备的名称。如果要单独设置 PROFINET 设备名称而不使用模块名称，则需禁用“自动生成 PROFINET 设备名称”。

（2）步骤 2：启用“IO 设备”选项

在如图 5-5 所示“操作模式”界面中，勾选“IO 设备”，并将已分配的 IO 控制器设定为“PLC1. PROFINET 接口_1”，完成后的设备与网络视图如图 5-6 所示。

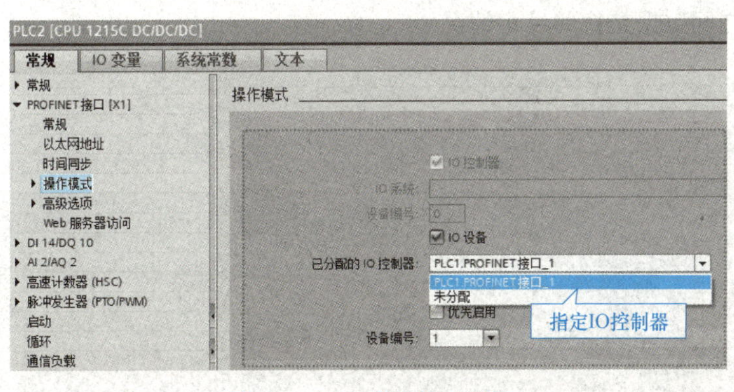

图 5-5 PLC2 操作模式设置

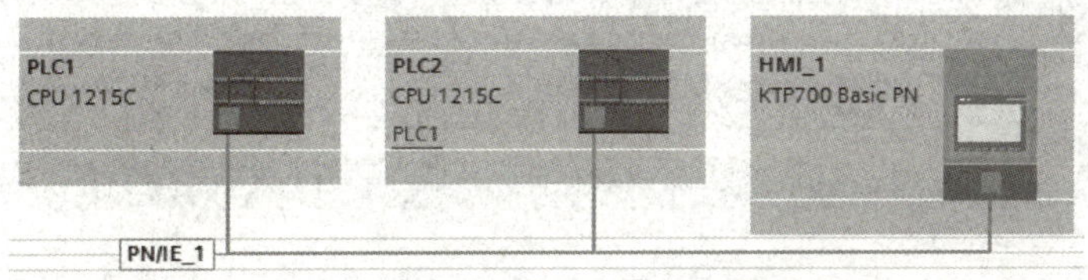

图 5-6 设备与网络视图

（3）步骤 3：设置 PLC2 中的传输区域

如图 5-7 所示，单击“常规”→“PROFINET 接口［X1］”→“操作模式”→“智能设备通信”，双击传输区-列的“新增”，增加一个双向传输区，并在其中定义通信双方的通信地址区：使用Q区作为数据发送区；使用I区作为数据接收区，单击传输箭头可以更改数据传输的方向。图5-7中创建了3个传输区，说明见表5-2。

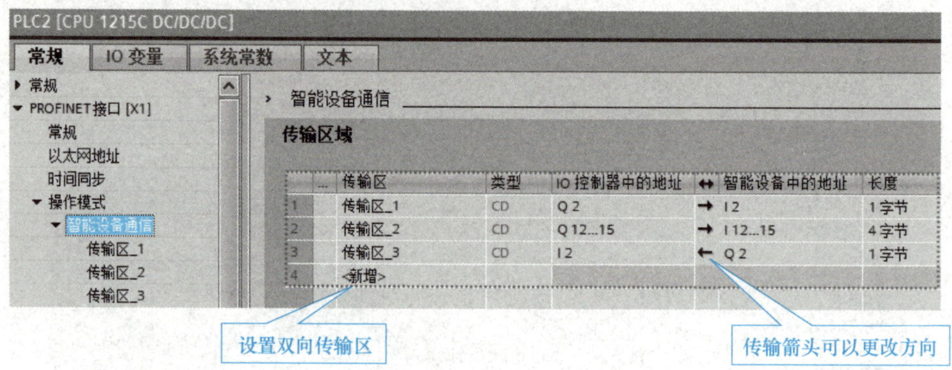

图5-7　传输区域设置

表5-2　传输区说明

传输区	IO控制器中的地址(PLC1)	智能设备中的地址(PLC2)	长度/B	含义
传输区_1	Q2	I2	1	步进控制命令
传输区_2	Q12...15(即QD12)	I12...15(即ID12)	4	位置设定值
传输区_3	I2	Q2	1	提升机的限位信号字节

如图5-8所示为传输区_1的详细信息，可以直观地看出IO控制器（即PLC1）和智能设备（即PLC2）之间数据交换的设定情况。

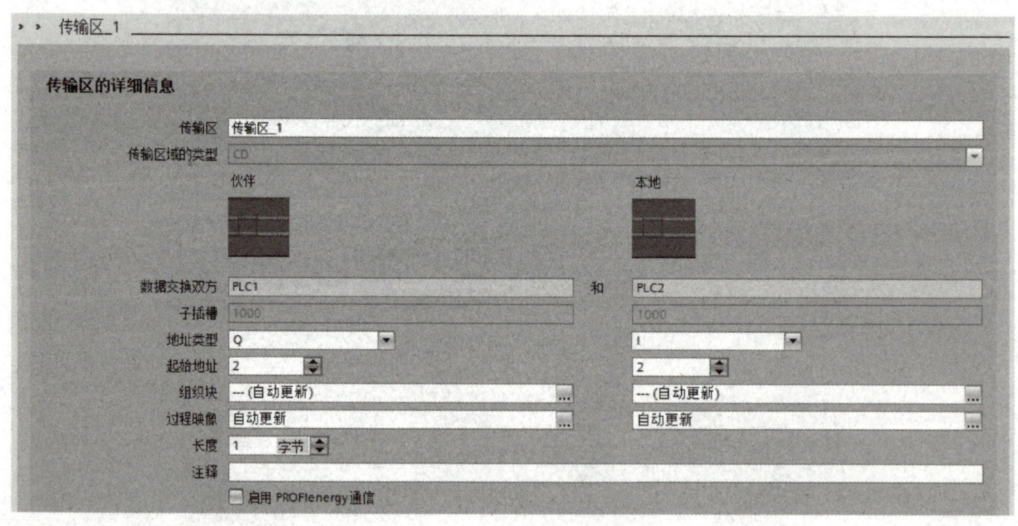

图5-8　传输区_1的详细信息

完成以上设置步骤后，就可以在两个不同的PLC中使用相关的IO点而无须使用通信指令就可以进行正常通信。

5.1.3 PLC 编程与触摸屏组态

1. 触摸屏画面组态

如图 5-9 所示为触摸屏主画面组态，它包括：

1）手动与自动切换，手动时只显示手动时可以动作的按钮相关信息，自动时只显示自动时可以动作的按钮相关信息。

2）手动时可以动作的按钮，包括故障复位、上行、下行、回零。

3）自动时可以动作的按钮，包括故障复位、自动定位以及距离设定、定位曲线。

4）提升机的上限位、原点和下限位信号。

按钮的相关可见性动画需要进行设置。

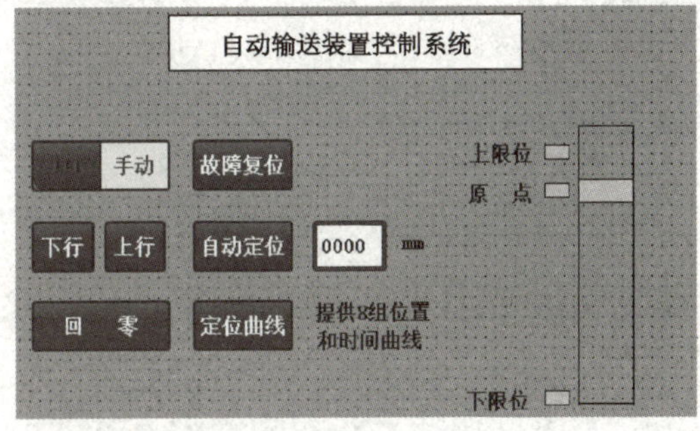

图 5-9 触摸屏主画面组态

如图 5-10 所示为定位曲线设置画面组态，它包括：

1）启动按钮。

2）绝对定位距离为 I/O 域，变量连接为数据块变量，该变量在 PLC1 中进行定义，如数据块_1_Pos[1] 等，共 8 个。

3）时间为 I/O 域，变量连接也为数据块变量，该变量在 PLC1 中进行定义，如数据块_1_Tim[1] 等，共 8 个。

4）黄色矩形框，共 8 个，表示当定位曲线动作时，按照动作顺序，依次显示黄色背景。

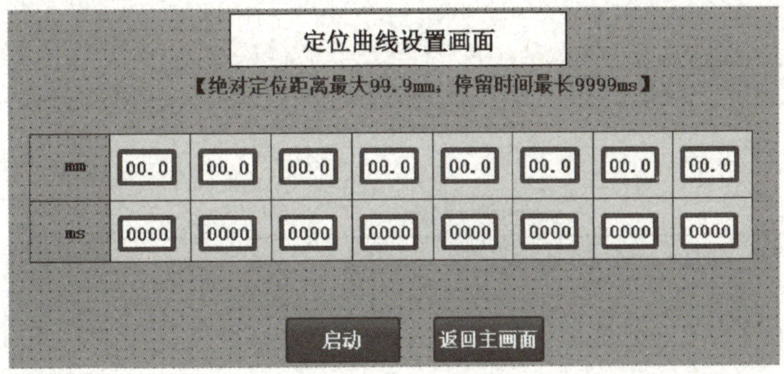

图 5-10 定位曲线设置画面组态

2. IO 控制器 PLC1 编程

（1）定位曲线 FB 块编程

如图 5-11 所示为曲线定位数据 DB1，包含 2 个变量，其中位置变量 Pos 的数据类型为 Array [1..8] of Real、时间变量 Tim 的数据类型为 Array [1..8] of Time，并可以设置相应的起始值。

FB1 块（曲线定位设置）输入输出参数定义见表 5-3。

表 5-3 FB1 块输入输出参数定义

输入输出参数类型	名　称	数据类型
Output	Position	Real
InOut	Index	Int
	State	Bool
Static	IEC_Timer_0_Instance	Array[1..8] of IEC_Timer

如图 5-12 所示为 FB1 块的步序控制流程。其中从步序控制 1→步序控制 2→…→步序控制 8，步序控制转移条件为计时运行时间到（即 Tim［#index］）。

名称	数据类型	起始值
▼ Static		
▼ Pos	Array[1..8] of Real	
Pos[1]	Real	55.0
Pos[2]	Real	20.0
Pos[3]	Real	5.0
Pos[4]	Real	45.0
Pos[5]	Real	78.0
Pos[6]	Real	45.0
Pos[7]	Real	10.0
Pos[8]	Real	30.0
▼ Tim	Array[1..8] of Time	
Tim[1]	Time	T#5000ms
Tim[2]	Time	T#4000ms
Tim[3]	Time	T#4000ms
Tim[4]	Time	T#6000ms
Tim[5]	Time	T#7000ms
Tim[6]	Time	T#5000ms
Tim[7]	Time	T#5000ms
Tim[8]	Time	T#6000ms

图 5-11　曲线定位数据 DB1

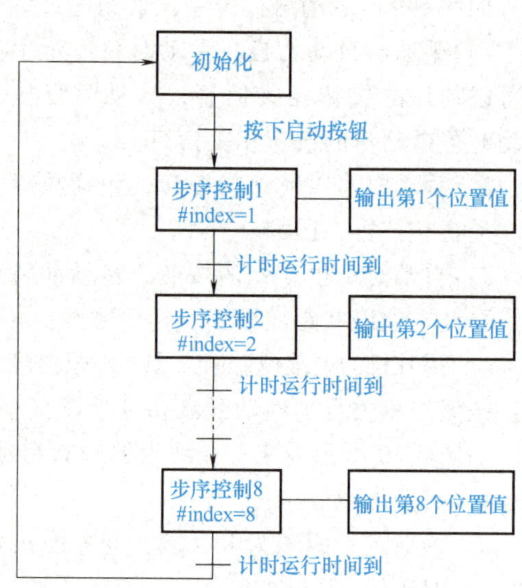

图 5-12　FB1 块步序控制流程

如图 5-13 所示为 FB1 块梯形图程序。

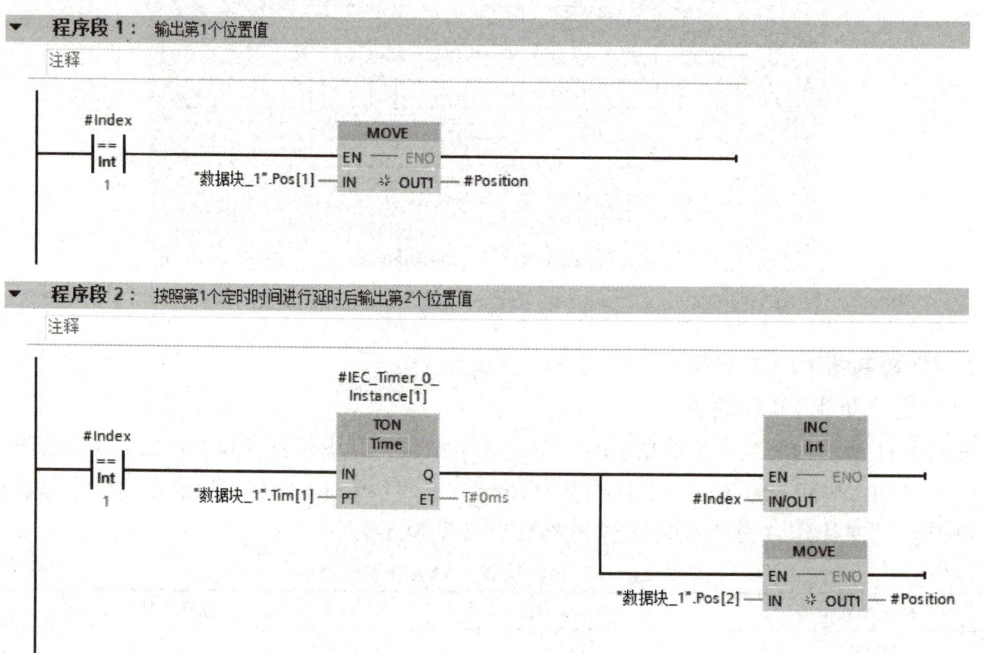

图 5-13　FB1 块梯形图程序

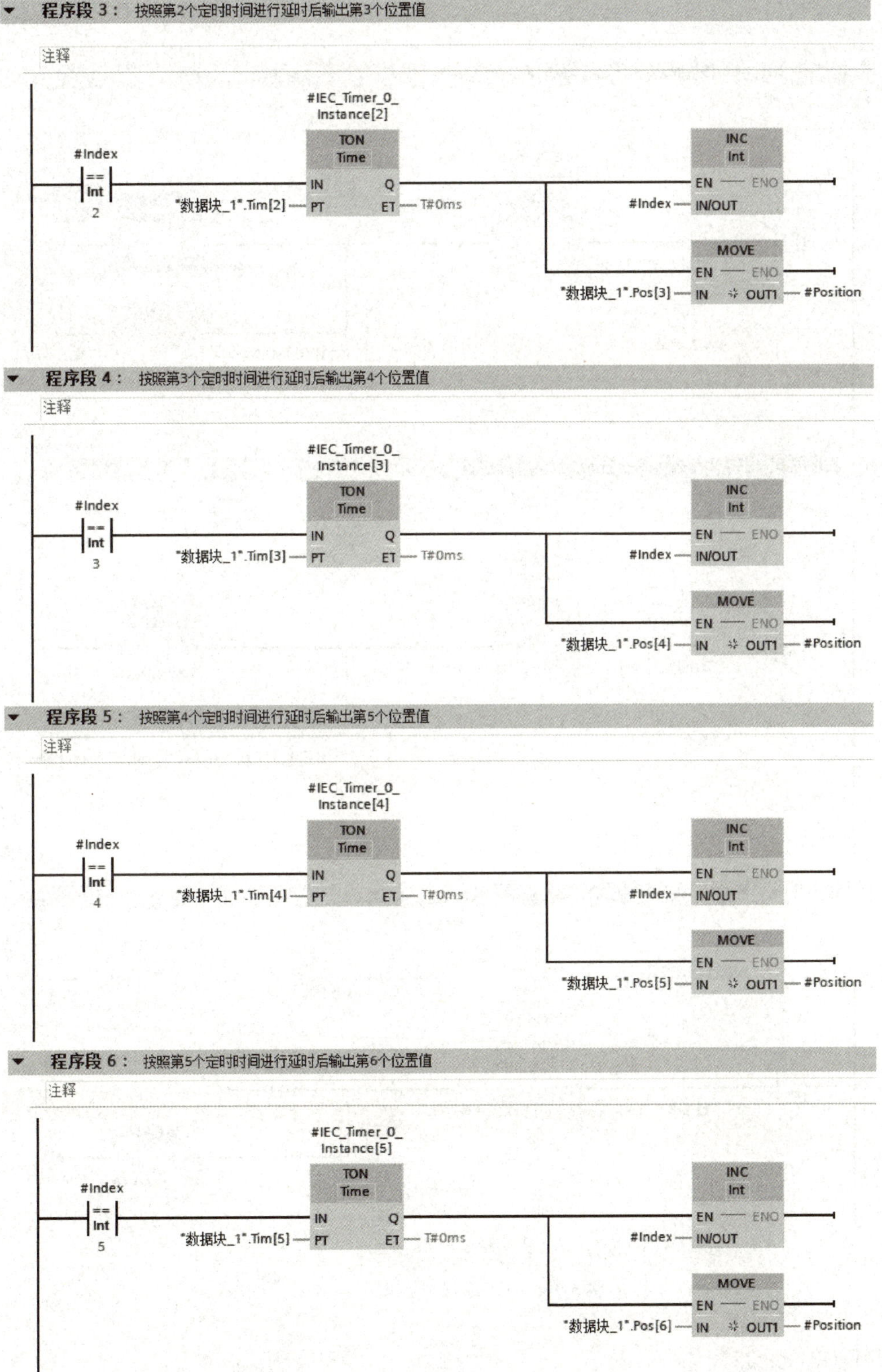
程序段 3： 按照第2个定时时间进行延时后输出第3个位置值
注释
#IEC_Timer_0_Instance[2]
TON
Time
#Index
==
Int
2
IN Q
"数据块_1".Tim[2] PT ET T#0ms
INC
Int
EN ENO
#Index IN/OUT
MOVE
EN ENO
"数据块_1".Pos[3] IN OUT1 #Position
程序段 4： 按照第3个定时时间进行延时后输出第4个位置值
注释
#IEC_Timer_0_Instance[3]
"数据块_1".Tim[3]
3
"数据块_1".Pos[4]
程序段 5： 按照第4个定时时间进行延时后输出第5个位置值
注释
#IEC_Timer_0_Instance[4]
"数据块_1".Tim[4]
4
"数据块_1".Pos[5]
程序段 6： 按照第5个定时时间进行延时后输出第6个位置值
注释
#IEC_Timer_0_Instance[5]
"数据块_1".Tim[5]
5
"数据块_1".Pos[6]

图 5-13　FB1 块梯形图程序（续）

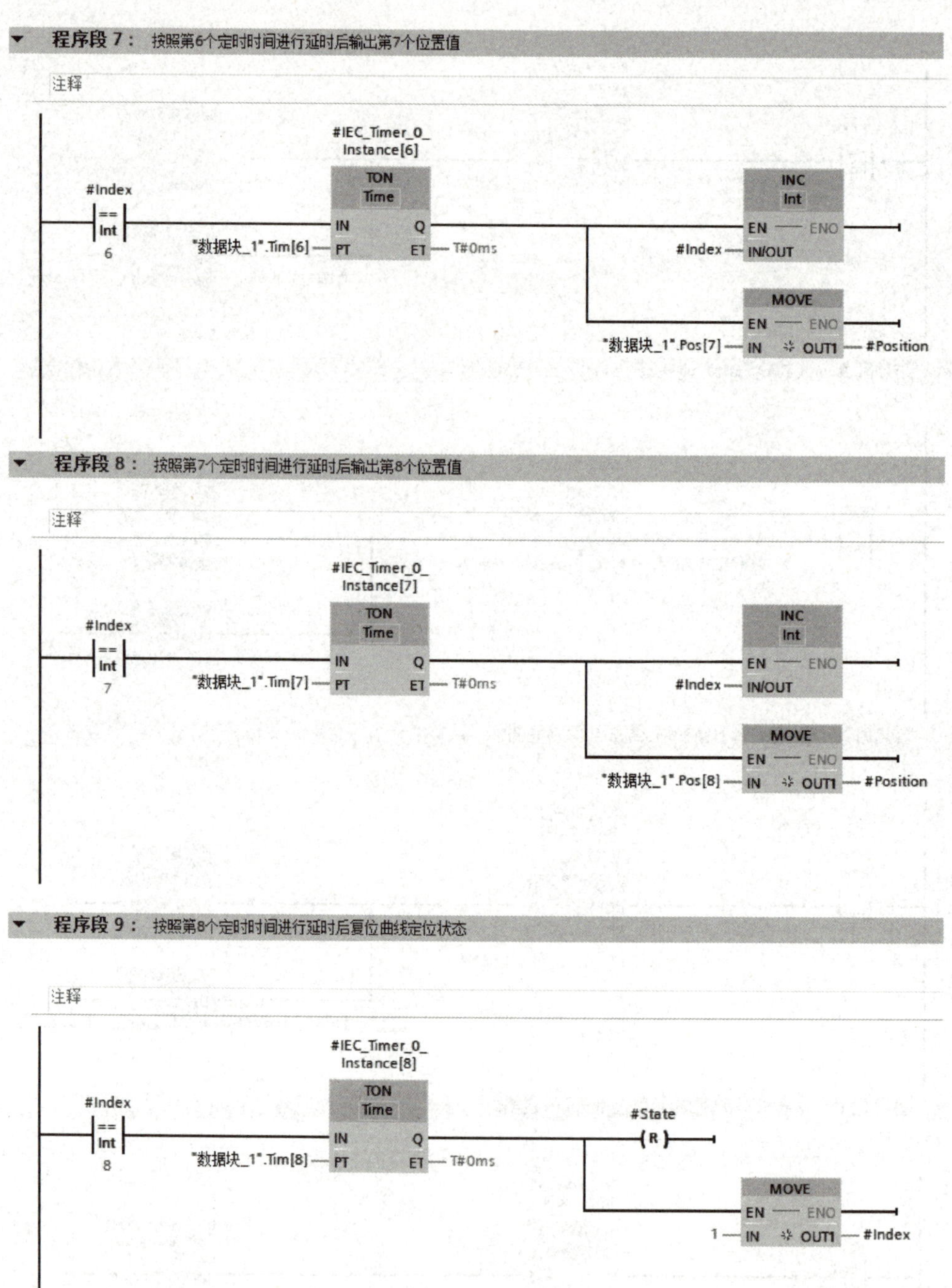

图 5-13　FB1 块梯形图程序（续）

（2）OB1 块编程

如图 5-14 所示为变量表，包括从智能设备（I-Device，即 PLC2）读取或输出的值 IB2、QB2 和 QD12，以及触摸屏按钮信号等。

名称	变量表	数据类型	地址
从I-Device读取	默认变量表	Byte	%IB2
输出到I-Device	默认变量表	Byte	%QB2
输出位置值	默认变量表	Real	%QD12
命令字节	默认变量表	Byte	%MB10
手动/自动选择开关	默认变量表	Bool	%M10.0
点动上行按钮	默认变量表	Bool	%M10.1
点动下行按钮	默认变量表	Bool	%M10.2
回零按钮	默认变量表	Bool	%M10.3
故障复位按钮	默认变量表	Bool	%M10.4
自动定位按钮	默认变量表	Bool	%M10.5
曲线定位信号	默认变量表	Bool	%M10.6
限位信号字节	默认变量表	Byte	%MB11
上限位	默认变量表	Bool	%M11.0
原点	默认变量表	Bool	%M11.1
下限位	默认变量表	Bool	%M11.2
位置设定值	默认变量表	Real	%MD12
曲线定位启动	默认变量表	Bool	%M16.0
曲线定位中	默认变量表	Bool	%M16.1
上升沿变量	默认变量表	Bool	%M16.2
曲线1状态	默认变量表	Bool	%M16.3
曲线序号值	默认变量表	Int	%MW18

图 5-14　变量表

如图 5-15 所示为 OB1 块梯形图程序，程序解释如下：

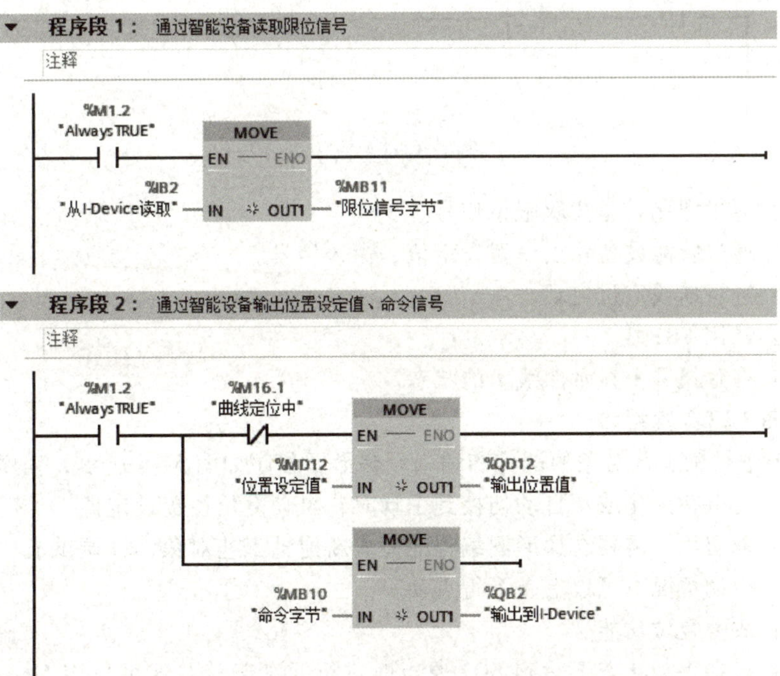

图 5-15　OB1 块梯形图程序

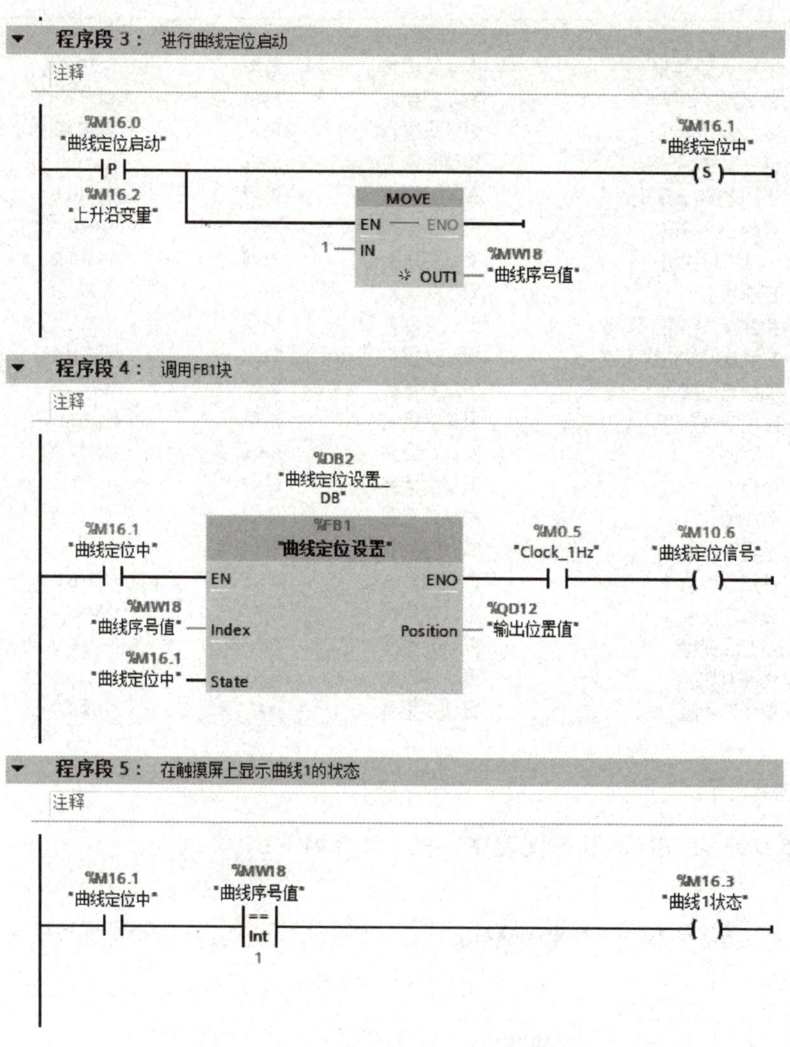

图 5-15 OB1 块梯形图程序（续）

程序段 1：通过智能设备读取限位信号。

程序段 2：通过智能设备输出位置设定值、命令信号。

程序段 3：进行曲线定位启动。

程序段 4：调用 FB1 块。

程序段 5：在触摸屏上显示曲线 1 的状态。

3. IO 设备 PLC2 编程

PLC2 需要进行轴工艺对象的调试和编程，梯形图程序如图 5-16 所示，程序说明如下：

程序段 1：上电初始化或从自动切换到手动时，自动复位位置设定值。

程序段 2：轴启用，需要在梯形图编程前完成新建轴工艺对象，并调试成功。

程序段 3：手动情况下可以上、下行点动。

程序段 4：故障复位功能。

程序段 5：仅在手动状态下达到 SQ2 原点时进行回零确认，这里采用 Mode = 0，其他方式参考项目 5.1。

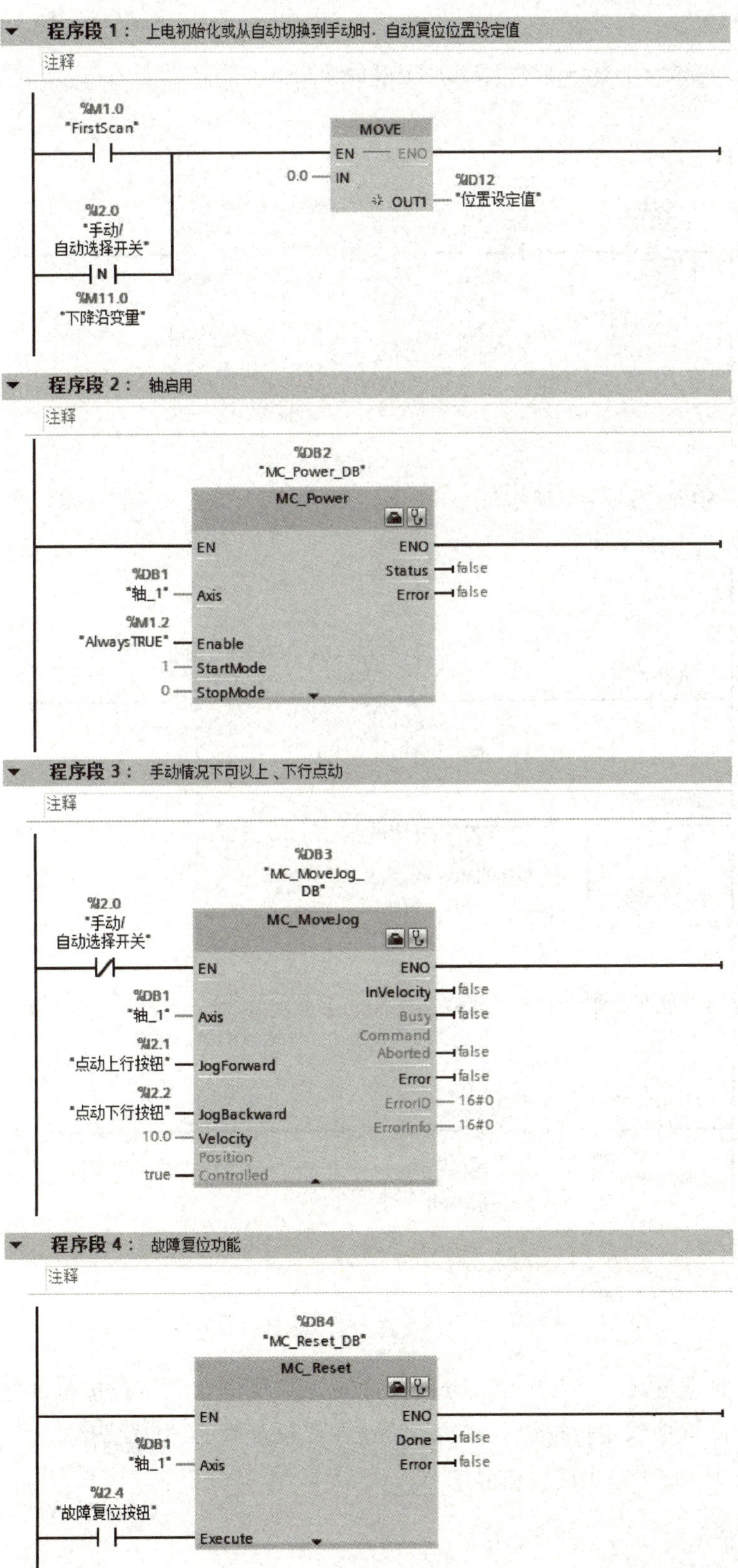

图 5-16　PLC2 的梯形图程序

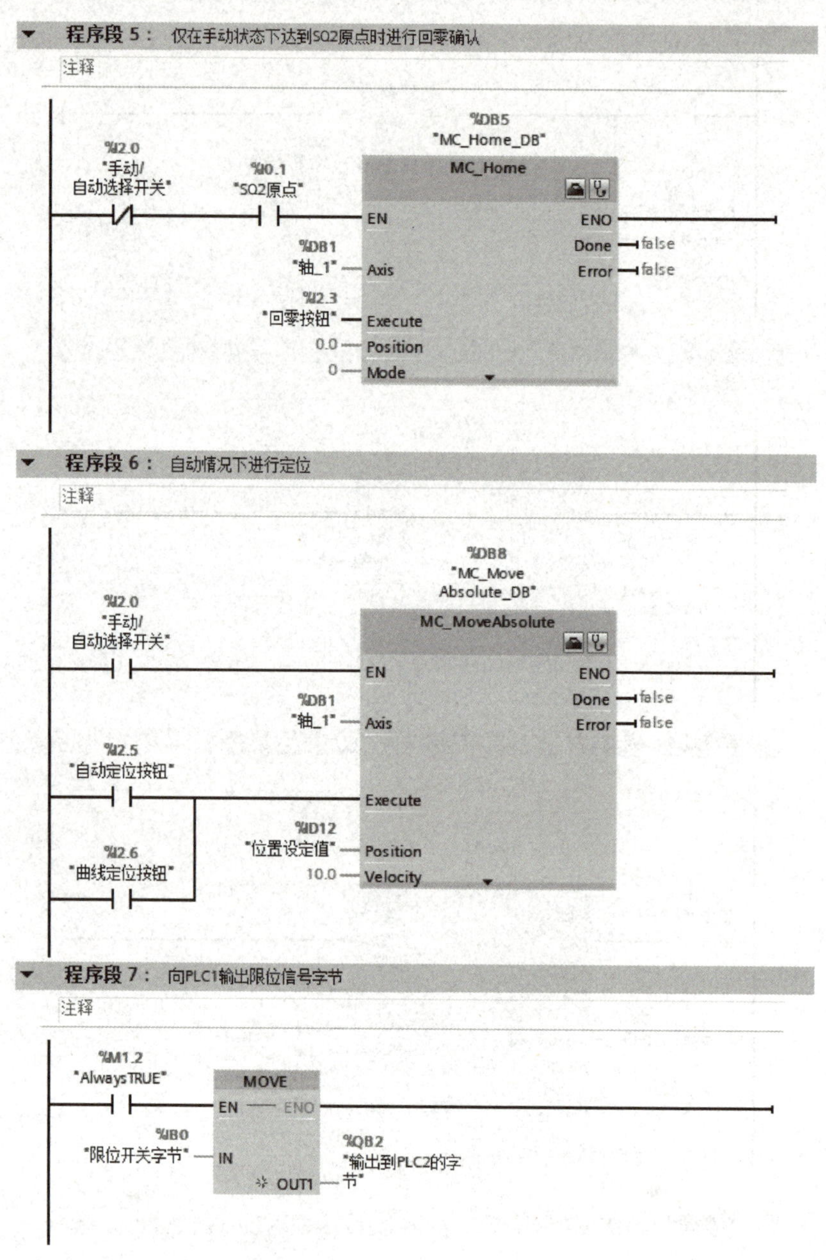

图 5-16 PLC2 的梯形图程序（续）

程序段 6：自动情况下进行定位，分两种情况，即 I2.5 自动定位按钮（触摸屏主画面的 自动定位 按钮）和 I2.6 曲线定位按钮（触摸屏定位曲线设置画面的 启动 按钮）。

程序段 7：向 PLC1 输出限位信号字节。

任务记录

根据任务实施的情况，如实填写任务 5.1 实施记录表（表 5-4）。

表 5-4　任务 5.1 实施记录表

任务实施步骤	实际执行情况说明	计划时间/min	实际时间/min
输入输出定义和自动输送装置控制系统电气接线			
PROFINET IO 通信方式设置			
自动输送装置 PLC 编程与触摸屏组态			

任务评价

按要求完成考核任务 5.1，评分标准见表 5-5，具体配分可以根据实际考评情况进行调整。

表 5-5　评分标准

序号	考核项目	考核内容及要求	配分	得分
1	职业道德与素养	遵守安全操作规程，设置安全措施	15%	
		认真负责，团结合作，对实操任务充满热情		
		深刻把握“两弹一星”精神新的时代内涵		
2	系统方案制定	PLC PROFINET 通信控制方案合理	15%	
		PLC 控制电路图正确		
3	编程能力	独立完成 PLC IO 控制器和 IO 设备的通信设置	20%	
		独立完成 PLC 梯形图编程		
4	操作能力	根据电气图正确接线，美观且可靠	20%	
		正确输入程序并进行程序调试		
		根据系统功能进行正确操作演示		
5	实践效果	系统工作可靠，满足工作要求	20%	
		PROFINET IO 传输区设置合理，命名规范		
		按规定的时间完成任务		
6	创新实践	在本任务中有另辟蹊径、独树一帜的实践内容	10%	
		合计	100%	

任务 5.2 物料传送与堆垛自动控制

任务描述

如图 5-17a 所示为物料传送与堆垛自动控制。当物品放置在 A 处时，由 G120 变频器驱动的输送带电动机开始起动，待物品输送至 B 处时，输送带停止运行。伺服电动机驱动丝杠机构带动气动机械手 R 运行到 20mm 处，与输送带连接，气动机械手开始伸出并将物品夹紧；R 运行至 40mm 处，将该物品缩回；根据计数的奇偶性，分别存放至两组料仓中，即奇数放1#料仓（140mm处）、偶数放2#料仓（240mm处）。

任务要求如下：

1）根据如图5-17b所示的气动机械手进行气缸动作的气路图设计，并进行安装。

2）实现PLC、触摸屏、变频器、伺服之间的PROFINET通信设置。

3）实现物料传送与堆垛流程的触摸屏工艺控制和动画显示。

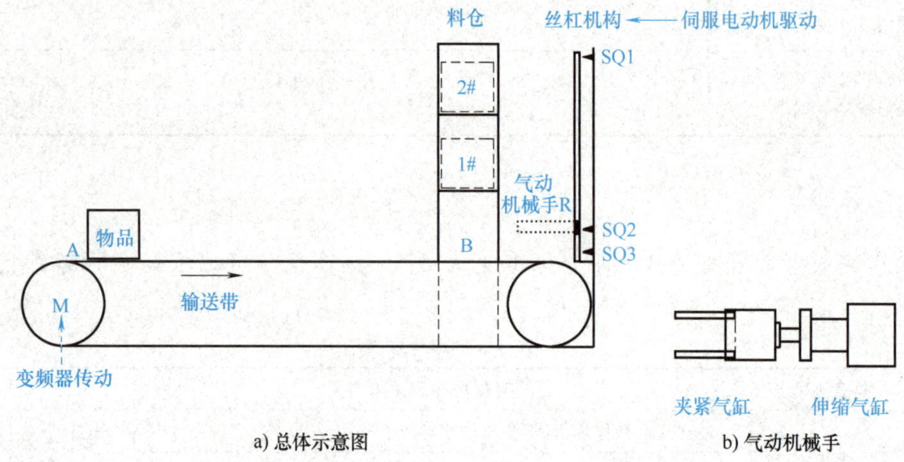

图5-17　任务5.2控制示意图

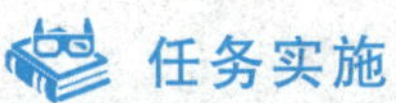
任务实施

5.2.1　输入输出定义和电气接线

根据任务要求，CPU1215C DC/DC/DC PLC、KTP700触摸屏、G120变频器和V90 PN伺服驱动器等4个自动化产品采用PROFINET相连构成物料传送与堆垛自动控制系统的硬件。PLC外接5个输入信号，即限位开关SQ1~SQ5；同时外接4个输出信号，即电磁阀Y1~Y4。具体I/O分配见表5-6。

表5-6　PLC I/O分配

I/O	PLC软元件	元件符号/名称
输入	I0.0	SQ1/轴_1_归位开关(NO)
	I0.1	SQ2/轴_1_LowHwLimitSwitch(NO)
	I0.2	SQ3/轴_1_HighHwLimitSwitch (NO)
	I0.3	SQ4/B处光电开关(NO)
	I0.4	SQ5/A处光电开关 (NO)
输出	Q0.0	Y1/气缸伸出电磁阀
	Q0.1	Y2/气缸缩回电磁阀
	Q0.2	Y3/气缸夹紧电磁阀
	Q0.3	Y4/气缸松开电磁阀
	QW256	G120变频器命令
	QW258	G120变频器频率

如图5-18所示为物料传送与堆垛自动控制电气接线，包括I/O连接、PROFINET连接。如图5-19所示为其网络拓扑图，需要正确设置其IP地址。

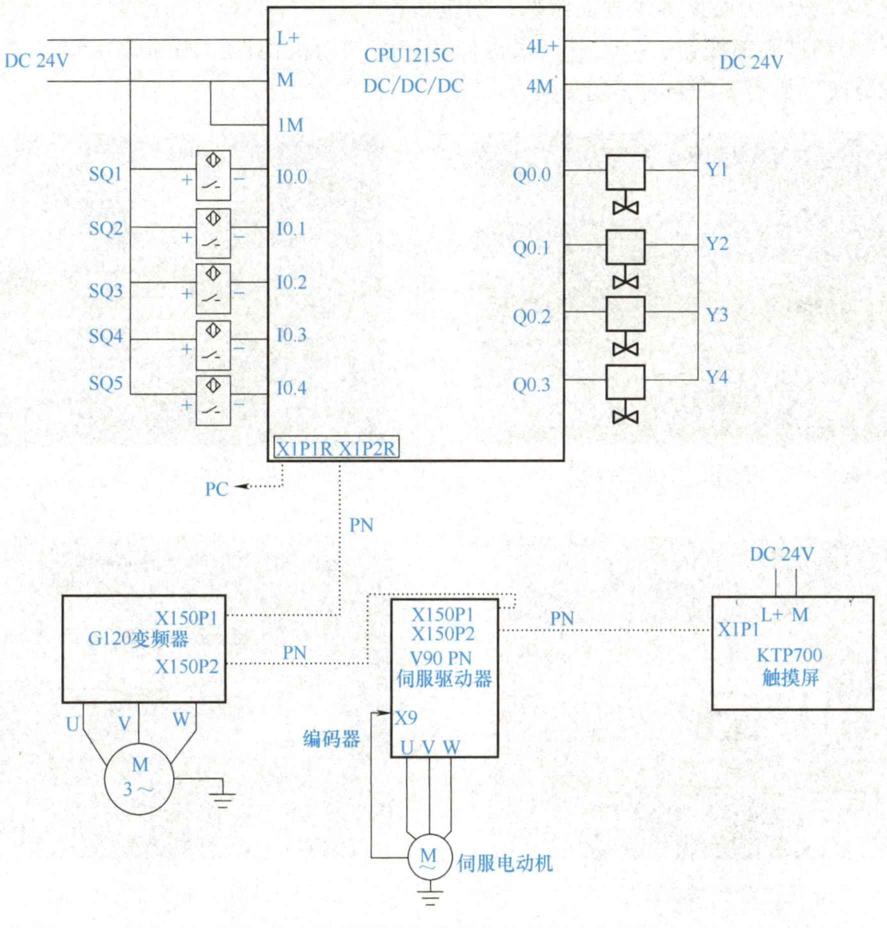

图5-18　物料传送与堆垛自动控制电气接线

如图5-20所示为将这4个自动化产品组成PN/IE_1网络，并设置为一个频段内的IP地址，确保网络测试成功。

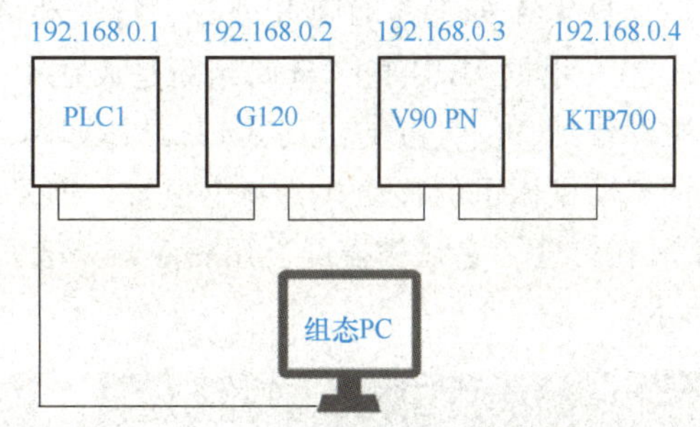

图5-19　网络拓扑图

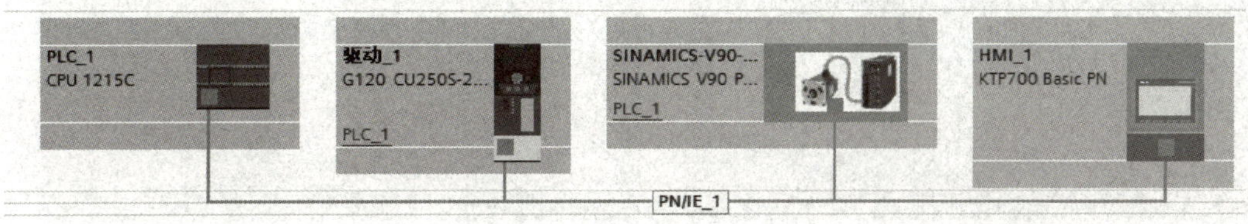

图5-20　设备与网络

5.2.2 触摸屏画面组态

如图 5-21 所示为触摸屏主画面组态，它包括：

1）伺服调试画面按钮、变频器调试画面按钮、气动机构调试画面按钮用于进入 3 个单独的调试画面，如图 5-22～图 5-24 所示。

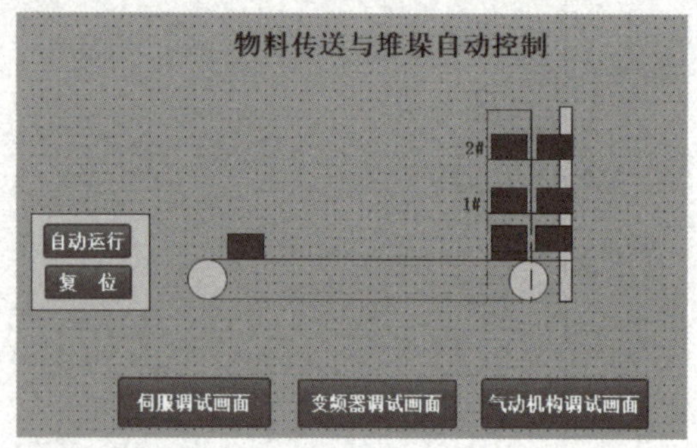

图 5-21 触摸屏主画面组态

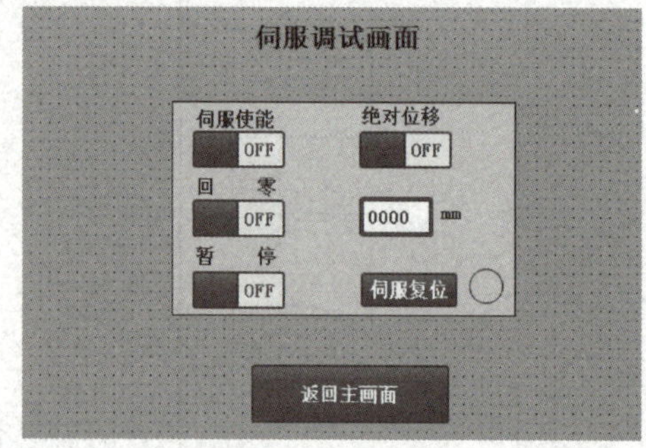

图 5-22 伺服调试画面

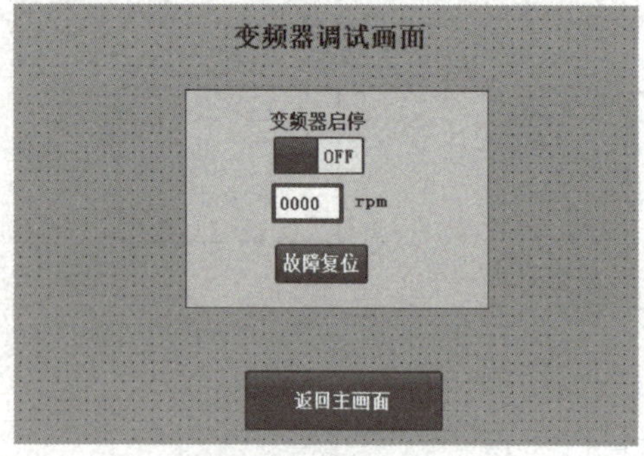

图 5-23 变频器调试画面

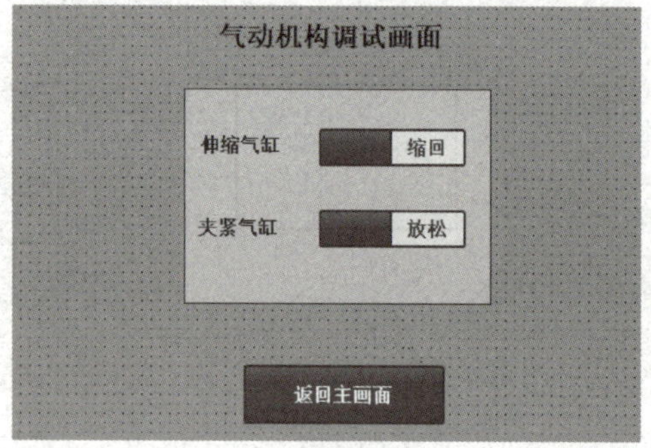

图 5-24 气动机构调试画面

2）自动运行和复位按钮。

3）物料从 A 处①移动到 B 处②，待气动机械手伸出夹紧后上移到 B1（即③）、缩回到 B2（即④），根据 MOD 指令奇偶判断是放在 C1（即伺服动作到⑤、气缸伸出到⑥），或 C2（即伺服动作到⑦、气缸伸出到⑧），具体如图 5-25 所示。

4）气动机械手的移动共分 4 个位置，即 L1～L4，分别对应 B1、B2、C1 和 C2 时的气动机械手所在位置。它在触摸屏上用一条线来表示，在主程序中又称线动画示意图，具体如图 5-26 所示。

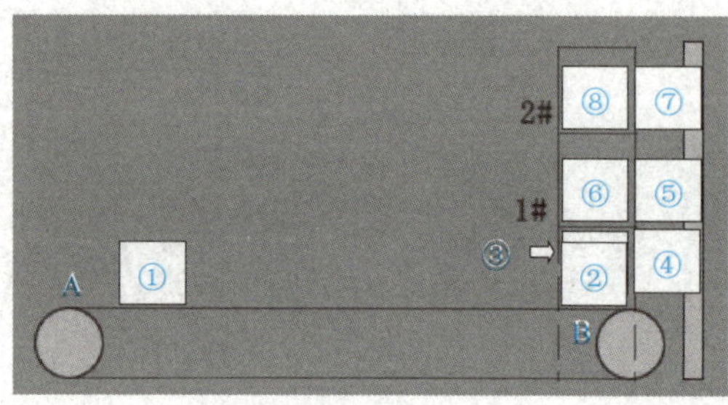

图 5-25 物料动画示意图

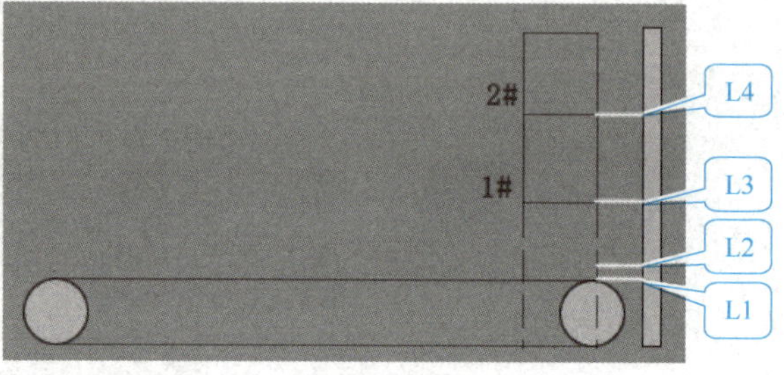

图 5-26 气动机械手示意图（线动画示意图）

5.2.3　运动控制系统编程

如图 5-27 所示为步序控制流程。其中从步序控制 0→步序控制 1→…→步序控制 7→步序控制 1…进行循环，步序控制转移条件为限位开关或计时运行时间到。

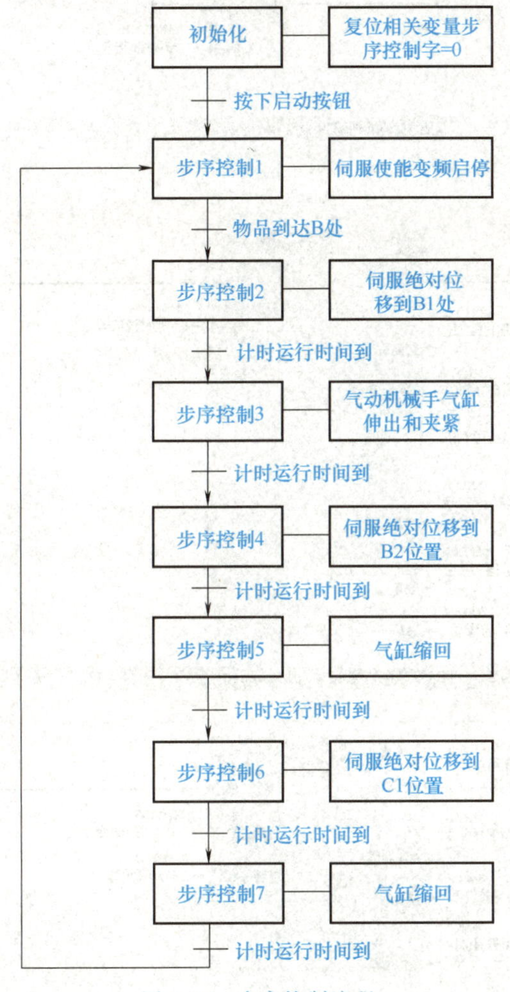

图 5-27　步序控制流程

1. OB1 梯形图编程

如图 5-28 所示为按照步序控制流程编写的 OB1 梯形图程序。在编程中会用到大量的定时器作为气缸动作到位控制和步序控制转移条件，最简洁的方法是将这些定时器都放入一个全局数据块 DB20，命名为定时器组数据块，并定义定时器 T 的数据类型为 Array［0..20］of IEC_Timer。程序中的丝杠绝对位移为 B1 = 20mm，B2 = 40mm，C1 = 140mm 或 240mm（即 C2 位置）。

程序解释如下：

程序段 1：上电初始化，复位调试变量，将步序控制字设置为 0。

程序段 2：切换到伺服调试画面时，调用 FB1（Servo）块。

程序段 3：切换到变频器调试画面时，调用 FC1（Inverter）块。

程序段 4：切换到气动机构调试画面时，调用 FB2（SolenoidValve）块。

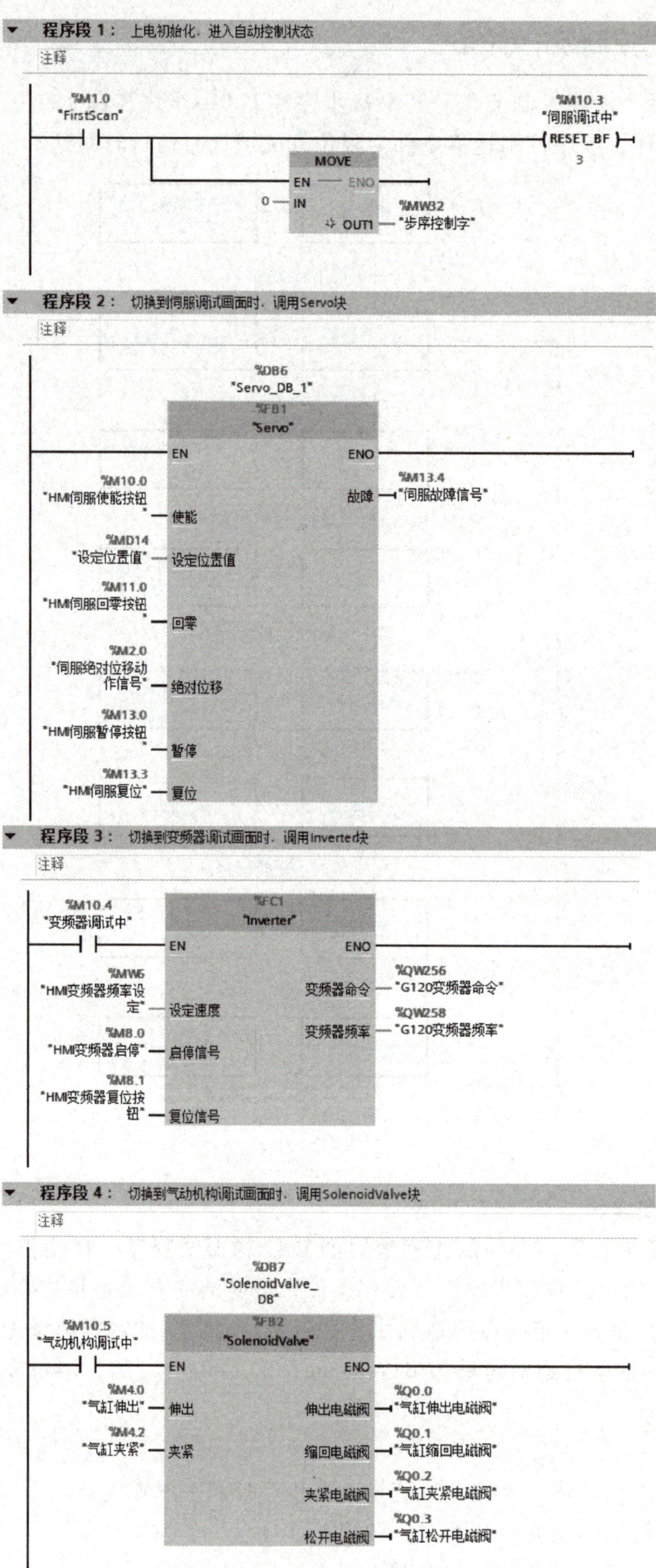

图 5-28　OB1 梯形图程序

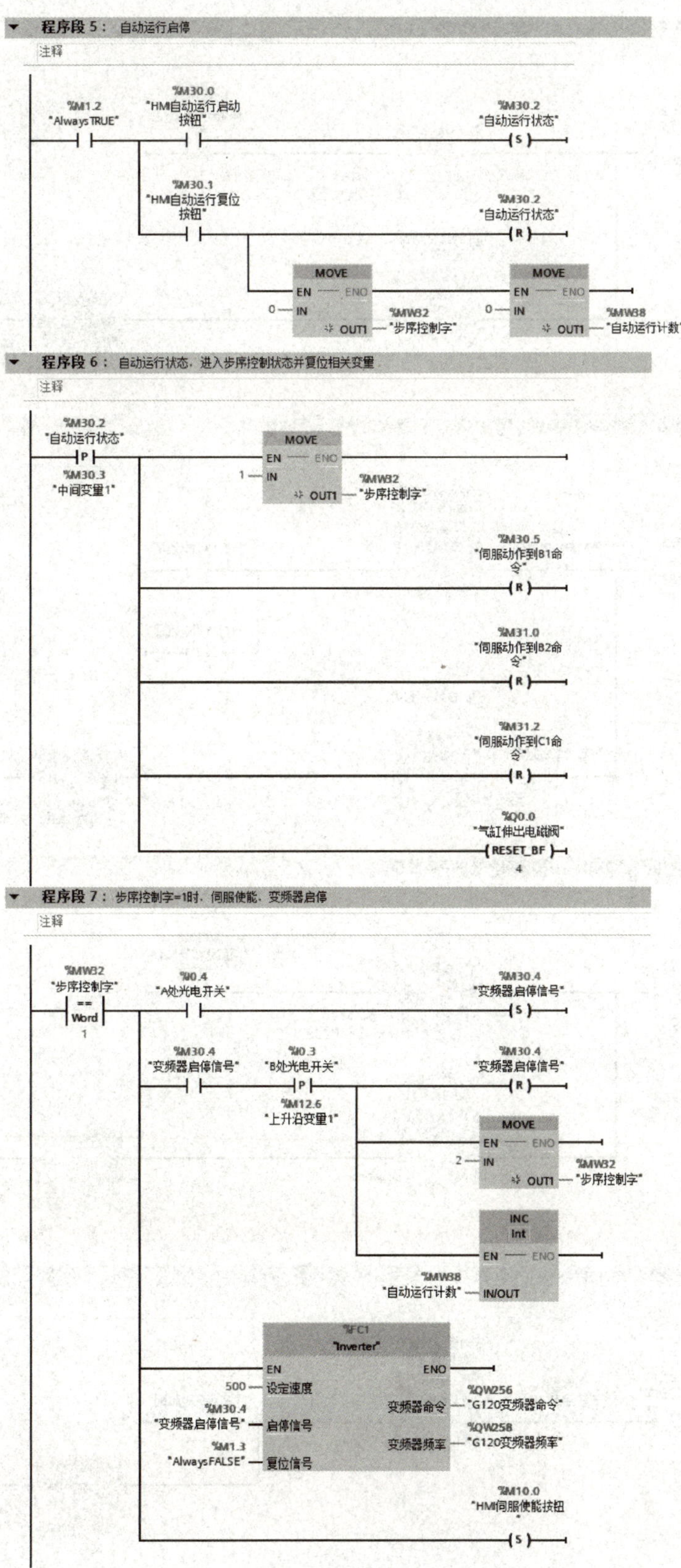

图 5-28 OB1 梯形图程序（续）

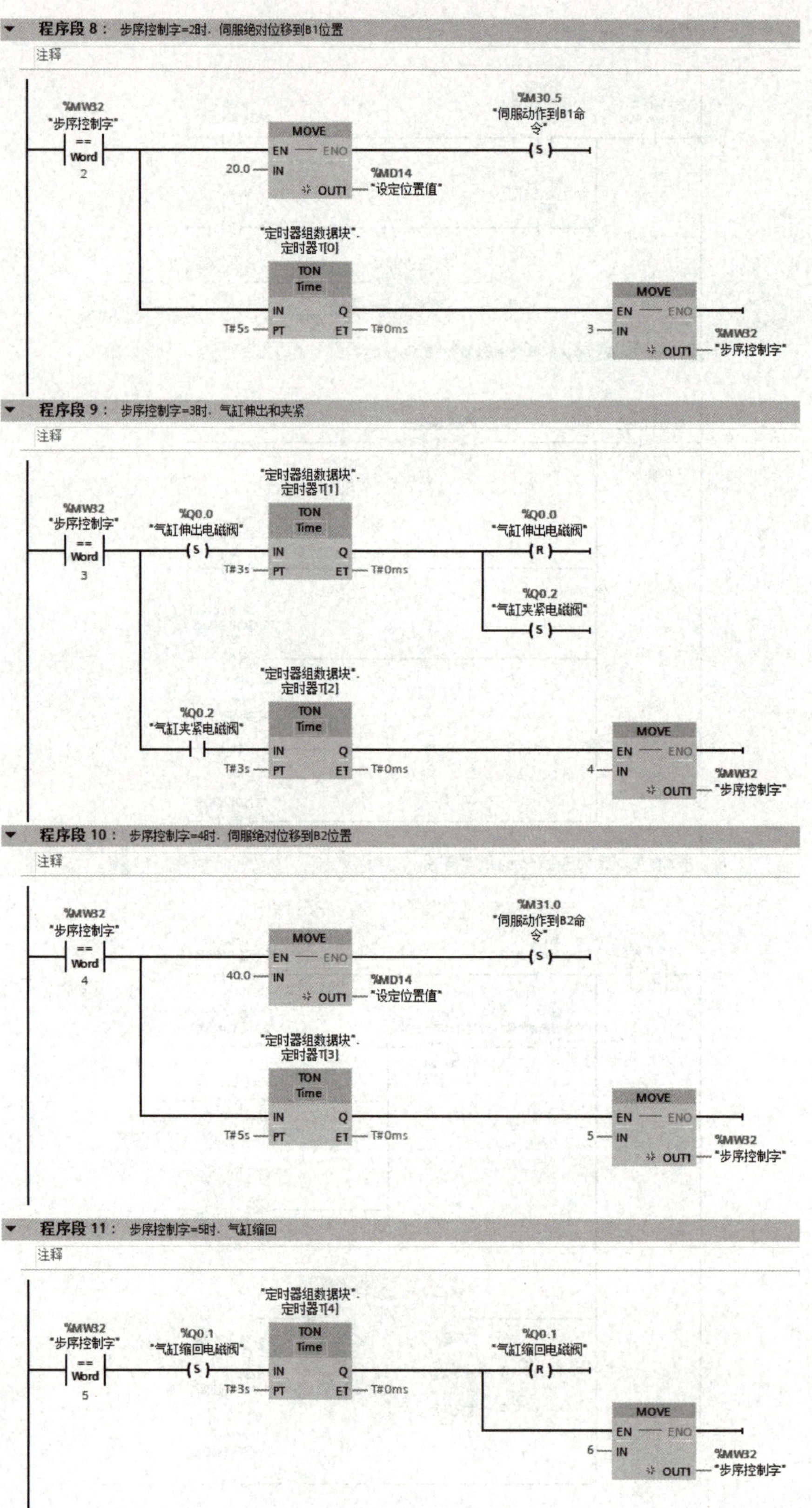

图 5-28 OB1 梯形图程序（续）

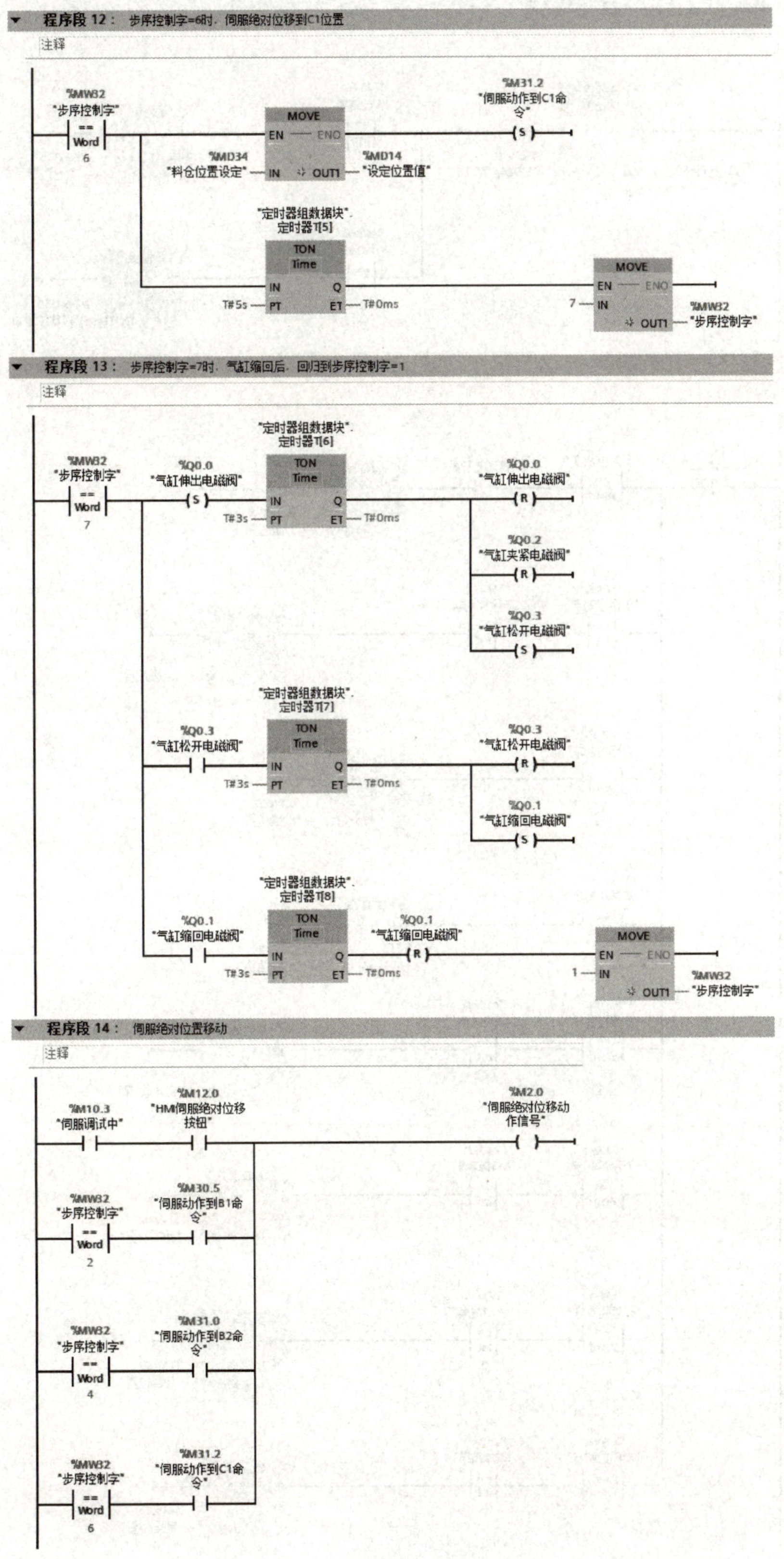

图 5-28 OB1 梯形图程序（续）

▼ 程序段 15： 料仓C1或C2的位置的确定

注释

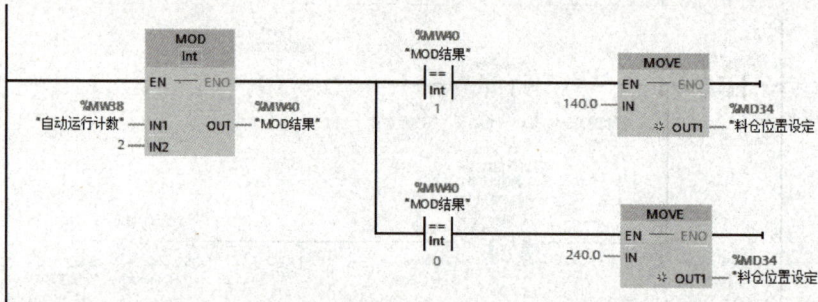

%MW38 "自动运行计数" — IN1; 2 — IN2; MOD Int; OUT — %MW40 "MOD结果"

%MW40 "MOD结果" == Int 1 — MOVE: 140.0 — IN; OUT1 — %MD34 "料仓位置设定"

%MW40 "MOD结果" == Int 0 — MOVE: 240.0 — IN; OUT1 — %MD34 "料仓位置设定"

▼ 程序段 16： 物料动画显示

注释

%M1.2 "AlwaysTRUE"

%MW32 "步序控制字" == Word 1; %I0.4 "A处光电开关" — MOVE: 1 — IN; OUT1 — %MW42 "动画位置"

%MW32 "步序控制字" >= Int 2; %MW32 "步序控制字" <= Int 3 — MOVE: 2 — IN; OUT1 — %MW42 "动画位置"

%MW32 "步序控制字" == Word 4 — MOVE: 3 — IN; OUT1 — %MW42 "动画位置"

%MW32 "步序控制字" == Word 5 — MOVE: 4 — IN; OUT1 — %MW42 "动画位置"

%MW32 "步序控制字" == Word 6; %MW40 "MOD结果" == Int 1 — MOVE: 5 — IN; OUT1 — %MW42 "动画位置"

%MW32 "步序控制字" == Word 7; %MW40 "MOD结果" == Int 1 — MOVE: 6 — IN; OUT1 — %MW42 "动画位置"

%MW32 "步序控制字" == Word 6; %MW40 "MOD结果" == Int 0 — MOVE: 7 — IN; OUT1 — %MW42 "动画位置"

%MW32 "步序控制字" == Word 7; %MW40 "MOD结果" == Int 0 — MOVE: 8 — IN; OUT1 — %MW42 "动画位置"

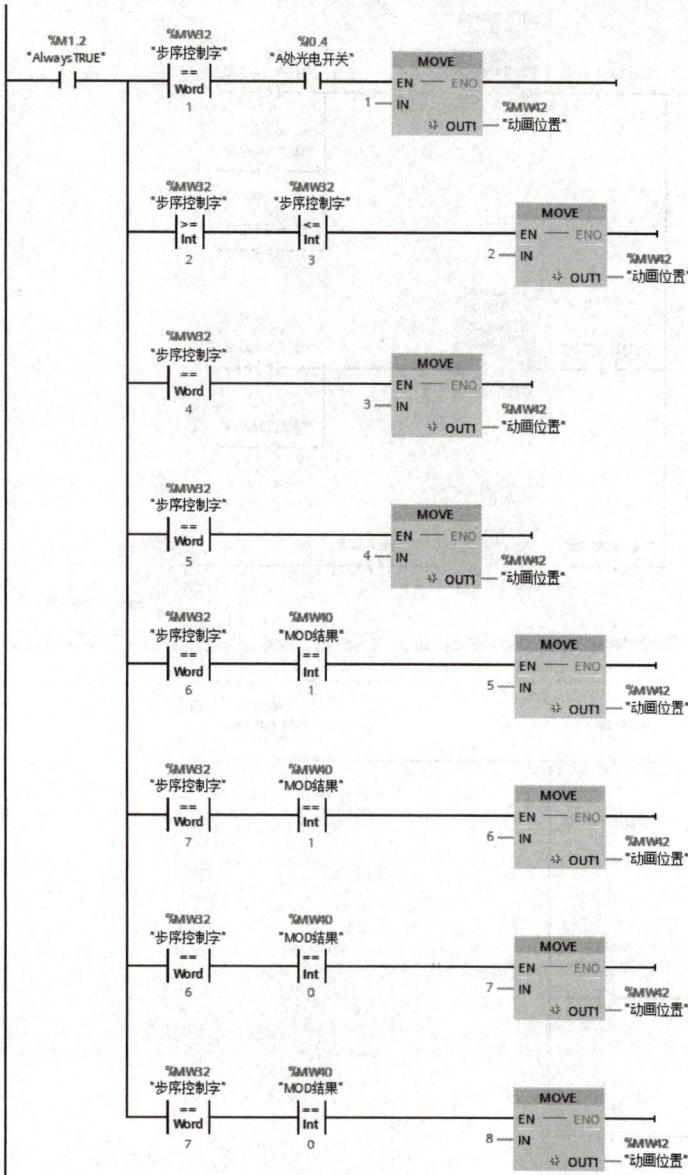

图 5-28 OB1 梯形图程序（续）

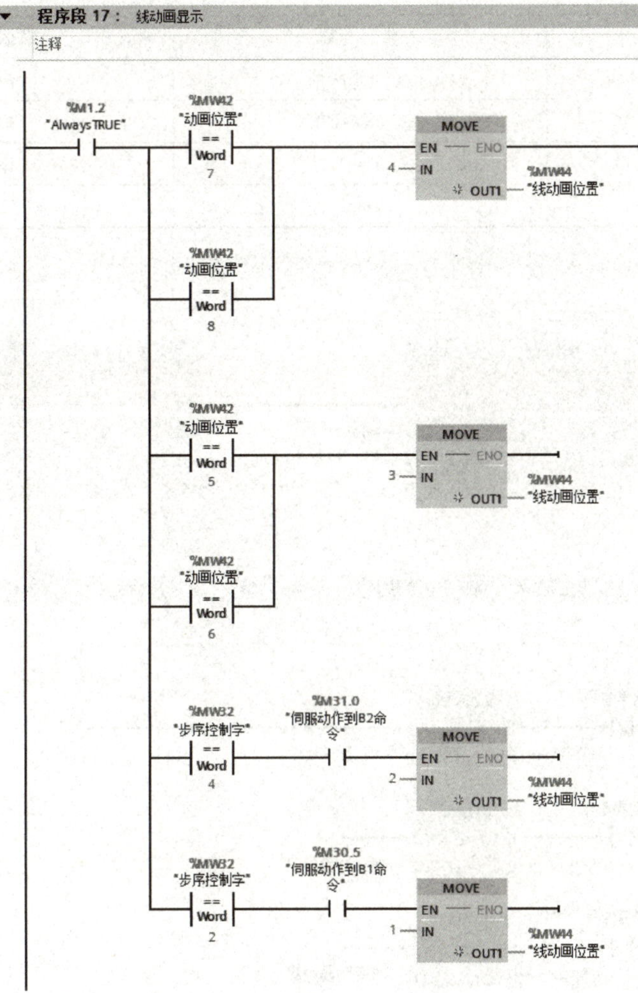

图 5-28　OB1 梯形图程序（续）

程序段 5~13：按步序控制 1~7 动作。

程序段 14：伺服绝对位置移动。

程序段 15：料仓 C1 或 C2 位置的确定。

程序段 16：物料动画显示。

程序段 17：线动画显示，即气动机械手动画显示。

2. FC1 块梯形图编程

FC1（Inverter）块输入输出参数定义见表 5-7，如图 5-29 所示为其梯形图程序，用来实现变频器的命令控制和频率设定。

表 5-7　FC1 块输入输出参数定义

输入输出参数类型	名　称	数据类型
Input	设定速度	Int
	启停信号	Bool
	复位信号	Bool

（续）

输入输出参数类型	名　　称	数据类型
Output	变频器命令	Word
	变频器频率	Word
Temp	Tmp1	Real
	Tmp2	Int

程序段 1：速度转换

注释

NORM_X Int to Real: EN — ENO; 0 — MIN; #设定速度 — VALUE; 1400 — MAX; OUT — #Tmp1

SCALE_X Real to Int: EN — ENO; 0 — MIN; #Tmp1 — VALUE; 16#4000 — MAX; OUT — #Tmp2

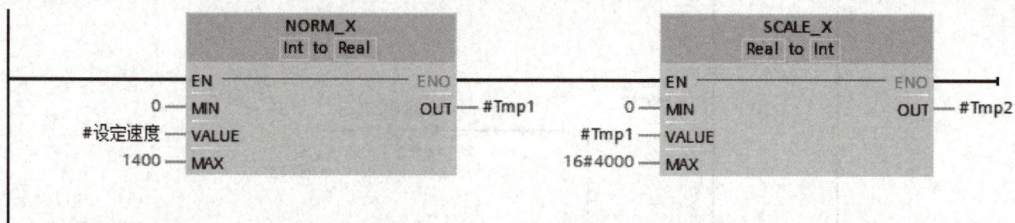

程序段 2：变频器控制（包括停止、启动、频率设定和复位）

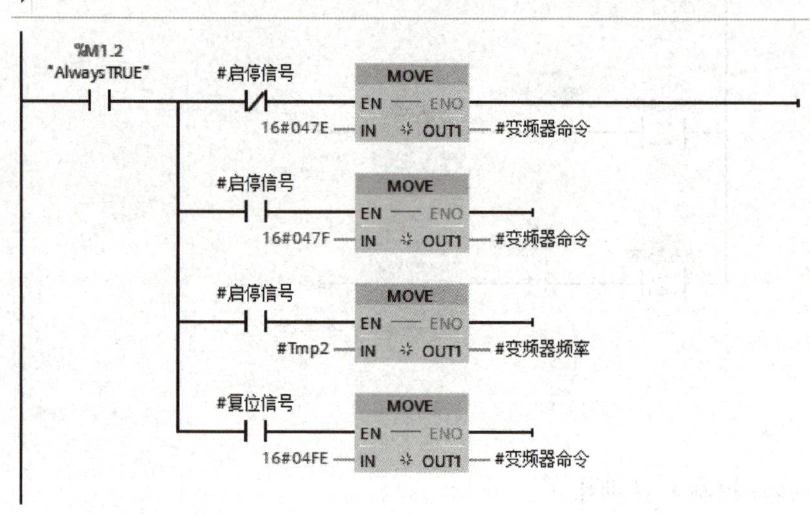

图 5-29　FC1 块梯形图程序

3. FB1 块梯形图编程

FB1 块（Servo）输入输出参数定义见表 5-8，如图 5-30 所示为其梯形图程序。

表 5-8　FB1 块输入输出参数定义

输入输出参数类型	名　　称	数据类型
Input	使能	Bool
	设定位置值	Real
Output	故障	Bool
InOut	回零	Bool
	绝对位移	Bool
	暂停	Bool
	复位	Bool

（续）

输入输出参数类型	名 称	数据类型
Static	回零结果	Bool
	绝对位移结果	Bool
	暂停结果	Bool
Temp	Err1	Bool
	Err2	Bool
	Err3	Bool
	Err4	Bool
	Err5	Bool

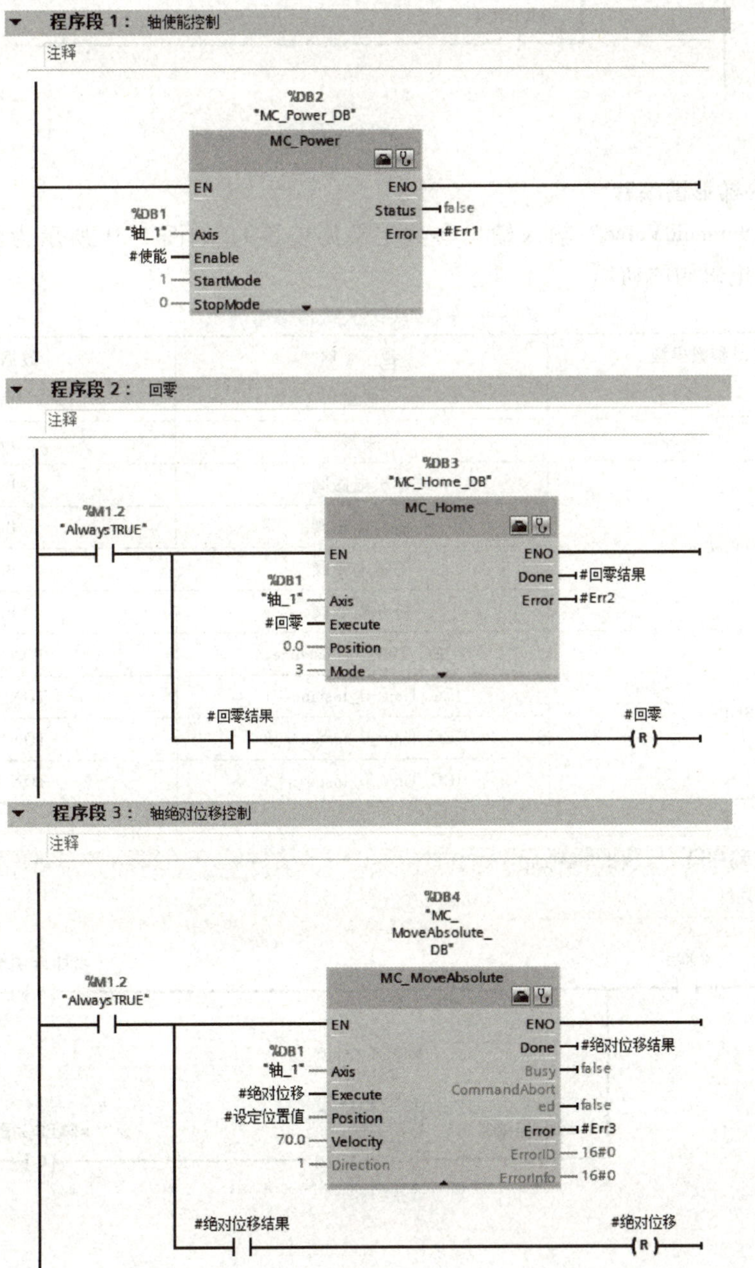

图 5-30 FB1 块梯形图程序

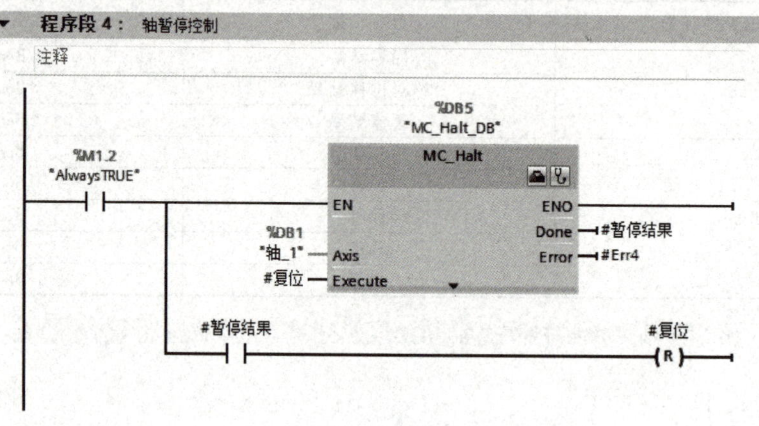

图 5-30 FB1 块梯形图程序（续）

4. FB2 块梯形图编程

FB2 块（SolenoidValve）输入输出参数定义见表 5-9，如图 5-31 所示为其梯形图程序，用来测试气缸电磁阀的动作。

表 5-9 FB2 块输入输出参数定义

输入输出参数类型	名　称	数据类型
Input	伸出	Bool
	夹紧	Bool
Output	伸出电磁阀	Bool
	缩回电磁阀	Bool
	夹紧电磁阀	Bool
	松开电磁阀	Bool
Static	IEC_Time_0_Instance	TON_TIME
	IEC_Time_0_Instance_1	TON_TIME
	IEC_Time_0_Instance_2	TON_TIME
	IEC_Time_0_Instance_3	TON_TIME

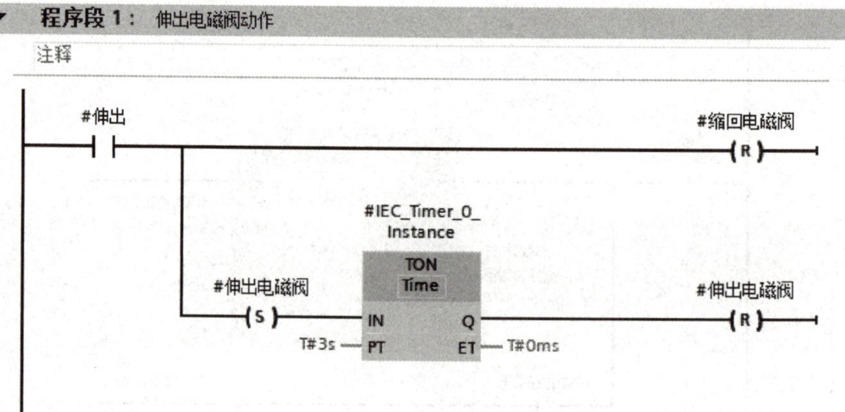

图 5-31 FB2 块梯形图程序

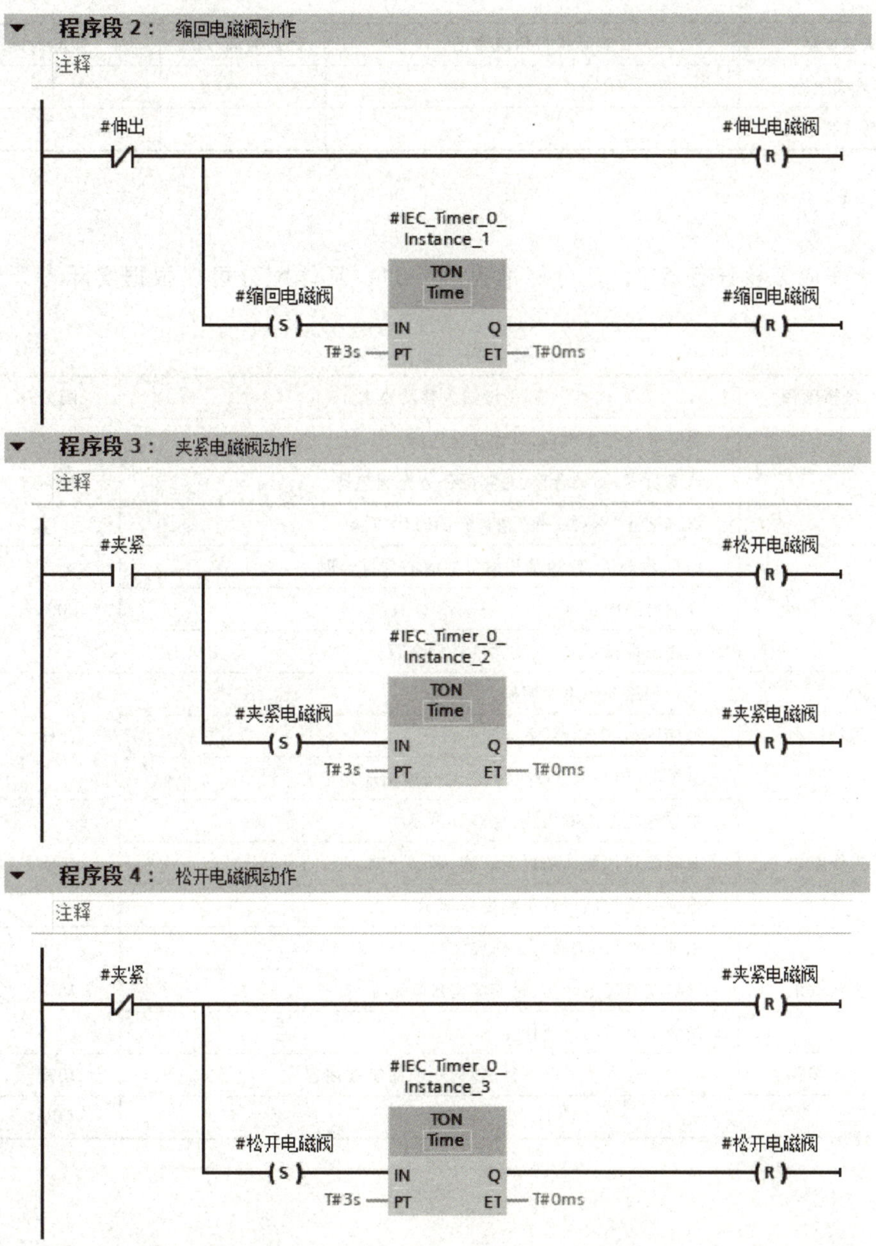

图 5-31 FB2 块梯形图程序（续）

任务记录

根据任务实施的情况，如实填写任务 5.2 实施记录表（表 5-10）。

表 5-10 任务 5.2 实施记录表

任务实施步骤	实际执行情况说明	计划时间/min	实际时间/min
输入输出定义和电气接线			

（续）

任务实施步骤	实际执行情况说明	计划时间/min	实际时间/min
触摸屏画面组态			
运动控制系统编程			

任务评价

按要求完成考核任务 5.2，评分标准见表 5-11，具体配分可以根据实际考评情况进行调整。

表 5-11 评分标准

序号	考核项目	考核内容及要求	配分	得分
1	职业道德与素养	遵守安全操作规程，设置安全措施	15%	
		认真负责，团结合作，对实操任务充满热情		
		深刻把握“两弹一星”精神新的时代内涵		
2	系统方案制定	PLC、触摸屏、变频器和伺服的通信分析合理	20%	
		控制电路图正确		
		气路图设计正确，气动元件选型合理		
3	编程能力	PLC 步序控制思路明确	25%	
		触摸屏画面符合任务要求		
		触摸屏、PLC、变频器和伺服之间通信连接正常		
4	操作能力	根据电气图正确接线，美观且可靠	15%	
		变频器和伺服参数设置正确，调试正常		
		根据系统功能进行正确操作演示		
5	实践效果	系统工作可靠，满足工作要求	15%	
		PLC 变量规范命名、触摸屏变量规范命名		
		按规定的时间完成任务		
6	创新实践	在本任务中有另辟蹊径、独树一帜的实践内容	10%	
合计			100%	

拓展阅读

20 世纪 30 年代，系统和控制思想空前活跃，有贝塔朗菲的一般系统论、维纳的控制论，香农除了信息论以外，还发表了关于继电开关逻辑综合的理论，至今仍是计算机等离散状态系统控制综合的理论基础。钱学森的《工程控制论》英文版 *Engineering Cybernetics* 则在 1954 年应运而生，该书获得了 1956 年中国科学院自然科学一等奖。

Engineering Cybernetics 的内容特点可概括为以下几方面：

（1）面向工程应用的理论。

书中指出，控制论（Cybernetics）一词，安培曾于 1845 年用于描述一种关于国务管理的科学；工程中广泛应用的古典（伺服）控制系统理论（1930—1940）是关于机械系统与电器系统的控制与操纵的科学，维纳控制论（1948）是一种较为普遍的关于运动物体和机器的控制与通信的科学。钱学森进而将控制论的主要问题概括为“一个系统的不同部分之间相互作用的定性性质，以及由此决定的整个系统总体的运动状态”的研究；而工程控制论则被界定为研究控制论这门科学中能够直接用在控制系统工程设计的那些部分，它除了包括伺服系统工程实际的内容之外，更深刻、更重要的在于作为技术科学，应把工程实际中各种原理方法整理总结成为理论，以显示其在不同领域应用中的共性，以及许多基本概念的重要作用。

（2）承前启后。

书中从理论结合工程实际的角度极其精炼地介绍了从应用拉普拉斯变换和传递函数概念解决线性常系数反馈伺服系统问题到非线性、变系数、时滞、多变量解耦（自治）、交流伺服、采样（离散时间）系统，以及自寻最佳点、噪声过滤和最速开关控制、自行整定超稳定性和可靠性设计等当时最新甚至超前的研究成果，在“古典（传递函数，频域法）”和“现代（状态空间）”控制理论的转折时期，起到了承前启后的作用。随着工业、国防等领域不断提出的新技术需求、电子计算机的日益广泛应用，以及控制系统数学理论方法的发展，钱学森预见到控制论面临重要突破。1980 年，钱学森又与宋健等人共同完成了《工程控制论》中文修订版，更完整地反映了控制论当时的进展，特别是我国学者的研究工作。

（3）综合集成。

钱学森在对维纳的控制论、申农的信息论、贝塔朗菲的一般系统论等基本肯定的同时，也指出其简单化的倾向。书中就其精华做了精辟的概括，并突出强调了贯穿全书的技术科学方法论，具有重要的指导意义。基于他实际从事的飞行器和发动机控制问题，给出了理论分析和第一手的解决办法。这种研究风格一直延续到他在我国“两弹一星”研制中综合运用系统和控制工程理论与技术解决的大量实际问题，一直到后来明确指出控制论在系统科学体系结构中的定位，以及复杂巨系统及其从定性到定量的综合集成方法论，为这类重要系统的建模、分析、运筹和控制问题提供了理论基础和方法论依据。

思考与练习

5.1 如图 5-32 所示，某风机采用 G120 变频器进行控制，要求采用 S7-1200 PLC 和触摸屏进行二段速度控制，速度固定为 12Hz 和 45Hz，加速时间和减速时间固定，但 A 点和 B 点的停留时间可以在触摸屏上进行任意设定（区间为 0~100s）。列出 I/O 分配表，画电气接线图，并完成 PLC 编程、触摸屏组态和变频器调试。

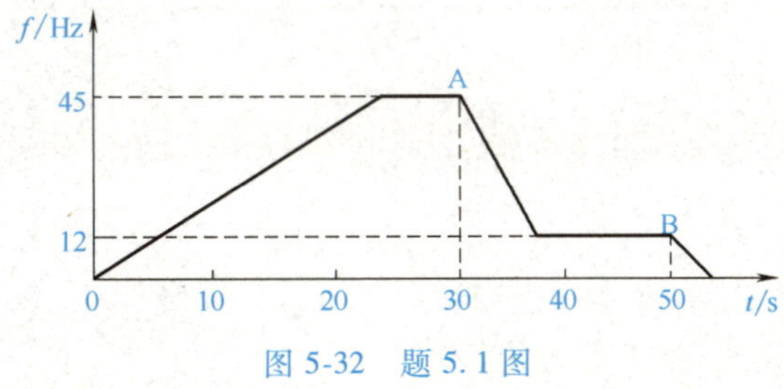

图 5-32 题 5.1 图

5.2 用 PLC、触摸屏和伺服电动机（用来控制曳引机精确定位）完成三层电梯控制系统的电气设计和软件编程，要求实现以下功能：

1）当轿厢停在一楼或二楼，如果三楼有呼叫，则轿厢上升到三楼。

2）当轿厢停在二楼或三楼，如果一楼有呼叫，则轿厢下降到一楼。

3）当轿厢停在一楼，二楼、三楼均有人呼叫，则先到二楼，停 8s 后继续上升，每层均停 8s，直到三楼。

4）当轿厢停在三楼，一楼、二楼均有人呼叫，则先到二楼，停 8s 后继续下降，每层均停 8s，直到一楼。

5）在轿厢运行途中，如果有多个呼叫，则优先相应与当前运行方向相同的就近楼层，对反方向的呼叫进行记忆，待厢返回时就近停车。

6）在各个楼层之间的运行时间应少于 10s，否则认为发生故障，应发出报警信号。

7）电梯的运行方向指示。

8）在轿厢运行期间不能开门，轿厢不关门不允许运行。

5.3 用 PLC、步进电动机、伺服电动机和触摸屏完成自动灌装控制，其中 PLC 只外接感应装置（确定灌装位置），由伺服电动机带动均匀分布在输送带上的规则罐子快速定位到感应装置，并由步进电动机驱动的灌装导管迅速下降到该罐子上方后实施定量灌装，如图 5-33 所示。完成控制系统的电气设计、安装和调试。

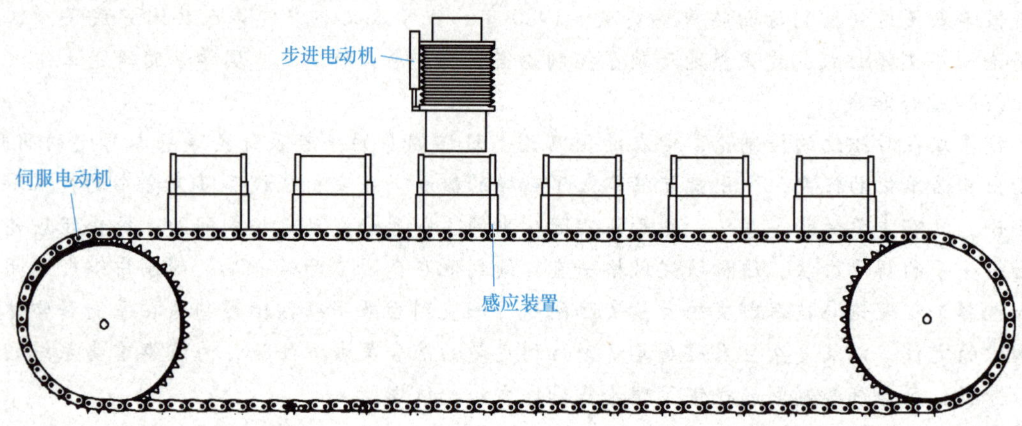

图 5-33 题 5.3 图

参考文献

[1] 李方园. 西门子 S7-1200 PLC 从入门到精通 [M]. 北京：电子工业出版社，2018.

[2] 李方园. 西门子 S7-1200 PLC 编程从入门到实战 [M]. 北京：电子工业出版社，2021.

[3] 李方园. 变频器与伺服应用 [M]. 北京：机械工业出版社，2020.

[4] 李方园. 变频器行业应用实践 [M]. 北京：中国电力出版社，2006.

[5] 浙江瑞亚能源科技有限公司. 可编程控制系统集成及应用职业技能等级标准 [Z]. 2021.

[6] 黄诚，芮庆忠，盛鸿宇. 西门子 S7-1200 PLC 编程及应用 [M]. 2 版. 北京：电子工业出版社，2024.